新農業情報工学

― 21世紀のパースペクティブ ―

農業情報学会編

養 賢 堂

編集委員会：

代　表　　橋本　康（日本学術会議第18,19期会員・農業環境工学研連委員長，農業情報学会会長，東京農業大学客員教授）

同　　　　村瀬治比古（同農業環境工学研究連絡委員会第18,19期幹事，農業情報学会副会長，大阪府立大学大学院教授）

編集幹事
　　　　　亀岡孝治（農業情報学会理事，三重大学理事，副学長）
　　　　　佐竹隆顕（農業情報学会理事，筑波大学大学院教授）
　　　　　鳥居　徹（東京大学大学院助教授）
　　　　　野口　伸（農業情報学会理事，北海道大学大学院教授）
　　　　　星　岳彦（農業情報学会理事，東海大学助教授）

諮問委員
　　　　　町田武美（農業情報学会上席副会長，茨城大学教授）
　　　　　田上隆一（農業情報学会専務理事，農業情報コンサルティング（株））
　　　　　梅田幹雄（農業情報学会理事，京都大学大学院教授）
　　　　　大政謙次（農業情報学会副会長，東京大学大学院教授）
　　　　　澁澤　栄（農業情報学会理事，東京農工大学教授）
　　　　　丹治　肇（（独）農業工学研究所）
　　　　　永木正和（農業情報学会理事，筑波大学大学院教授）
　　　　　二宮正士（農業情報学会副会長，中央農業総合研究センター）
　　　　　橋口公一（農業情報学会理事，九州大学大学院教授）
　　　　　平藤雅之（農業情報学会評議員，中央農業総合研究センター）

はじめに

農業情報学会会長　橋本　康（東京農業大学客員教授）

　情報と云う用語が各分野に深く浸透し，各種の循環を実現している．農学分野では平成元年にその利用・普及を目途に「農業情報利用研究会」が創設され，活動してきた．状況の変化に適応し，平成14年に基礎工学分野を包含する会則変更を行い「農業情報学会」へ変身した．その学会が承認され所属しているのが日本学術会議「農業環境工学研究連絡委員会」である．

　日本学術会議は我が国の科学者コミュニティーを代表するカウンシルである．
　第19期の現在（平成16年4月）日本学術会議関連法規が国会で審議・可決された．第20期には新たな時代に相応しい姿に変わることになろう．

　本研究連絡委員会は農業情報学会の提案を受け，第18期の活動目標の一つとして，農業分野に於ける農業情報工学の21世紀に於ける展望を求め，関連学術のシンポジウムを企画した．他方，平成15年度から文部科学省は科学研究補助金の分科・細目の大幅な変更を行い，農業工学分科に「農業情報工学」細目を新設した．その細目に関する審査員の推薦や，関連学術の連絡調整の重要性に鑑み，農業工学関連4研連が合同で「農業情報工学小委員会」を平成14年8月に立ち上げた．農業環境工学研連が以前から企画を進めていた前記「農業情報工学に関するシンポジウム」は，急遽農業工学4研連が共催として参加することとなった．

　第Ⅰ部は，上記の「農業情報工学シンポジウム」で講演された内容のより広範な伝搬を期待し，それらの話題を収録している．本研連幹事としてシンポジウムの企画・実施，又本書の編集の労を執られた村瀬治比古大阪府立大学大学院教授にはこの場を借りて厚く御礼を申し上げる．

　第Ⅱ部は，普及の最前線から基礎的な工学分野まで，農業・農学分野の情報に関係する会員を広く網羅し始めた「農業情報学会」が，学会として持つべきパースペクティブを世に示そうと試みた．100程のキーワードに絞り，興味深く，簡潔に紹介することで現在の情報を俯瞰的に示すことを試みた．ユビキタス情報社会を見据えて学会の総力を結集したものである．

　学生・院生，研究者並びに農業従事者に気楽に利用して戴ければ幸いである．

（日本学術会議会員・農業環境工学研究連絡委員長）

執筆者一覧

第Ⅰ部

大政　謙次（東京大学大学院農学生命科学研究科）・澁澤　栄（東京農工大学農学部）
田上　隆一（農業情報コンサルティング株式会社）・丹治　肇（農業工学研究所）
中野　泰臣（東京大学工学部）・橋本　康（東京農大客員教授・愛媛大学名誉教授）
松田　藤四郎（東京農業大学理事長）・三野　徹（京都大学大学院農学研究科）
村瀬　治比古（大阪府立大学大学院農学生命科学研究科）

第Ⅱ部

〈あ行〉

秋田　求（近畿大学生物理工学部）・石井　一暢（北海道大学大学院農学研究科）・井上　吉雄（農業環境技術研究所）・岩城　俊雄（大阪府立大学大学院農学生命科学研究科）・岩渕　和則（宇都宮大学大学院農学研究科）・上野　正実（琉球大学農学部）・梅田　幹雄（京都大学大学院農学研究科）・笈田　昭（京都大学大学院農学研究科）・大下　誠一（東京大学大学院農学生命科学研究科）・大政　謙次（東京大学大学院農学生命科学研究科）・沖　一雄（東京大学大学院農学生命科学研究科）・桶　敏（石川県農業短期大学農業工学科）・尾崎　幸洋（関西学院大学理工学部）

〈か行〉

亀岡　孝治（三重大学副学長）・川瀬　晃道（理化学研究所）・川村　周三（北海道大学大学院農学研究科）・木浦　卓治（中央農業総合研究センター）・工藤　謙一（東京大学大学院工学系研究科）・後藤　英司（千葉大学園芸学部）・小林　郁太郎（東京大学大学院新領域創成科学研究科）

〈さ行〉

斉藤　保典（信州大学工学部）・酒井　憲司（東京農工大学農学部）・相良　泰行（東京大学大学院農学生命科学研究科）・佐竹　隆顕（筑波大学大学院生命環境科学研究科）・佐野　昭（慶應義塾大学理工学部）・塩　光輝（茨城大学農学部）・柴田　洋一（帯広畜産大学畜産学科）・澁澤　栄（東京農工大学農学部）・清水　浩（茨城大学農学部）・清水　庸（東京大学大学院農学生命科学研究科）・杉山　純一（食品総合研究所）・鈴木　英之進（横浜国立大学大学院工学院）

〈た行〉

高辻　正基（東海大学開発工学部）・田上　隆一（農業情報コンサルティング株式会社）・

〔4〕

瀧　寛和（和歌山大学システム工学部）・田中　俊一郎（九州大学大学院農学研究院）・田村　武志（大阪府立大学総合情報センター）・都甲　潔（九州大学システム情報科学研究院）・冨田　勝（慶應義塾大学環境情報学部）・豊田　浄彦（神戸大学農学部）・鳥居　徹（東京大学大学院工学系研究科）

〈な行〉

永木　正和（筑波大学大学院生命環境科学研究科）・中崎　清彦（静岡大学工学部）・中嶋　洋（京都大学大学院農学研究科）・永田　雅輝（宮崎大学農学部）・中野　和弘（新潟大学大学院自然科学研究科）・中村　典裕（愛国学園大学人間文化学部）・南石　晃明（中央農業総合研究センター）・西津　貴久（京都大学大学院農学研究科）・二宮　正士（中央農業総合研究センター）・野口　伸（北海道大学大学院農学研究科）

〈は行〉

橋口　公一（九州大学大学院農学研究院）・橋本　康（東京農大客員教授,愛媛大学名誉教授）・橋本　篤（三重大学生物資源学部）・長谷川　利拡（農業環境技術研究所）・羽藤　堅治（愛媛大学農学部）・林　典生（イーエスシー有限会社）・氷鉋　揚四郎（筑波大学大学院生命環境科学研究科）・平野　高司（北海道大学大学院農学研究科）・平藤　雅之（中央農業総合研究センター）・藤井　健二郎（株式会社日立産機システム）・藤浦　建史（大阪府立大学大学院農学生命科学研究科）・保坂　寛（東京大学大学院新領域創成科学研究科）・星　岳彦（東海大学開発工学部）・堀尾　尚志（神戸大学農学部）

〈ま行〉

前川　孝昭（筑波大学大学院生命環境科学研究科）・前田　弘（株式会社果実非破壊品質研究所）・町田　武美（茨城大学農学部）・松尾　陽介（生物系特定産業技術研究支援センター）・松田　從三（北海道大学大学院農学研究科）・松村　正利（筑波大学大学院生命環境科学研究科）・宮坂　寿郎（京都大学大学院農学研究科）・村瀬　治比古（大阪府立大学大学院農学生命科学研究科）・元林　浩太（中央農業総合研究センター）・森　辰則（横浜国立大学大学院環境情報研究院）

〈や行〉

山崎　浩樹（株式会社テクノメディカ）・山中　守（熊本大学教育学部）・山本　晃生（東京大学工学系研究科）・行本　修（生物系特定産業技術研究支援センター）

〈わ行〉

渡邊　朋也（中央農業総合研究センター）・渡部　徳子（青山学院女子短期大学）・和田野　晃（大阪府立大学大学院農学生命科学研究科）

目　次

第Ⅰ部学術会議シンポジウム
「農業情報工学 − そのパラダイムシフト −」から

シンポジウムの企画・編集にあたって
（村瀬治比古）······················3
シンポジウムとその演題 ···········4
開会にあたって ·····················5

農業とIT（松田藤四郎）··········7
1. 農業情報の現状 ·················7
2. ひたすら進歩を続けるコンピュータ
　·································10
3. 農業革命への期待 ···············11
4. ロボット農業の課題 ·············13

農業工学に於ける情報科学の展望
（橋本　康）······················14
1. 情報の意味 ·····················14
2. 文部科学省の科学研究補助金にみる
　農業情報工学 ···················15
3. 広義の情報−デバイスからシステムへ−
　·································15
4. 人工知能を活用する知能的システム制御
　·································17
5. 日本農業工学会と国際農業工学会
　（CIGR）における農業情報工学 ·······18
6. 情報科学に基づく農業・農学のコンセプ
　トの重要性 ·····················19
7. IFACにおける「生物−生態システム」へ
　のアプローチ ···················20
8. 特に「農業環境工学研連」に関して
　·································20

9. 農業情報学会 ···················21
10. 情報科学に立脚した農学への期待··21

農村振興と人・もの・情報が行き交うプ
ラットフォームの整備
（三野　徹・中野泰臣）···········23
1. 21世紀の農業・農村政策 ········23
2. 農の振興から地域の振興へ ······24
3. 農業土木学における情報 ········25
4. 21世紀型農業工学の新展開 ······26
補論　ビジネスモデルから見た農村振興と
　情報基盤························27

農業農村GISとデータ解析の展開
（丹治　肇）·····················30
1. 情報化の展開方向 ···············30
2. 農業農村GIS ···················32
　2.1 情報化の流れ ···············32
　2.2 処理データの作成 ···········33
　2.3 農業農村のGIS化 ···········35
　2.4 ローカルセンシング ·········35
3. データ解析法の進歩 ·············36
　3.1 成功するデータの利用条件 ···36
　3.2 アプリケーションの方向 ·····38
　3.3 新しいデータ解析手法としての
　　　ベイジアン・ネットワーク ···39
4. データ処理の今後の方向 ·········40
5. おわりに ·······················41

インターネットの農村への普及と新たな農業ビジネスモデル（田上隆一）……42
- 1. はじめに……42
- 2. 新たな農業経営の視点……42
  - 2.1 流通コストの低減……42
  - 2.2 食品の安全性に対する保証……42
  - 2.3 分断された生産者と消費者の関係修復……43
- 3. ITで農業を変える……43
  - 3.1 新たな農業ビジネスへのパラダイム転換……43
  - 3.2 ネットワーク型の生産組織……44
  - 3.3 地産地消の重要性……44
- 4. 21世紀農業（自然循環機能）の情報化戦略……45
  - 4.1 ITで顔の見える農産物販売の実現……45
  - 4.2 消費者重視の情報発信……45

コミュニティベース精密農業（澁澤 栄）……47
- 1. はじめに……47
- 2. 精密農法日本モデルの要点……47
  - 2.1 精密農法作業サイクル……47
  - 2.2 コミュニティベースの日本農業モデル……49
- 3. 精密農法の導入方法……52
  - 3.1 組織のマネジメント……52
  - 3.2 技術開発の必要性……53
- 4. おわりに……57

植物バイオと生命情報科学（村瀬治比古）……59
- 1. はじめに……59
- 2. 植物バイオ……60
- 3. 生命情報科学……61
- 4. バイオコンピューティング……63
- 5. おわりに……64

画像情報の多角的利用（大政謙次）……66
- 1. はじめに……66
- 2. 画像情報の利用が期待される分野……66
- 3. 画像センシングの技術的トレンドとその利用……68
- 4. おわりに……76

第II部 パースペクティブ

〈特別項目〉
SPAに基づく農業情報科学コンセプトの確立―その萌芽と展開―……80
精密農法……85

〈一般項目〉
ウェアラブル……90
ユビキタス……92
高速無線通信……94
プロトコル……96
CAN……98
X-by-Wire……100
E-CELL……102
気象予測……104
収量予測……106
経営環境予測……108
バーチャルファーミング……110
農作業スケジューリング……112
自律分散システム……114

目　次　　　　　　　　〔7〕

適応制御 …………………………… 116
人工知能 …………………………… 118
人工生命 …………………………… 120
生物系由来アルゴリズム ………… 122
複雑系 ……………………………… 124
テキストマイニング（Text Mining）… 126
農業生産に関する情報化モデルのコンセプト
　…………………………………… 128
環境・生態情報 …………………… 130
自動選別 …………………………… 132
品質評価 …………………………… 134
ポリゴン …………………………… 136
バイオ計測 ………………………… 138
匂いセンサ ………………………… 140
味覚センサ ………………………… 142
電気化学センサ …………………… 144
近赤外（NIR） …………………… 146
NMR ……………………………… 148
テラヘルツ ………………………… 150
産業用無人ヘリコプタ …………… 152
超音波・農産物性・気体計測 …… 154
スペクトロスコピー ……………… 156
蛍　光 ……………………………… 158
e – Learning ……………………… 160
デジタル・デバイド（digital・divide）
　…………………………………… 162
農山漁村情報インフラ …………… 164
トレーサビリティシステム ……… 166
産地直販 …………………………… 168
ネットワークカメラ応用技術 …… 170
営農支援システム ………………… 172
遠隔診断システム ………………… 174
農地環境モニタリング …………… 176
遺伝子解析・ゲノム解析 ………… 178
アルゴリズム ……………………… 180

タンパク解析 ……………………… 182
クラスタリング …………………… 184
ホモロジー ………………………… 186
オントロジー ……………………… 188
コンカレント・エンジニアリング concurrent engineering …………… 190
ナノ・マイクロマシン …………… 192
Lab on a Chip …………………… 194
園芸活動 …………………………… 196
フィールドロボティクス ………… 198
施設園芸用ロボット ……………… 200
植物工場 …………………………… 202
細胞加工 …………………………… 204
ヒューマンインタフェース ……… 206
テレロボティクス ………………… 208
マルチエージェント ……………… 210
GPSハードウエア ………………… 212
地理情報システム（GIS） ……… 214
仮想基準点方式／準天頂衛星 …… 216
リモートセンシング ……………… 218
ガイダンス／ナビゲーションシステム … 220
光合成アルゴリズム ……………… 222
計算力学応用マップ ……………… 224
センサベースPF ………………… 226
コミュニティベースの精密農法 … 228
テレワーク（Telework） ………… 230
可変施用機械 ……………………… 232
土壌－機械インターフェース …… 234
圃場情報センシング ……………… 236
収量・品質センシング …………… 238
土壌力学パラメータ ……………… 240
圃場気象の計測・予測 …………… 242
植物生産施設環境計測制御 ……… 244
テラメカニックス ………………… 246
PIV（粒子画像流速測定法） …… 248

栽培管理支援システム……250	微生物機能データベース……270
食料評価の計測……252	腐熟度センシング……272
加工プロセスの自動化・知能化……254	成分センシング……274
グリッド（Grid）……256	品質評価システム……276
Broker……258	バイオレメディエーション……278
フィールドサーバ……260	エコマテリアルサイクル……280
食品感性工学……262	資源循環モデリング……282
食品物性計測……264	AFITA・EFITA……284
マイクロプロパゲーション……266	IFAC・CIGR……286
光センシング（Optical sensing）……268	データマイニング……288

第Ⅰ部　学術会議シンポジウム
「農業情報工学－そのパラダイムシフト－」から

シンポジウムの企画・編集にあたって

農業環境工学研連　幹事　村瀬治比古

　政府においては21世紀における農林水産分野のIT戦略を策定し，世界規模で進行しているITによる産業・社会構造の変革に国を挙げて取り組むための施策を平成13年度から総合的に推進している．具体的には，デジタル・コンテンツ，アプリケーションの充実を企業的経営支援，電子商取引の推進や消費者への情報提供の充実あるいは農山漁村地域の利便性の向上および資源管理の高度化といった推進方策がまず挙げられている．それらの実現に不可欠な農山漁村地域におけるITインフラストラクチャの整備と情報リテラシーの向上が伴っている．

　一方，学術分野においては平成15年度より文部科学省は科学研究補助金の分科・細目の大幅な変更を行い，「農業情報工学」細目を新設した．そこには，GIS/GPS，インターネット，精密農業，バイオインフォマティックス，画像処理などのキーワードが示され，その領域の学術的方向性が示されている．また，日本学術会議においても農業工学関連4研連が合同で農業環境工学研連の下に「農業情報工学小委員会」を平成14年8月に立ち上げ，逸早く科学研究費関連の動向に対応することで重要領域の推進を図る体制を整えた．そのような流れの中で農業環境工学研連が以前から企画を進めていた「農業情報工学に関するシンポジウム」を急遽農業工学3研連が共催として参加して「農業情報工学―そのパラダイムシフト―」をテーマに開催の運びとなった．現在から近未来を予見する中で21世紀におけるそのパラダイムシフトを科研キーワードに裏打ちされたプロスペクティブズを垣間見る構成とした．

　構成を要約すると，わが国の農業分野におけるIT推進の方向性と学問的な流れを概観し，現在における農業情報工学の進展の道程をSPAから精密農業に至る実際的な展開とそれぞれの学術基盤や要素技術について情報化モデルに立脚した俯瞰的視点でまとめた．昨今は情報・通信，環境，ナノテクそしてバイオが最も重要視な科学技術の課題であるとされており，超精密工業技術，分子生物学，バイオインフォマティックス（Bio-informatics）の視点からのパースペクティブが述べられている．

[4]　　　シンポジウムの企画・編集にあたって

　これまで工学分野で扱われてきた解剖学・生理学と制御工学の境界分野を扱い，認知・感性工学，福祉ロボット工学，感覚情報処理などの生理工学と称される分野も包含した新領域の台頭も予見される．これらは，単なるバイオインフォマティックスを越える総合的な情報化モデルであり，コンセプトと言っても過言ではなく情報生理工学とでも仮称すべきものである．このSPA－精密農業－情報生理工学という情報化モデルに基づいて，農業生産並びに生産物流通に関わる基本的なコンセプトを追求することが重要であると考えられる．

シンポジウムとその演題

日本学術会議「農業情報工学－そのパラダイムシフト－」
　　　　　　　　　　日本学術会議農業環境工学研究連絡委員会　研連幹事　村瀬治比古
シンポジウムとその演題
日時：平成14年10月2日，13：00－18：00
場所：日本学術会議大会議室
主催：日本学術会議農業環境工学研連
共催：同農業土木学研連，同農業機械学研連，同農村計画学研連
総合司会　村瀬治比古（農業環境工学研連幹事）
開会挨拶　中野政詩（第6部会員・農業土木学研連委員長）
司会　　　大政謙次（農業環境工学研連幹事）
1：農業とIT　松田藤四郎（日本学術会議第6部副部長，東京農業大学理事長）
2：農業工学に於ける情報科学の展望　橋本　康（日本学術会議第6部会員・農業環境工学研連委員長）
3：農村振興と人・もの・情報が行き交うプラットフォームの整備　三野　徹（農業土木学会長，京都大学大学院教授）中野泰臣（東京大学工学部付属総合試験所）
　　司会　冨田正彦（第6部会員・農村計画学研連委員長）
3：農業農村GISと探索的データ解析　丹治　肇（農業工学研究所河海工水理研究室長）
4：インターネットの農村への普及　田上隆一（農業情報学会副会長・専務理事）
　　司会　瀬尾康久（第6部会員・農業機械学研連委員長）
5：コミュニティーベース精密農業　渋沢　栄（東京農工大学教授）

6：植物バイオと生命情報科学　村瀬治比古（大阪府立大学大学院教授）
7：画像情報の多角的利用　大政謙次（東京大学大学院教授）

《総合討論》司会，橋本　康（第6部会員），中野政詩（第6部会員）
《閉会挨拶》橋本　康

開会にあたって

日本学術会議会員　農業土木学研連委員長　東京大学名誉教授　中野政詩

　農業情報工学－そのパラダイムシフト－と題する本シンポジウムの開会にあたり一言ご挨拶申し上げます．今般，科学研究費分科細目の改定にともない，分科「農業工学」に細目「農業情報工学」が新設されました．それに伴い，日本学術会議の農業工学に関わる四つの研究連絡委員会は，協力して農業情報工学を未来の農業・農村を支える一つの科学として振興を図ってゆこうと合意し，ゆくゆくは研究連絡委員会の設置を目指して農業情報工学小委員会を立ち上げました．

　本シンポジウムは，この小委員会が開催する第1回の記念すべきシンポジウムでございます．開催にあたり，たまたま農業環境工学研究連絡委員会が農業情報工学に関するシンポジウムの企画を進めていたことから，同研究連絡委員会に大変お世話になったものでございます．

　さて，農業情報工学とはいかなる科学でありうるものか．思い返してみますと，例えば，農業土木学や農村計画学では農業・農村のこれからは情報の有効利用なしには整備も運営もありえないと承知して情報に関わる科学に携わっていますし，農業環境工学では生物生産のこれからは動植物が出す情報の収集やその解析・伝達なしにはありえないと認識して情報の工学を進めています．また，農業機械学ではこれからの農業生産はロボット作業なしには成り立ち得ないとして以前から情報工学を研究し使っていました．しかし，ここに言う農業情報工学とは，ただ単にこうした過去の実績を寄せ集めただけのものとは決して思えません．おそらく斬新かつ骨太な固有の体系を有するものではないかと考えられます．

　本シンポジウムでは，農業工学に関連する学協会をそれぞれ代表するような先生方に珠玉のようなご見識をご披露いただく予定になっています．かならずや，各分野におけるこれまでの成果を十分に踏まえたところの未来の農業情報工学の

範囲と方法が見えてくるものと期待されます．旧来のディシプリンの性格を超えた新たな科学としての姿が見えてくるものと期待されます．

　農業情報工学とは何か．農業情報工学をどのように創るか．シンポジウムで大いに議論したいものと存じます．そして，これを契機に，関係学協会や社会のあらゆるところに農業情報工学が広がってゆくことを期待致したいと存じます．

　最後に，農業情報工学が，農業・農村の枠内にのみ貢献するに止まらず，地球環境をしっかり視野に入れた地球運営ないしは地球管理にも貢献するものとして誕生することを期待してご挨拶と致します．

農業とIT

東京農業大学理事長　松田　藤四郎

1. 農業情報の現状

　日本のインターネットの利用者数は，2000年2月では1,937.7万人となっている（インターネット白書2000）．世帯普及率は24.6％である．あと数年のうちに日本での普及率は70％までに達すると予測されている（中谷巌氏・日経2000年11月21日）．

　因に，世界全体のインターネットのユーザー数は1999年末で2億人に迫った．このうち，アメリカは約8,500万人と世界の43％を占め，ダントツの世界一である．ついでヨーロッパ4,950万人，アジア太平洋地域（日本を除く）2,700万人，日本1,830万人，カナダ960万人，南アメリカ230万人，その他の地域160万人となっている．日本は国別ではアメリカに次ぐ第二位で世界全体の10％を占めている．

　日本における2000年2月のインターネット利用者1,937.7万人の利用場所は，① 家庭からのみの利用者821.53万人，② 勤務先・学校からの利用者数1,113.19万人，③ インターネットをモバイル環境のみで利用している者3万人となっている．

　企業はインターネットを利用して商取引をおこなっているが，それは，一般消費者向け（BtoC）への直販サイト販売・予約受付・サービスと企業顧客向け（BtoB）がある．BtoCの取引の主な内容をみると① コンピュータソフトウエア関連22.9％，② 産地直送品（食料品，酒，飲料）22.5％，③ コンピュータ機器関連17.0％，④ ギフト（生花，中元，歳暮）16.1％，⑤ CD・ビデオ14.7％，⑥ 衣料，アクセサリー，ファッション10.6％，⑦ 書籍，雑誌8.3％などとなっている．今後のインターネットによる売上高予測では増加すると答えた企業が74.3％にのぼった（上記　数字は全て「インターネット白書2000」による）．

　1999年2月現在，インターネットで最も情報提供しているウエブの国内ウエブサーバー総数は75,000台で，アクセスができる総ファイル数は5,820万ファイル，ウエブ総頁数は2,960万ページ，そしてウエブでアクセス可能な総情報量は

1,024 GB に達すると推計されている（郵政省郵政研究所調査）．これをインターネットに接続されているコンピュータ数の割合で換算すると，世界で約8億ページの情報が公開されていることになる．

　サーチエンジンによって，自分の求めるページを探し出せるが，あるサーチエンジンで「農業」というキーワードで検索したところ，1999年8月で，世界に約300万ページ，日本で約14万ページであった．農業の語があるからといって，すべて農業に関するページであるという保証はないが，農業分野においてもかなり多くの情報が提供されるようになってきた（農業情報化年鑑2000，星　岳彦，片桐杏奈論文）．サーチエンジン農林一号のほかに増殖情報ナビゲーター（日本語の文章で問合せできる）がある．

　自分の求めるページを探し出す他の方法としてディレクトリサービスがある．サーチエンジンに比べるとかなり少ないが，信頼性が高い．代表的なものにヤフーがある．農業に関する項目は農業，農学，教育の項目にある園芸，農業（学校）などがある．

　1999年12月時点のインターネット，農業関連URL（頁）は，農業情報利用研究会の調べでは，総数1,215となっている．内訳は① JA 91，② 海外 94，③ 学術・研究 109，④ 観光農園・グリーンツーリズム 113，⑤ 機関 113，⑥ 企業 114，⑦ 気象 116，⑧ 作物 117，⑨ 産直・通販 118，⑩ 市況 130，⑪ 資材・メーカー 130，⑫ 就農 133，⑬ 水産 135，⑭ 地域 135，⑮ 畜産 139，⑯ 農業者たち 142，⑰ 農業情報検索 150，となっている．

　農業情報は多種多様であるが，目的別に分類すると大きく三つに分けられる．第一は「生産性向上」のための情報で，そのなかには栽培技術情報，病害虫発生予防情報，気象情報，営農情報，経営診断情報，土壌診断情報，農地利用情報，労働力情報，農業機械利用情報，資材情報等．

　第二は「市場の展開」情報で，市況情報，販売情報，集出荷情報，消費動向情報，統計情報，顧客管理情報，交通輸送情報，世界の農産物情報等が含まれる．

　第三は「地域コミュニティの形成」情報で，生活情報，健康管理・医療情報，集会・研修会情報，行政情報，催物情報，都市と農村の交流に関する情報，学校・教育情報，施設利用案内情報，図書館・文献情報等が含まれる（山中守，町田武美，垣光輝，「地域農業の情報戦略〈II〉」）．

　これらの情報を一つひとつをあたってみると，その内容は未だしのものが多い

のに気づく．農業の情報革命は未だ草創期の時代で，これからが本番である．
　今後の農業情報にとって重要な技術を述べると次のとおりである．
　① 最近，インターネットに直結できるテレビカメラが10万円前後で手に入るようになった．インターネットに接続するだけで，カメラでの遠隔監視が可能となり，作物の生長の動きや病害の初期から蔓延まで連続画像で診断，対策ができる．また，デジタルカメラの進歩で，その画像をインターネットに接続させ，栽培作物の遠隔診断が可能になった．この画像処理で電子市場取引も可能となる．
　② 過去の気象データ，施設の環境制御データ，収穫データなどがCDやMOに記憶されているが，これまで蓄積された膨大なデータを自由自在に活用するには，データを高速で検索・加工できるデータベースの活用が不可欠である．コンピュータで使用する本格的なリレーショナル（連結型）データベース（複数の表形式のデータを関係づけて自由に加工し，極めて柔軟な処理が行える高度なデータベース）のソフトウエア（ROBMS）が，低価格化してきた．本格的なリレーショナルデータベースは，ネットワークのサーバーとしても機能するため，インターネットを利用して，各地に点在しているデータベースを一つのデータベースとして機能させることも容易である．また，文字情報に関して，文毎に各単語の出現頻度を行列にして，その特異値ベクトルを比較することによって文の類似度を判定するLSIを応用した「概念検索」が実用化しつつある．農水省は農業普及事例等の概念検索を行う事例ベースを公開している．
　③ ソフトウエアをかえる技術として，ソフトウエア部品化技術が発達してきた．これは単機能のソフトウエア部品を集めてきて，パソコン画面で互いを貼り付けると，必要な機能をもったソフトウエアが簡単に作成できるようになることを意味する．また分数オブジェクト技術としてCORBA，DCOM，HORB，RMIなどの規格がある．また，これに似たメッセージ交換の規格化技術ともいえるXMLもある．農業もこれら革新的技術を利用していくことが不可欠であり，今後多く開発されることは確実である．
　④ これからの「精密農業」（Precision Agriculture：PA）の応用や農作業ロボットの位置や姿勢認識等への活用に期待できるのが，GPS（Global Positioning System，人工衛星を利用して位置の測定を行う）であり，近年，低価格化が急激である．パソコンに直結して20m程度の精度で位置情報を測定するアンテナが1万円強で買えるようになった．これを応用した地上局の位置情報を使って補正した

DGPS（差動型全地球測位システム）がある．これを応用すれば cm の精度で位置を知ることがきる．この技術が普及すると農業地図情報システム（GIS）の PA や農作業ロボットへの活用が期待できる．（以上 ①～④ は星岳彦「農業」2000 年 6 月号による）．

なお，精密農業管理システムに応用するものとして，リモートセンシング（RS）手法技術の開発が注目されている．

2．ひたすら進歩を続けるコンピュータ

20 世紀が物理学，化学を基礎に工業化社会を作り出したとすれば，21 世紀は分子生物学と情報学を中心にした高度情報化社会が到来すると予測されてきた．人口圧，巨大都市，化石エネルギー問題などから生ずる食料，環境，健康問題の解決には諸科学の貢献が必要であるが，いずれの科学もコンピュータと深い係わりをもつことになろう．コンピュータの発達はいずれにしろ産業社会や人間生活を激変させることは確実のようである．

周知のように，世界に初めて大型コンピュータが出現したのは，第二次世界大戦後の 1946 年のことである．アメリカ国防総省が弾道計算を目的に作った ENIAC は，18,000 本の真空管が使われ，重さ 30 t に及び，莫大な電力を消費した．それが，今ではわずか 2 ドルで買える親指の爪ほどの大きさのチップで，同程度の性能をもっている．これまでもコンピュータは 18 カ月ごとに処理能力が二倍に増加し，サイズは半分になってきた．

つい最近，世界最大の半導体メーカー，米インテルが，パソコンの頭脳にあたる超小型演算処理装置（MPU）の能力を大幅に向上させる超微細トランジスタの新技術を開発した．現在のインテルが量産する最高速の MPU「ペンティアム 4」にはトランジスタをチップ上に 4,200 万個搭載しているが，新技術の超微細トランジスタは人間の爪の大きさのチップ上に 4 億個以上のトランジスタを集積できる．チップの集積度は 10 倍以上向上する．また，動作周波数は 1.5 ギガ（1 ギガは 10 億）ヘルツから 10 ギガヘルツという超高速演算ができる．10 ギガヘルツ版の MPU が実用化されれば，瞬きする瞬間（約 50 分の 1 秒）に，4 億回の演算処理ができる．これをパソコンに搭載すれば，大型汎用機並みの言語・視覚認識処理能力をもつようになる．同時通訳のほか，人間の顔を認識して不審な人物を発見し警報を鳴らす自動警備システムなど，現在のパソコン技術では実現できなかった

新たな用途を開発できるとみられる（2000年12月11日，日経新聞）．この米インテルの新技術でも在来型トランジスタの性能を高めたもので，未来型素子利用の「単一電子トランジスタ」にいたる過渡的なものである．

　30年後には今日のデスクトップパソコンに相当するコンピュータは「百万倍」も強力になり，しかもトースターなみに安く，万年筆の中に入るほど小さくなっているだろうといわれている．ひたすら進歩を続けるその様は，インテルの創始者の一人の名前をとって「ムーアの法則」と呼ばれている（ウィリアム・クノーキ「壮大な新世界」）．

　電子に代わって「光子」が登場し，レーザ光線の無限のスペクトルによってコンピュータの能力はさらに向上し，極小化の技術によってコンピュータシステムは砂粒ほどになる．今日のスーパーコンピュータも小石ほどの大きさになり，価格も低落し続け，30年前に10億ドルの処理能力をもったコンピュータは，現在たった1ドルで手に入る．

　進歩を続けるコンピュータの処理能力をどう活かしていけばよいのか．その回答の一部は，人間とマシーンとの接点を改良していく問題に潜んでいる．チカチカするモニターを見つめ，キーボードをたたき，マウスを操作してコンピュータ操作する代わりに，人間同士と同じような五感を使って対話できるようになる．コンピュータが人間に完璧に対応できるようになり，その結果あらゆる方面に用途が拡がる（前述ウィリアム・クノーキ）．

3. 農業革命への期待

　IT革命の進行は農業革命に通ずる．欧米では10年程前から「精密農業」（PA）が活発化してきている．精密農業は「局所的作物管理」ともいわれ，圃場ごとに精密な作物管理を行い，肥料や農薬の使用量の削減や作業の効率化を図る農業である．この精密農業の概念を明確にし拡大した概念に「精密農法」（Precision Farming：PF）がある．PFは一般に圃場間の作物生育のバラつきを把握し，圃場を小区画に分割して，ミクロな視点での最適な管理作業を目指した技術であるが，そのためには農業の高度情報化，農用車両のナビゲーション・自動化システム，圃場での生育変動を考慮・補正することも含まれる（野口伸「農業」2000年6月号37頁）．

　精密農法の基盤技術がGPS（衛星利用測位システム）とGIS（Geographic

Information System：地理情報システム）である．コンピュータの利用はもちろんのことである．

　精密農法は，今のところエネルギーや化学資材を効率的に使う低環境負荷型農業に有効性をもっているが，将来は有機農業（Organic Farming）にも活用できよう．ロボットシステムが精密農法と完全にドッキングするとき，全農作業は自動化され，ロボット農業が実現する．そのときには，小区画の精密圃場管理を基礎に大規模面積の管理も容易となり，スケールメリットも享受できる．

　一つの例をあげると，北海道大学の野口伸グループはロボットによる精密農法を狙っている（5年後）．その概要を紹介すると，PF作業機として，① ロボットトラクターの開発．ロボットはリアルタイムで自身の位置を認識できるので，施肥，農薬散布等を精密に制御することも可能である．また，ロボットはGISに基づくナビゲーションマップ（走行地図）を有している．② 防除機の開発．これは調圧弁の制御でノズル吐出圧力を変化させて散布量を制御する方式．③ 施肥機の開発．これは繰出しローターの回転速度を変化させて散布量の制御を行う方式で，二種類の肥料を独立したホッパーに装填し，2肥料の散布量を任意に制御できる．④ マップ作成用ソフトウエアの開発．このソフトはGIS上で対象とする圃場について，施肥マップ，防除マップが作成でき，そのマップ情報に基づき，可変量散布ができるPF作業機（VRT）を制御する．⑤ システムの全体構成．4台のパーソナルコンピュータ（PC）から構成されており，ロボットには3台のPCが搭載され，個々のPC間で情報通信を行っている．ロボット制御用PCからは，GPSからの位置情報，速度情報，走行方向，作業状態等がマップPCに送信される．マップPCは処方箋となるアプリケーションマップが格納されており，ロボットから送信された位置，速度等のロボット動作状態とアプリケーションマップを参照して，逐次目標作業量を算出する．目標作業量はVRT作業機の作動装置の動作漏れを逐次補正するために，作業速度とともに作業機PCに送られる．作業機PCは目標作業量が実現できるように，モータ等のアクチュエータ（作動装置）を制御する機能をもつ．GISとデータベースを兼ね備えたコンピュータ（GIS/OB-PC）は事務所等に設置され，アプリケーションマップをGIS上で作成・編集できる．また，収量，土壌肥沃度等様々なデータをデータベースとして処理する機能もある．したがって，GIS/OB-PCは農家の意思決定支援システムとして機能することになる．

（野口　伸，同上41頁）

4．ロボット農業の課題

　精密農法に対するロボット開発には，まだ多くの解決されなければならない技術的課題が残されている．しかし，これらの課題も，画像処理技術（インターネットに連結したデジタルカメラ，テレビカメラの利用），リレーショナル（連続型）データベース技術，ソフトウエア部品化技術，GPS，DGPS（差動型全地球測位システム），リモートセンシングなどの手法開発が進むことによって解決されていくであろう．

　しかし，問題は，これら農業用ロボットが開発されたとして，それが日本農業の再生につながるのだろうか．特に土地利用型農業において心配である．前述の北大の試作ロボットトラクタは77馬力である．精密農法は小区画に圃場を分割して農作物を管理するが，区画を増加していっても同じ管理が可能なので，スケールメリットがある．精密農法で大規模なロボット農業が展開できれば，施肥，農薬等の最適資材投入が可能になり，環境に考慮した農業ばかりか農業従業人口の減少，老齢化対策にもなり，あらゆる面でそれは農業革命に通ずる．ロボット農業をわが国に定着させるためには，土地基盤の整備は必要であるが，農地の集積，規模拡大が絶対条件である．規模拡大の可能性条件を作り出すこと，また，ロボット農業機械が低廉であること，つまり国際化のなかで競争のできる低コスト農業が実現できなければ，日本農業再生の道には繋がらないであろう．

　　この小論は『農業と経済』第67巻第4号『農とIT革命の意義を探る』に加筆したものを農業環境
　　工学研連（日本学術会議）のシンポジウム（平成14年10月20日）で発表したものである．

[14]

農業工学に於ける情報科学の展望

日本学術会議会員・農業環境工学研連委員長・東京農業大学客員教授　橋本　康

1. 情報の意味

　情報化社会と言われて久しい．ハード，ソフト両面からのコンピュータとそれらのコンピュータをつなぐ通信網が技術革新を遂げ，IT革命と言われる今日の情報化を達成した．インターネットに軸を置く「サイバー面」における驚異的な進歩・普及は，社会を大きく変えている．

　さらに「同時に，至る所に」を意味するラテン語のユビキタス（Eubiquitus）と高速アクセスを意味するブロードバンドによる情報インフラがもたらすユビキタス社会では，デジタル家電のネットワーク化が進展し，携帯電話との連携で新たな機能が創出される．ITの夢は，今後思わぬ広がりを示すであろう．

　だが，工学を始めとする諸々の学術分野では，ITを包含するより幅の広い情報科学に立脚する開発や応用（information-based～）が進展し，それらが新たな展開をトリガーし，じわじわと社会のあらゆる分野を想像以上に変革している．しかも，その流れはさらに一層加速するものと予想される．

　情報「in＝中に，form＝パターン」とは，吉田民人日本学術会議第18期副会長の言を引用すれば，その語が意味するところはコンピュータ関連に限る物ではなく，自然科学は言うに及ばず，広く人文・社会科学にも深く関わる用語である．信頼できる辞書を紐解いても，IT（information technology）は「情報工学」，Informaticsは「情報科学」と概念的であり，多くの事例に基づくその意味の厳密な定義は今後の課題といえなくもない．

　農学は，極めて裾野の広い学術分野であり，特に21世紀に発展が期待される分子生物学，ナノテクノロジー等の微視的視点から環境問題のような巨視的なシステム科学的アプローチまで，関連する魅力的な科学と視点を共有することとなる．バイオインフォマティクス等は現在のITをはるかに越える次世代の情報を指向するが，農学との関係は深い．しがって，情報面で今後の楽しみな展開が期待される農学分野に於いては，ITと限定することは適切ではない．

　それゆえ，本題では，敢えて情報科学（Informatics）を用いることとする．

2. 文部科学省の科学研究補助金にみる農業情報工学

まず，狭義の情報科学としてのITに視点を置き，身近な例を取り上げる．文部科学省は，科学研究補助金の申請窓口として，系・分野・分科・細目を決めているが，平成14年度からほとんどの専門分野に情報に関する窓口を新設した．農学分野では農業工学分科に農業情報工学の細目を新設した．農業工学分科の細目は①農業土木学・農村計画学，②農業環境工学，③農業情報工学に変更された．農業環境工学と農業情報工学が新たな細目である．農業環境工学は農業機械学と生物環境の従来の2細目の整理統合の産物である．

特に，「農業情報工学」が農業工学の新たな柱として認められた訳である．そのキーワードとして以下に示す12の学術用語が記されている．

A：画像処理・画像認識，B：非破壊計測，C：インターネット応用，D：バイオインフォマティクス，E：コンピュータシュミレーション，F：コンピュータネットワーク，G：知識処理，H：バイオメカトロニクス，J：バイオロボティクス，K：バイオセンシング，L：GPS/GIS，M：精密農業

他方，「農業環境工学」は，前述の様に整理統合された細目であるが，そのキーワードは以下に示す16個の学術用語である．

A：農業生産環境，B：生物環境変動・予測，C：生物環境調節，D：生物工場，E：閉鎖系生物生産システム，F：生体計測，G：生物環境情報リモートセンシング，H：農業情報，J：農作業システム，K：農作業情報，L：農業労働科学，M：生産・流通施設，N：自然エネルギー，P：生物生産機械，Q：ポストハーベスト工学，R：バイオプロセッシング

両者を俯瞰すると「農業環境工学」にも情報の用語が若干見られ，システムがらみの広義の情報を対象としていることが理解できる．農業工学に関係する諸学会や関連研連は，専門的立場から若干のキーワードの入れ替えや修正を関係機関に申し入れする必要がありそうである．何れにしろ，農業工学の展望として，情報科学の導入による新たな体制，すなわち「農業工学に関する広義の情報」について十分なる整理をしておくことが重要と考える．

3. 広義の情報 ーデバイスからシステムへー

科学の進歩は，多くの分野でデバイスの開発・普及を実現してきた．20世紀の

科学は，量子物理学を中心に幾つかの分野にパラダイム・シフトを実現し，半導体をはじめとする多くの新素材の発明やそれらを用いた機器を人類に提供し，社会を豊かに変革してきた．英語のデバイス「devise」が表す分野におけるブレイク・スルーの産物であったと言っても過言ではない．世界的に見てもノーベル賞をはじめとする世間が納得する偉大な科学技術の成果のほとんどはデバイスの範疇と言っても過言ではなかった．

これに反して，環境問題，教育問題，ヒューマンセキュリティー等々はデバイスの対極にあり，解決が遅れている難しい問題である．これらは従来の縦割りディシプリン「discipline」の谷間に顕在化し始めている重要課題であり，その解決には俯瞰的な視点が前提となる．日本学術会議の現在の課題でもある[1]．

上記の諸問題を別の表現で整理するなら，対象とする複雑な系を環境に適応させ「適応化」，評価関数を最適にするよう当該の系を改善・維持「最適化」させる視点の導入が必要とされる訳で，科学哲学の再構築までを視野に入れた難問である．しかし（農業）工学に限ると，既にこの半世紀にわたり着実な歩みを示してきた「システム制御」[2]の視点に部分的に重ねることができよう．

工学分野に於ける「システム制御」は，国際学会 IFAC（International Federation of Automatic Control：世界50ヶ国の参加，39の技術委員会，本部ウイーン郊外）が中心となり，3年毎に世界大会を開催し，当該技術分野の構築・革新・普及に務めてきた．2006年には創設50周年記念大会を予定している程である．わが国も日本学術会議が加入[3]し，第5部工学共通基盤研究連絡委員会・自動制御学専門委員会がその参加国組織として機能している．受皿の国内学会は，（社）計測自動制御学会を主に，電気学会，機械学会，システム・制御・情報学会，ロボット学会等々，農学分野では日本植物工場学会等である．

IFAC に於ける論議では，工学的なシステム制御は当然として，環境システム，生物－生態システム，量子物理学的システムを新たに21世紀のターゲットとなる重要課題として位置付けている．わが国の総合科学技術会議がターゲットとする「通信・情報，環境，バイオ，ナノテク」とほとんど同一である．通信・情報は工学システムの本丸であり敢えて言うまでもない．ナノテクはデバイスに比重が多いが，そのシステムを対象とすると，これからは量子的な制御を避けて通れない．環境，バイオは俯瞰的視点からの広義のシステム制御の概念が有効である．21世紀はデバイス中心の科学技術から一歩広がり，システム的な俯瞰的な科学技術が

重視されると予想できる．関係する要素技術は従来の物理学応用（Physics-based～）から情報科学応用（Information-based～）へ移行し，当然情報科学応用システム（Information-Based Systems）へ移行するとの予測である．

4．人工知能を活用する知能的システム制御

システム制御は，ワットの蒸気機関のガバナーにその源流を見るが，機械要素のレギュレータを実現するフィードバック制御が原点であった．第二次世界大戦に於ける目標追尾にサーボーメカニズムが導入され，フィードバック制御は急速な発展を示した．手段としてのエレクトロニクスを含めたこれらの関連技術の（軍事研究の）成果は，戦後 MIT－シリーズとして米国の出版社から刊行され，世界の技術者のバイブルとなり，そのレベルを飛躍させた．システムをラプラス変換で表現する簡易さが実用性を満たしたと言える．戦後は石油コンビナート等の化学プラントのプロセス制御が驚異的な進歩を示し，コンピュータ制御による CPC（Chemical Process Control）は，物理化学的な法則に基づくプロセス制御を高度に達成した．同時に状態方程式で記述するシステムを，ラプラス変換せずに，微分方程式のまま扱う新たな制御理論が生まれ高度な展開をみせるが，数学的な取り扱いの煩雑さから実用場面への応用に限界が見られた．

他方，CPC は CIM（Computer Integrated Manufacture）を指向し始める．このあたりから，工場のすべての生産プロセスをコンピュータで効率的に制御（管理）する考えが試行され，人間の持つ柔軟な思考が狭い範囲で適用される（物理的法則，物理化学的法則の厳密な記述に基づく）数理解析的な手法よりも，トータルとして有効であることが多くの事例で示された．

熟練工が取得したノウハウに代わるコンピュータエキスパートシステム，柔軟なファジイロジック，人工ニューラルネットワーク，遺伝アルゴリズム等々が AI（Artificial Intelligence：人工知能）応用として種々のシステム制御に導入され，効果を示している．これらを知能的システム制御（Intelligent Control）と称するが，IT と言うよりは，情報科学を応用した工学と理解したい．

知能的システム制御[4]では，AI を用いて硬直な機械システムを柔軟化するメリットは言うまでもないが，生物的な要素を含むシステムの制御に大きな力を発揮する．厳密な数学的表現が難しかった生物的なプロセスを包含するシステム制御にとってはエポックメーキングな方法論である．各種の農業生産プロセスにシス

テム制御を導入すれば，その効率を飛躍的に向上できることを示唆している．システム制御には至らなくても，部分的に知能的方法を導入する情報科学応用の農業（information-based agriculture）は，インテリジェント農業[5]（intelligent agriculture）として今後幅広い分野で大きな成果が期待される．

5. 日本農業工学会と国際農業工学会（CIGR）における農業情報工学

農業工学とは農業に利用される工学であると一般的に考えられている．その国際組織 CIGR（International Commission of Agricultural Engineering）は日本学術会議が参加する数少ない（実学的な）国際学会である[6]が，2000年にわが国（筑波大学）で第14回の記念世界大会を開催した．その会議に於いて，従来の6つの技術委員会（土と水，環境・施設，農作業機械，エネルギー，労働科学，ポストハーベスト）に加え，システム制御に視点を広げた情報工学を扱う第VII技術委員会が新設された．「農業工学に関する広義の情報工学」をグローバルに論議するボードが国際舞台に設定された訳である．

そのわが国の受け皿が日本農業工学会であるが，世界大会を開催するために当時の第VII期執行部は種々の改革を行い，機能化を計った[7]．加盟している学協会は11を数えるが，A：農業土木学会，農村計画学会，B：農業機械学会，農作業学会，C：日本生物環境調節学会，農業気象学会，農業施設学会，日本植物工場学会，生態工学会（旧CELSS学会），農業情報学会（旧農業情報利用研究会），電化協会である．Aは農業土木学系，Bは農業機械学系，Cはその他とした．その後，日本学術会議の農業工学関係研連として存在する農業土木学研連，農村計画学研連，農業機械学研連，農業環境工学研連に対応させた方が便利であろうと言うことから，C（その他7学協会）は農業環境工学系とし，三つのグループ化を行った．さらに，第VII期の終盤にJABBE（日本技術者教育認定機構）の問題が起こり，農業土木学系に比較し教官数が少ない他の二つの分野は，単独ではプログラムを組みにくい等の意見が出され，農業機械学系が農業環境工学系と共同で準備することとし，農業工学では，農業土木学系，農業環境工学系と二分割し，その問題に対処している（しかし，究極的には勢力分散は望ましいことではなく，ある程度の試行錯誤のプロセスの後には統一化が望まれる）．前述の文部科学省の科学研究補助金の細目変更には以上のような背景が多少の影響を与えたと推測できる．

このような状況の変化を受け，農業工学関係研連が協力し農業情報工学小委員

会を日本学術会に申請し，平成14年8月から農業環境工学研連付置の小委員会として認められた．その英文名は「Agricultural Informatics」であるが，狭義のITに限定せず，情報科学と言うにはおこがましいが，農業工学の対象とするシステムを含むやや広義の情報工学に視点を置いた検討を目途とするためである．

6．情報科学に基づく農業・農学のコンセプトの重要性

　農業・農学の最大の課題は「食糧安全保障」と「安全で安心な食品の提供」に尽きると言っても過言ではない．したがって，ここに於ける情報科学の役割としては，単に個々のITを関連分野に紹介・導入するプラットホームの構築は当然としても，究極的には情報化モデルに基づいて，農業生産ならびに生産物流通に関わる基本的なコンセプトを追求し，上記の確立に貢献することであろう．

　約25年程前，オランダ，ベルギー等で開発されたグリーンハウス栽培（コンピュータで制御・管理される栽培システムで，ビニルハウスを想定する施設園芸と言うよりは，太陽光利用の植物工場と称する方が実状に合致）においては，システム的なアプローチに植物生体の巨視的計測情報を活用するコンセプトをSPA（speaking plant approach to environment control）と称した．すでに述べたように，システム制御の学術分野に於いては知能的制御等々の先進的な事例が多く開発されているが，SPAに於いても画像認識等の情報処理面だけでなく，栽培に関わるノウハウ等の知能・情報処理面もAI（artificial intelligence）として導入され，大幅な進展を示した．西欧を中心に，永く役員を務めた国際学会IFACの土俵でSPAの学術を推進した筆者は，栽培プロセスの情報科学的コンセプトの確立に世界規模で最も貢献してきた一人と言っても過言ではない．

　その後，生産に関わる全てを情報科学的にマネージメントするコンセプトが精密農業としてクローズアップされてきた．現在編集中のCIGR（国際農業工学会）ハンドブック（Vol.6-IT）[8]においては，精密農業を狭義なGPS/GIS利用面に限定せず，上記SPAを含む広義のコンセプトとしてとらえ，情報化モデルに立脚した俯瞰的視点で論議されている．情報モデル的に見ると，SPA，精密農業の情報コンセプトに続き生産後の，すなわち生産物流通面の情報化に基づくコンセプトの登場が切望されている．

7. IFACにおける「生物－生態システム」へのアプローチ

IFACでは前期（1999年7月～2002年7月）には，44の技術委員会（TC：Technical Committee）があり，それらを互いに関連する9の統括委員会（CC：Coordinating Committee）でまとめていた．CC on Life Support Systemsには，農業システムに関する2個のTC，医用システム，環境システム，計4個のTCが含まれ，筆者はそのCC委員長を担当していた．その3年間の総括報告書から，農業システムに関する2個のTCの科学技術領域を下記に示す．

Aims and Scope of TCs in IFAC（1999.7 - 2002.7）

Methodologies for agricultural production lines such as photosynthesis of crops under environmental stresses, soil-plant atmosphere cycle and metabolism of farm animals. Post-harvest processes such as grading, drying, storage of crops including fruits and vegetables. Food processing (quality and safety). Environmental and climate control of greenhouses, warehouses and animal houses. Energy issues in agriculture. (Farkas'TC)

Robotics and mechatronics for agricultural automation. Information technologies including precision farming, computer networks, image analysis and sensors. Intelligent control applications (Fuzzy, Neural network, Genetic algorithms, etc.) for plant factory, controlled ecological life support systems, and cultivation processes. Ergonomics including human-machine interface in agriculture. (Murase's TC)

特に，村瀬治比古大阪府大教授が委員長を務めたTCは農業機械系の自動化・情報化に顕著な実績を納めたが，上記のキーワードの配列でも読みとれる．

先に述べたCIGRハンドブックの編集者のキーパーソンが上記IFAC-TCの主要メンバーでもあり，目指すポイントに大きな差違は無い．

IFACでは，2002年7月から関係CCの名称「ライフサポートシステム」を「バイオエコロジカルシステムズ」と変え，バイオテクノロジカルプロセスのシステム制御を対象とするTCを新たに加え著しい強化を行った[9]．

8. 特に「農業環境工学研連」に関して

農業工学関連11学会のうち7学会が参加する農業環境工学研連の今後の学術に

ついて，俯瞰的視点から若干述べたい．去る平成14年4月に行われた同研連主催のシンポジウム「21世紀の食糧・環境問題への農業環境工学の貢献」において筆者が強調した以下のポイントである[10]．
(1) 学術目標は：「食品安全」，「食糧安保」，「環境（修復・保全）問題」
(2) 基本戦略：農業環境工学はシステムかデバイスか
　　Physics-basedな農業環境工学からInformation-basedな農業環境工学へ
(3) 工学から生物学（生態学，生理生態学，細胞・分子生物学）への視点
(4) マクロ（環境科学）への対応
(5) ミクロ（ナノテクノロジー）への対応
(6) 新たな境界領域の創出（Bio-Informatics他）等々への検討である．

9. 農業情報学会

前節同様に「農業環境工学研連」に例を求める．参加の7学会の多くは創設の理念に沿ってある特定の技術領域を土俵とし発展してきた．これに対して，同研連参加の農業情報利用研究会は平成14年8月に「農業情報学会」への名称変更を含む抜本的な改革を実施した．狭義の研究会の殻を破り，農学における広義の情報にミッションを果たせる学会として出発するためである．

その運営を活性化するためには，技術領域は複数のボードに分割し，それぞれの独自性を尊重すべきである．国際学会IFAC[11]を踏み台として以下に示す斬新な組織化を行った．

これがどんな効果を発揮するかを検証すれば，農学の情報化，情報科学を活用する農学の研究教育体制の構築にとって重要な情報が得られると期待する．

10. 情報科学に立脚した農学への期待

農業工学に導入する情報科学の視点として，日本学術会議が加入する二つの関

連国際組織の情報科学への取り組みを参考にした．CIGRのグローバル・スタンダードを睨ん情報化，21世紀を迎えより広範な生物システムをターゲットとして加えたIFACの戦略を基に，広義の情報科学に関する動向を述べた．

今後，これらの流れを農業工学の枠内に限定せず，農業経営学や農学の中心である生物資源科学や応用生命科学へ如何にして導入，または普及していくかは，われわれ農業工学者に課せられた重要課題である，と認識したい．

引用文献

1) 吉川弘之：講演特集号「平成10年用会員氏名録付録」学士会，43-58及び，「学術の動向」第5巻第10号，6-8 ほか
2) 橋本　康・村瀬治比古・大下誠一・森本哲夫・鳥居　徹（共著）：農業におけるシステム制御，コロナ社，pp. 186, 2002-7
3) 国際自動制御連盟－IFAC－：日本学術会議国際協力常置委員会編「国際学術団体及び国際学術協力事業－2003年度報告書－」p.169〜175
4) Hashimoto, Y., H. Murase, T. Morimoto and T. Torii : Intelligent Systems for Agriculture in Japan. *IEEE Control Systems Magazune*, 21 (5), p.71〜85, 2001, October
5) 山崎弘郎・橋本　康・鳥居　徹（編）：インテリジェント農業—自動化・知能化のすすめ－，工業調査会，pp. 293, 1996-7
6) 国際農業工学会－CIGR－：日本学術会議国際協力常置委員会編「国際学術団体及び国際学術協力事業－2002年度報告書－」p.180〜187
7) 日本農業工学会第VII期（編）：日本農業工学会（JAICAE）－その組織と活動－ pp.31,（社）農業土木学会内，日本農業工学会，平成12年1月刊行
8) CIGR：CIGR-Hand Book, Vol.6, ASAE-publish（2004刊行予定）
9) Hashimoto,Y., I. Farkas, H. Murase, E. Carson and A. Sano : Control Approaches to Bio-Ecological Systems. *Proc. 15th IFAC World Congress* （Plenary Volume）P. 213-218
10) 橋本　康：シンポジウム「21世紀の食糧・環境問題への農業環境工学の貢献」講演要旨集，p.3〜7
11) IFAC : Information-Aims, Structure, Activities-, pp. 32, edition 2002, *WWW. ifac-control.org*

農村振興と人・もの・情報が行き交うプラットフォームの整備

農業土木学研連幹事　三野　徹
東京大学工学部付属総合試験所助手　中野泰臣

1. 21世紀の農業・農村政策

　20世紀の後半の高度成長期にわが国の社会全体は大きく変わった．とくに農業・農村の近代化は著しく，農村地域では都市化，混住化が進み，農村社会は一変した．その過程で，高度成長期の農業政策の基本理念を示した農業基本法と，それに基づく土地改良事業，農業農村整備事業が果たした役割は極めて大きいものがある．

　高度成長型の農業政策の展開方向を示したこの基本法は「農業の発展と農業従事者の地位向上」を目的としていた．圃場整備と機械化に代表される農業の工業化によって生産性は著しく向上し，農家所得の向上をもたらし，農村の生活の利便性や快適性は大きく改善された．その意味ではこの政策は大成功であったと評価されよう．しかしながら，農村地域では全国的にミニマムスタンダードによる画一的な整備が進み，農村は個性を失っていった．このような中でに農業工学は大きく拡大・発展したといえよう．

　21世紀に入り，わが国の社会全体が大きく変わろうとしている．20世紀の反省に立って様々な改革が進みつつある．新しく制定された食料・農業・農村基本法は，次に示すように，21世紀における農業・農村政策の基本理念を極めて明快に示している．

　① 食料の安定供給の確保
　② 農業の持続的発展
　③ 多面的機能の発揮
　④ 農村の振興

　これは農村の多様化と個性化を目指すものであり，20世紀の農業農村政策とは全く異なった方向を示すものである．

　その基本理念を受けて平成13年には農林水産省の機構が再編成され，新しい農林水産省として出発した．また，新しい基本法の政策理念を実現するために，農

業農村整備の基本となる土地改良法が大きく改正され，本年4月1日から施行された．改正土地改良法では，事業の計画段階から完了後の維持管理に至るまでのあらゆる局面での「環境との調和への配慮」が明示され，市町村の位置づけや地域住民の参画など，地域の意向を踏まえた事業展開の方向が一層明確になっている．また，20世紀に蓄積された膨大な土地改良ストックの賢い活用など，ストックの管理に目が向けられるようになった．

2. 農の振興から地域の振興へ

新しい農業政策の実現へ向けた省庁再編を受けて，農業農村整備事業はこれまでの構造改善局に代わり新に設置された農村振興局で所管されることとなった．旧構造改善局はその名が示す通り農業の生産構造，農家構造の改善を目的とするものであり主として農業生産を対象としていたが，農村振興局は農家，非農家が住む農村地域を対象とし，農業という産業のみならず様々な産業に支えられている地域の振興を目的としており，全く異なった性格を有することがわかる．農村振興局の重点施策は次のようにまとめられている．

① 都市と農山漁村の共生・対流の推進
② 「e-むらづくり計画」の推進
③ バイオマス日本総合戦略の推進
④ 「美しい自然と景観」の維持・創造
⑤ 農を支える農地ストックの有効活用
⑥ 食を支える農業水利ストックの有効活用

これらは，農業の振興，農山漁村の振興，そして地域の活性化を総合的に図ろうとするものであり，従来のハード整備に加えて，ソフト施策が大きく盛り込まれているのが特徴である．

これからわかるように，農村振興において，これまでのようなハード整備の重要性はもちろんであるが，農村地域内の様々な情報や，都市と農村を結ぶ情報，ハードとソフトをつなぐ情報など，様々な情報が重要な役割を果たすこととなる．これまでの人やものを運ぶ道路や交通機関と同様に，情報基盤が地域社会そのものにとって必要不可欠のインフラストラクチャーとなることがわかる．情報基盤は，道路や水路などの社会共通基盤（プラットフォーム）と一体となってこれからの農村地域の振興の基盤としてきわめて重要な役割を担うこととなる[1]．

3. 農業土木学における情報

　改訂6版農業土木ハンドブック（2000年6月発行）では，はじめて「本編第6部，情報システム利用とサービス」が設けられた．この部は次のような章構成をとっている．
　　1. 地域環境情報へのアクセス
　　2. 情報ネットワーク
　　3. 設計・施工の情報利用
　　4. 施設管理のシステム化
　　5. 農業土木のデーターベースとホームページ
また，「基礎編16．情報科学」ではそのための基礎知識が整理されており，情報は農業土木技術を支える重要な技術の一つとして位置づけられている．
　これからは環境と調和する様々な技術経験の蓄積をデータベース化し，また，これまでの経験をもとにエキスパートシステムとして活用することが求められている．さらには，地域の意向の調査や合意形成などに情報システムを活用することなど，農業農村整備事業実施に際して様々な局面での利活用が期待されている．農業農村整備事業の実施に当たっては，情報公開や，透明性，説明責任など，新たな事業システムと整合した情報システムの構築が待たれる．
　BSE問題や輸入野菜の農薬汚染問題などで，食の安全・安心がとくに国民の重大な関心事となっている．情報システムは生産者と消費者を結ぶ重要な役割を果たすことが考えられる．「安全」は客観的に有毒物質が含まれていないことを示すことにより明示できるが，「安心」は心の問題として消費者が信じることができなければならない．その点で安全は生産者の論理で「安心は」消費者の論理といえよう．「安全」は形式情報として発信できるが，「安心」は形式情報を一度解釈しなければならない．単純な情報発信だけでは「安心」は得られないといえる．情報ネットワークや情報拠点施設の整備とともに，情報を加工する技術が「安全」を「安心」に変換する上で必要となる．つまり，この例で見るように，単なる情報の発信だけではなく，それをいかに加工するかのソフト技術がセットになって，地域の個性や多様性が発信できることになる．とすると，ネットワークの整備が進めば進ほど，情報加工の集中した拠点へ情報が集中することになると考えられる．情報基盤が整備されると農村地域からの情報発信が活発になり，農村地域の活性

化が進むという過度の期待は捨てなければならないかも知れない．情報を加工する技術が集積した都市に農業・農村情報が集中し，農村の都市への従属が一層顕著になる危険すらはらんでいることを十分認識しておく必要があろう．農業・農村情報の発信では，情報基盤整備と同時にその加工技術とのバランスが極めて重要な課題となろう．

4．21世紀型農業工学の新展開

　千賀は，20世紀には農村は，食料生産，資源開発移転を中心とした，生産・文化の後進圏域であった．しかし，21世紀には，食料エネルギー・素材の生産，環境浄化・資源循環の場，知的・創造的労働の場，健全教育・快適居住・コミュニティー再生，自然再生・歴史文化の保全と享受が挙げられ，生産，文化の最先進圏域になるであろうと述べている[2]．多様な価値観を持つ人々が多様なライフスタイルで生活する場として，いま，農村地域には熱い注目が集まっている．さらに，千賀は，これからの農業工学は，そのような農業・農村を対象として，①地域環境マネジメント，②地域基盤システム形成，③農業生産・農産物管理という固有の三領域をカバーし，工学分野と農学分野をコーディネーションする役割を担う形に変身すべきと提言している．そして，学生の教育目標を，①地域環境マネジメントの技術的基礎，②幅広い視野・健全な見識と感性，③企画・コーディネート能力の発揮に置き，地域環境技術者としての人材の養成が必要のあること述べている[2]．その上で，新しい農業工学の研究対象として，土地・土，水，資源，エネルギー，地域施設，生態系，景観，情報，人・コミュニティーの地域要素に分解して，それぞれに必要な事項を整理している．

　また，農業土木学会では平成14年3月に農業土木のビジョン「新たな水土の知の定礎に向けて」を取りまとめて公表した．その解説文において，新しい農業工学，農業土木のあり方が述べられている．

　このように21世紀の農業工学のあり方が論じられる中で，情報は，人とものに加えて，21世紀の農村社会を形成する最も重要な要素であると位置づけられている．情報はひょっとするとこれからの農村社会を根本から変えるかも知れない．その意味からは，「農業情報工学」ではなく，「農村情報工学」という視点が必要になると思われる．

1) 太田信介：21世紀の農村振興の展開に向けて，農土誌70 (5), 1-4 (2002)
2) 千賀裕太郎：21世紀における農業工学と農業農村整備の展開方向，農土誌68 (8) 27-34 (2000)

補論　ビジネスモデルから見た農村振興と情報基盤

(1) 農村における E－Learning の活用

20世紀は既存コミュニティを壊す方向に働いていたが，21世紀は新しいコミュニティを創生する時代となる．若者の人気テレビ番組のとあるコーナーは，タレント達が，20年間手付かずの廃村を，近隣住民の協力を得ながら，新しい自分たちの村を作るという内容である．廃屋を伝統の日本家屋に建替え，家畜を飼い，荒地を整備し，可能な限り無農薬・有機栽培にこだわるというように，昔の日本の田園風景の再生がテーマの一つになっている[1]．このような番組に影響を受けた視聴者が，田舎暮らしに憧れ，農村を抱える自治体に問合せて，実際に移住するケースも増えている．

農村生活に憧れてやってくる若者は，その多くが半年も立たず都会に戻ってしまう．一方，年配の人たちの多くはそのまま留まる傾向にあるようである．都市から農村への新住民が生活を円滑に進めるためには，いうまでもなく，農村コミュニティの中でのよき人間関係を築くことは不可欠である．また，子供のいる家庭では子供の教育の心配を，お年寄りのいる家庭では医療について不安を覚える．

農村地域でも，表1のようにITインフラが比較的整備されている地域では，ブ

表1　岐阜県の主な新ITインフラ[3]

事業名	項目	管轄官庁	実施主体
岐阜情報スーパーハイウェイ	光ファイバ	県	県
新世代地域ケーブルテレビ施設整備事業	CATV	総務省	第3セクター
田園地域マルチメディアモデル整備事業	CATV	農水省	坂内村，国府町
農業農村活性化農業構造改善事業	CATV	農水省	高富町
第三期山村振興農林漁業対策事業	CATV	農水省	宮川村
農村情報基盤整備事業	CATV	農水省	金山町，宮川村，山岡町
移動通信用鉄塔施設整備事業	モバイル通信	総務省	上石津町，春日村など19町村
農業農村情報連絡施設	モバイル通信	農水省	上石津町，伊自良村，山岡町
移動通信用鉄塔施設整備事業	モバイル通信	総務省	宮川村

ロードバンドを活用し，TV電話による遠隔医療などが考えられる．しかし，ローインフラ下の住民にとって，医療不安を緩和するためには，携帯電話などのモバイル機器や電話回線のみのナローバンドで，有効な方法を見つける必要がある．そこで，医療や教育のE-Learningが有効手段の一つとして注目されている．とりわけ，動画や説明資料などが載っており，時間に制約されずいつでも好きなときに見られる，ストリーミング形式のE-Learningコンテンツが有用である．

(2) 農村コミュニティにおけるナレッジマネジメント

1) 農村におけるSCM

たとえ若者や新住民がいざ農業を始めようと思っても，農業経験がなく，経験者によるサポートがなければ，途端に何から手をつけて良いのか全く分からなってしまう．

北海道の芽室町[2)]は，作物の収穫作業，機械の整備状況や害虫情報などを携帯電話メールで情報交換し，それらをデータベース化して検索できるシステムを利用している．このようなデータベースの存在によって，これまで個人の経験と勘に頼っていたものが，可視化により誰もが容易に理解できるし，新しい情報を獲得できる機会も格段に増える．生産者側の生産・労働効率は計り知れない．

農業従事者の半数以上が65歳以上となった現在，農業技術や知識をスムーズに次世代に引き継いでいかなければ，日本の農業は一層危機的状況に陥るであろう．

2) 農村におけるCRM

企業成功のキーワードの一つとして，コアコンピタンスやオンリーワンがしばしば挙げられる．振り返って農村においては，コミュニティ独自の生活満足度をあげることに寄与する，コミュニティ特化型の地場産業が典型例ではないだろうか．（ここでいうコミュニティとは，狭義では各村落，広義では各市町村または広域行政圏を指す.）コミュニティの生活満足度を上げるためには，潜在的な需要をいち早く認識することが必要である．さもなければ，他より先駆け，いち早くビジネスにつなげることはできない．

自律型検索システムを有したWebプラットフォームを作り，コミュニティの検索経路を解析することにより，潜在的な需要を伺い知ることが可能となる．

(3) 農村環境データベースとエキスパートシステム

自然豊かな農村地域は，癒しの場としては最適な環境である．インフラがある程度整った農村地域では，都会の喧騒を避け，田舎暮らしの充足感を求めて，

SOHO スタイルのオフィスを構える IT 企業も出てきている.

　癒しを提供できる農村地域までが,環境汚染の場となることを避けるために,また持続可能な地域発展を推進するためには,地域内の人材をうまく活用する必要がある.地域内のエンジニアや各種職業経験者の,知識や知恵を利用するのが有効ではないだろうか.例えば,環境コーディネータ資格制度を設けたり,行政規制の少ない農業環境特区構想も一案であると思う.

(4) 農業環境モニタリングと人工衛星画像の利用

　北海道長沼町[2]では,フランス人工衛星 SPOT を,地域のコメの品質管理に利用している.

(5) 情報化社会における新しい農村像

　近年,旧来の公共工事や国の補助金に頼らず,自律型コミュニティを目指す地域も現れている.Face to Face の関係である,地域内の建設業者と農家が意見を出し合って,複数枚の棚田を,農機械の使える大きな一枚の圃場に整備する.すると,作業工程や業者規制などの多い国の農村整備事業に比べると数分の一の費用で賄えてしまう.

　農村においても,都市からやってきた人が気軽に農業を始めたり,また別の地域に移って異なる職に就いたりというように,人材流動が目覚しく,新しい形のコミュニティが次々と生まれるような時代が,近い将来やってくると筆者は確信している.

引用文献

1) http : // www.ntv.co.jp / dash / village / index.html
2) http : // www.nhk.or.jp / business21 / bangumi / 0110 / 10_13 /
3) http : // www.pref.gifu.jp / s11120 / it / honbun / it03 / it12.html

農業農村GISとデータ解析の展開

(独) 農業工学研究所 水工部 河海工水理研究室　丹治　肇

1. 情報化の展開方向

　農業農村分野の情報化研究は，情報科学の応用分野といえるが，その特徴として，理論と応用場面の二つを共有する．ここでは，農業農村の情報化研究の今後の展望を特に後者の応用面を中心に論ずる．

　農業農村分野に関わる情報化の応用場面ではデータの整備の拡大が課題であった．情報化研究は，コンピュータに取り込んだデータを対象とするため，今まで帳票をデジタルデータに変換したり，画像をスキャンニングしたり，ADコンバータを付けたセンサを用いたりしてデジタルデータを作成してきた．こうした個々の研究者が変換したデータを他の研究者が利用しようとすると，データ収集の条件が理解しがたいこと，データのフォーマットが異なることが障害となりデジタル・データの共有化はほとんど進んでいなかった．つまり，せっかくデジタル化したデータも特定の論文を書く以外の用途には使われないことが常であった．

　データの共有には，データベース構築が必要である．今まで，個別のデータベース構築は，文献や化学物質などの例外を除けば成功していない．その理由に，主に固定的なデータ構造が確定できないこと，データの更新と維持管理のコストが大きいことがあげられる．最近では，こうした欠点を補うWWWが既存のデータベースの代用を果たしつつある．しかし，WWWのキーワード検索は，全てのデータを確実に検索できない．検索にかからないことはデータの不在を意味しない．つまり，WWWは自由度が高いが安定した情報検索をするためのデータ空間に固有の軸を与えない問題点を持つ．キーワード以外のデータ検索の方法では，時空間軸に並べる方法が確実である．ベストセラーになった野口の『「超」整理法』は，このうち時間軸を強調したものである．空間軸のデータ作成は今までが困難であった．しかし，最近では，GISにより，この問題は解決しつつある．そこでデジタル・データ共有問題の典型として，農業農村GISを取り上げる．

　一方，理論面から見れば，農業農村分野の情報化研究とは，情報科学分野や数理科学で開発された手法が，順次，展開される過程である．情報科学および情報

機器の進歩がデータ解析分野に及ぼした影響は，① 解析対象のデータベースの構築とインターネットによる公開，② 探索的データ解析に見られるようなデータの特性を前提としない繰り返し手法を中心とした解析手法の発展である．① は上述の応用面である．② の探索的データ解析は Tukey, J.W (1977) の Exploratory Data Analysis に由来する名前である．データを素直に評価し，データに語らせるというアイデアは古いが，幹葉図に見られるような，グラフによるデータ特性の把握が主なアプローチで余り普及していなかった．しかし，最近では，対話型の三次元のグラフや，繰り返し処理を中心とした統計手法，特に，正規分布の前提を必要としないブートストラップ法等の発展により，データ解析は大きく変化しつつある．データ処理手法の理念は古いが，最近の流行用語は EDA でなく，データ・マイニングになっている．

この小論の主張は，最近 10 年間に情報科学分野で起こった，① 応用面と② 理論面の発展とその相互作用による情報科学のパラダイムシフトが，農業農村分野の情報化研究においても発生するであろうという点にある．基本的にはこの変革は，基礎理論や基礎技術が応用面に伝播する際に起こる共通的な現象であろう．しかし，応用分野には，個別の特徴があり，その点を考察しておくことは有益である．

例えば，応用科学や技術には，原理的には解決不可能な問題であっても，対象とする問題が重要であれば，代替手法や近似手法を取り出しても何とか問題解決をしなければならないという基礎科学にはない特徴がある．面的な広がりを持つ流域に対して，集中定数系のタンクモデルを用いることは，原理よりも技術を先行させた解決であろう．しかし，最近では，GIS データの整備とコンピュータの処理能力の拡大により，分布定数系の GIS モデルによる，流出解析が普通になっている．このような場合，基礎科学の基準では，精度向上は学問の進歩であり，GIS モデルがタンクモデルより優れていると結論づけられよう．しかし，応用科学や技術では，正確さはコストとのトレードオフである．GIS モデルがより正確でもそれに関わるデータ作成と計算コストが大きな場合には，精度は悪いがよりコストの安いタンクモデルとの使い分けが起こる．つまり，技術においては進歩とは単に精度向上だけでなく，コストに見合った技術選択の幅の拡大と見なす必要がある．さらに，米国の環境庁が開発した GIS 流出モデル BASIN 3 では，インターネットを通じて，WWW 上の地図をクリックするだけで，米国国内であれば

どの対象流域の地形データ，水文データもリンク先のデータベースから自動的に転送されるようになっている．この段階になるGISモデルの解析データを準備する労力はタンクモデルより小さい．したがって，タンクモデルは不便で精度の悪いものとして消滅するであろう．このように情報科学技術の進歩は，応用科学や技術分野における研究成果の評価軸を変えてしまう．現在携帯電話が固定式電話を追放しているようなパラダイムシストが今後コストと利便性（精度）のバランスが変化するところでは発生すると思われる．

2. 農業農村GIS

2.1 情報化の流れ

情報科学は，一般に数学などに比べれば，応用科学と思われがちであるが，その歴史を振りかえればアイデアが先行した技術が多い．これは，悪くいえばアイデア倒れであるが，幸いにもコンピュータの進歩によりかつてはアイデア倒れに近かった手法が，20年以上も立ってから実用的な手法としてブラッシュアップされることも多い．つまり，今まで情報科学を応用しようとすれば常に，アイデア以外の実用化に伴う制約条件とのすり合わせが大きな問題になってきた．

農業農村をめぐる情報化の場合も，同じように，今までの情報科学のアイデアを活用しようとする場合には，次のような制約条件が課せられてきた．

（1）コンピュータの性能と価格

コンピュータの記憶容量，計算速度，価格が普及の上で大きな問題であった．一昔前までコンピュータは高価であり，1台のコンピュータを複数の人間が共有していた．しかし，電気製品に組み込まれているもの等を考えれば現在では1人の人間が複数のコンピュータを利用している．通信の接続性，速度と費用，異機種間のコンピュータの接続が大きな問題であった．

（2）通信速度・容量と費用

一昔前までは，接続のプロトコルの統一，通信コストが大きな障害であった．しかし，インターネットとその周辺技術により，数千円/月程度にまで低下してきており，数百円/月になるのも時間の問題と思われる．

（3）処理対象のデータ

情報処理対象のデータを安く，大量に入手できるようにすることが大きな課題であった．CD-ROMやインターネット上で安価にデジタル情報が公開されだし

てから，まだ10年経っていない．
　これらの制約条件がある場合に，発生する現象は，次の二つであろう．
a. 制約条件下での問題解決
　　制約条件に縛られない問題の設定と解決．
b. 制約条件自体の緩和
　制約条件が技術革新により緩和されることによって，広範な問題の設定が可能になり，解決の検討が始まる．
　過去の情報処理の研究では，処理対象システムとデータ転送に大きな制約があった．したがって，当面の間に実現可能な情報処理システムを作成することが研究課題になることが多かった．これらの条件のうち，処理システムのハードウェア制約は，パソコンの普及と価格低下，性能向上により，解決してきている．最近のパソコンの性能は，数年前のスーパー・コンピュータをしのぐ程になっており，その結果，スーパー・コンピュータの開発は終了し，ワークステーションは，もっぱら，インターネットの通信管理用になっている．さらに，光ファイバーやADSLの普及により，数年前には，農業農村整備事業や農家の現場では，通信費用や容量，速度で問題外であった利用法が実現可能になっている．これらの関係を表1に示す．

表1　情報処理の現状と展望

	データ	転送	処理
ハードウェア 容量，速度評価	手入力 リモートセンシング GPS ローカルセンシング 高々度飛行体*	光ケーブル 青色レーザ*	コンピュータ ・パソコン
ファームウェア	診断システム ケータイ	ADSL ケータイ	OS ・Windows,tron,Linux
ソフトウェア 成功率，識別能力	文字認識 パターン認識 ・構造物・テクスチャーの認識* GIS	インターネット ADSL	アプリケーション アルゴリズム ・繰り返しアルゴリズム* ・GIS：空間情報処理*

*は今後の発展の余地が大きい

2.2　処理データの作成

　現時点で，表1の区分で大きな問題点は，データの部分である．通信速度の上限を満たすデータには，動画映像しかなく，また，その利用法は，パソコン上で，

映像を見るだけのものである．これは，簡単にいえば，一頃，キーワードになっていたビデオ・オン・デマンド（VOD）の全国レベルでの実現であるが，VODの実験は失敗し，サービスが終了した．最近テレビのデジタル放送への切りかえに向け，ケーブルテレビ会社はVODを再度目玉にする予定であるが映像自体を小分けにして見られるようなプログラムとするなど工夫が必要だろう．

　十分な精度と量の処理対象のデータを準備するにはデータの収集とストックが問題になる．データ収集方法には，次の二つがある．

（1）人工衛星を使ったリモートセンシング，GPSなど
（2）地上でのローカルなデータをセンサにより収集するローカルセンシング

　前者では，人工衛星のデータは，30年近い蓄積がある．また，部分的ではあるが航空測量はさらに古い歴史をもつ．これらのデータは，容量が大きく，処理に専用のコンピュータを必要とし，データもMTなどで運用されていたがデータ処理速度と転送速度の問題は解決しつつある．そこで，残された問題は，インターネットなどを使って，アクセスしやすいデータが整備されることである．国土地理院は，最近では数値地図などの国土数値情報をインターネットで提供している．データ量が増えた場合には，データベースの作成と検索キーワードの設定が課題になる．現在のところ，自由検索キーワードの研究も進んでおり，キーワードによる検索システムも多くある．しかし，キーワード検索では，検索にかからないことが，データの不在を意味せず，完全な検索にはなりえない．現時点で，完全な検索を実現する唯一の方法は，時間と空間を指定する方法である．このための最も大きな障害は，地図がないことである．

　国土地理院では25,000分の1相当のデジタル地図の整備を進めており，2003～4年頃に全国の整備を目指している．しかし，さらに詳しい2,500分の1相当の地図は，都市部しかない．農村部については，基礎となる地図は5,000分の1の森林基本図しかなく，これは，地域の概略を知るには役立つが，実際の圃場整備や水路の設計には概略のレベルでも使えない．今まで，施設の設計をするためには，まず概略で地区を絞り込んで，現地で測量をかける方法が利用されてきた．しかし，この方法では測量は施設周辺に限られるので水理施設などの管理対象の施設が地図上に登録できず，管理には使えなかった．結局，農村部の情報化においては，現時点では，基本地図やデジタルマップがないことが大きな障害になっている．

2.3 農業農村のGIS化

そこで,農村部の地図やデジタルマップの作成が大きな課題になる.最近では,デジタルマップの作成技術は,デジタルオルソ画像による標高データ作成の自動化が進み,農村部でのデジタルマップの作成が費用対効果を考えても実現可能な範囲に収まってきた.

1999年には,中山間の直接支払いに関連した農地基盤情報の緊急整備事業があり,この時に,中山間地域で,デジタルオルソ画像を中心としたデジタルマップ整備が着手された.また,それ以前にも,農地流動化に関連した圃場整備地区のGIS補助事業が行われている.2001年からは,これらのノウハウを受けて,農村振興地理情報システム整備事業が5年間の期間で進められている.ここでは,GISデータを整備し,データベース化すると共に,各自治体や国県のデータの互換性を保つために,2,500分の1程度の地図を想定して,データの標準化をフォーマットだけでなく,作成検査方法や精度の検討にまで進めている.このように重要な基礎となるデジタルマップの作成は,今後時間の問題で情報化の制約条件からはずれるだろう.また,海岸保全施設については国土交通省を中心に海岸関係省庁が2003年から,全国の海岸にある堤防や防波堤の情報のデータベース化を開始する.このデータベースは基本地図を国土地理院の25,000分の1においている.デジタルマップを利用したGISアプリケーションが,次の課題になると思われるが,データが制約条件になるよりも,当面の間はデータを使いこなしきれない状況が続くと思われる.

2.4 ローカルセンシング

残されたローカルセンシングについては,水管理をしている土地改良区など多くの現場で懐疑的な声を聞く.しかし,電気通信関係の研究者は,ホームエレクトロニクスなどで,家庭の電子機器の作動状況のデータを集めることは,技術的には問題はなく,プライバシーなどの制度面の問題を除けば,時間の問題と考えている.したがって,水管理のデータも,電動ゲートなど,電気製品が既に導入されている施設レベルでは,データの収集は時間の問題であるし,より末端レベルの取水バルブについても,EUでは,利用実績があり,拡大の可能性が高い.実は現在の水管理施設は高価であるにも係わらずその制御レベルは家電製品に比べれば極めて低い.最近では,家庭用のエアコンでも故障時に対応した自己診断プログラムを内蔵しており,マニュアルに従えば素人でも故障箇所を発見できる.

しかし，水管理施設には自己診断プログラムはなく，故障診断は管理人の経験と勘に頼っている．発展の余地は大きい．また，この分野においては，水価格の問題も含めて，需要抑制の制度的な検討が，プライバシー同様の大きな問題となると思われる．

このように，制度上の問題は多いが，技術的，費用的には，ローカルセンシングの拡大は時間の問題といってよい．

3．データ解析法の進歩

3.1 成功するデータの利用条件

情報化研究を考える上で，研究のアウトプットやユーザーは大きな課題である．GISやデータベースが構築され，今まで，手にしたことのない様なデータが利用可能になった時，最初に問題になるのは，データの活用法であり，システム開発でいえばアプリケーション・プログラムの設計である．それどころか，今までの経験からすれば，逆に，アプリケーション・プログラムを想定したデータベースのシステム設計が必要になることも多い．なぜなら，いざデータを集めてから，アプリケーションを設計する段になって，キーとなるデータがデータベースに含まれていないため，有用なアプリケーションにならない失敗例には事欠かないからである．

さて，かように大切なアプリケーションには，大まかにいって，二つの種類がある．第一は既存システムの代替となるアプリケーションである．この場合の既存システムとは人間が手で行っていたような仕事である．第二は，既存システムにない新しいコンセプトのシステムである．これは，歩行に対する自動車が代替であれば，飛行機のようなものである．

従来のシステム化では，この2分類にしたがい，効率的な代替システムで，人減らしが出来るか，新しいコンセプトのシステムで，早く新しい処理が可能になると主張することが多かった．しかし，システム化が成功する条件としては，このいずれも間違いだと思う．

図1にシステム化が成功する条件を，システムコンセプトの新しさとシステム効率の向上の2軸で整理して示す．

図でAは既存のシステムのコンセプトと効率を示す．新しいシステムがコンセプトの変更がなく，効率向上にのみ寄与する場合はBで示されるが，実際問題と

して，効率だけを変えて，コンセプトを変えないことは難しいので，実体のシステムは B' になろう．これに対して，新しいコンセプトのアプリケーションを開発して，コンセプトの変更と同時に，効率の大幅向上を目指す戦略は C で示される．B B'，C ともに A とは重ならない程度の大幅な効率アップを目指している．

しかし，新しいコンセプトのアプリケーション C により効率化を図る戦略は，困難に遭遇することが多い．まず第1に，一般の人には全く新しいコンセプトのアプリケーションを理解して利用することは困難である．これは，例えば数式版組ソフトの Tex を例にとればわかる．Tex は活字工が版組みをするよりもはるかに簡単に美しい数式を組上げることができる．しかし，一般の人は，活字工ではないので，ワープロから版組へのコンセプトの切りかえに失敗してしまう．その結果，数式エディタのような折衷的なソフトが幅をきかせる．これから得られる教訓は次である．

数学的あるいは概念的な考えに基づく新しいコンセプトのアプリケーションは十分な訓練をつんだ人以外にとって，使いにくく，作業の効率を下げる．

つまり，図1のCがDになってしまう．ユーザーを考えると代替性を確保しながら，新しいコンセプトを導入し，効率の向上を図ることが成功の秘訣である．この場合，ユーザーの進歩とは，まず，代替性に注目して，新しいシステム導入を行い，導入後に新しいコンセプトの機能を活用する点にある．まず，ユーザーの支持を得ることと，効率化を図ることの一見相矛盾する要素は，ユーザーの成長に伴い，新しい機能が活用可能にしておき，それまでは，代替機能を全面に出すことでユーザーの支持を得ることで解決できる．

この点での失敗例は JR の東海道新幹線の一般向け座席予約システムにある．このシステムでは，該当駅において，時間を例えば午後1時と指定するとその後の3時間の列車の空席を表示できる．これは，今まで，人間が行っていた座席予約そのものである．しかし，このシステムは，ある日，またはある期間を指定し，その間に空席のある列車を表示

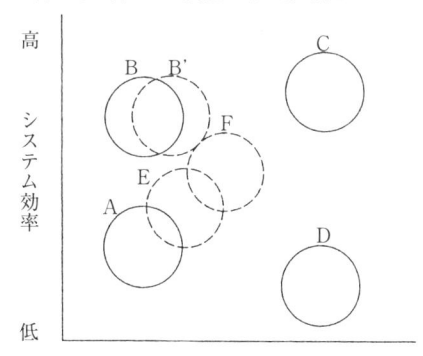

図1 システム化の成功条件

することができない．つまり，このシステムは，互間性を重複した代替システムとしては十分であるが，それを越えるコンセプトをもたないため，せっかくの情報化の効果が小さくなってしまっている．

3.2 アプリケーションの方向

GISを用いたアプリケーションでは，マップ作りが基本になる．例えば，先に述べた海岸保全施設のデータベースのアプリケーションには「高潮ハザードマップ」と「津波ハザードマップ」が想定されている．

マップ作りがアプリケーションの中心になり，システム化が進むことは，今考えてきたシステム化の成功条件から考えれば，自然なことである．しかし，マップ作りはGISの延長のアプリケーションであって，既に述べてきたように，GISが時間空データベースを構築し，その上でより汎用で丈夫な広がりを持った情報化が進むというトレンド分析に従えば，情報化の入口にすぎない．さらに情報化が進んだ場合にはどのようなアプリケーションが生まれてくるのであろうか．

本書で取り上げられたこうしたアプリケーションの一つは精密農業（Precision Farming）である．米国ではNational Reseaick Councilの内の委員会が，1998年に「21世紀の精密農業（Precision Agriculture in the 21st Century）」を出版した．これが米国では代表的なレビューの一つである．精密農業については，この本の他の著者が詳しく述べておられるので，ここでは言及しない．この本の2年前の1996年に，同じNationl Research Councilの別の委員会が「灌漑の新世紀」（A New Era for Irrigation）をとりまとめた．筆者の専門は水資源や灌漑であるから，ここでは，この本から，灌漑の将来展望を見てみたい．この本では9つの将来方向が述べられているが情報化との関連で重要なものを筆者なりに要約すると次になる．

結論6：農業のための灌漑と共に景観灌漑（turf irrigation：芝灌漑）が灌漑産業にとって重要になっている．その結果，灌漑効率の考え方が変わった．

ここで，景観灌漑とは，都市植生とゴルフ・コースへの灌漑を指す．日本の植生への多面的機能に近い議論である．景観が重要な産業になりつつある．これらの面には，ヴァーチャル・リアリティなどの活用が可能である．

結論7：農業灌漑と景観灌漑の双方において，需要と供給の双方を変化させる灌漑技術の進歩が必要である．灌漑産業は技術的開発に重要な役割を果たす．

ここでは水利用効率を上げるための新しい技術開発が求められている．とくに，水利組合（土地改良区）が新しい技術をテストしたり，農村に費用価値の高い技術を使う事が求められている．

ここでは，プレシージョン・ファーミングに見られるような様々な技術の開発と利用が期待できる．ここで問題になるのは米国の科学技術政策が軍主導から民間にシフトしている点である．灌漑用水の価格付けが米国では進展しており，価格付けが節水による費用節約効果が灌漑産業の収入となり，技術開発を推し進めるインセンティブを生む．一方，わが国は今のところ公水主義をとっており，水の価格付けは弱く，余剰水の転売ができない．この点で技術開発の資金を公的なものに頼らざるを得ない．

結論8：農業用水の一部は環境目的に使われるだろう．灌漑によって引き起こされる環境問題を減らす圧力が続くだろう．

灌漑と環境のバランスを取るには，政府の介入が必要であろう．この点で農業だけでなく，環境を対象とした情報システムの整備が求められよう．

結論9：灌漑は流域レベルでの個人的かつ集団的な努力を必要とした．灌漑の将来はいろいろな点において，部分流域レベルで決定されるだろう．

灌漑は流域の，特に部分流域イニシアティブに組み込まれるべきである．灌漑が流域管理に組み込まれることにより，流域単位での利害者調整に巻き込まれることによる．こうした調整は連邦政府や州政府によってなされるが，流域の状況を正確にモニタリングする情報システム，利害者調整をするための情報の共有システムが必要になろう．

3.3 新しいデータ解析手法としてのベイジアン・ネットワーク

データ解析手法にも新しい流れがある．今まで統計学の上では，正規分布の前提が全てのスタートにあった．どのような分布であれ，正規分布への近似がある程度あてはまるのは大数の法則による．つまり，サンプル数が多いことが前提条件になっている．当然のことながらサンプル数が少ない場合にはこの条件はあてはまらない．

サイコロを6回ふって4の目が4回出たとしよう．この場合には二つの解釈がなりたつ．① サイコロに公平であるが，確率の低い現象が起こったと考える．② 事象は明らかに，サイコロに偽りがあることを示していると考える．

後者の立場に立てば，偏りの程度はイカサマサイコロを作った（原因）が，偏りある目を発生させた（結果）のであって，結果から，原因を推定するためにベイズの定理を用いることになる．このような考え方をベイズ統計といい，必ずしも大数の法則が成り立たない場合にベイズの定理に基礎をおいて，確率を計算する立場をベイジアンという．

図2 ベイジアン・ネットワークの例

ベイズ統計の考え方を因果関係のネットワークに展開したものをベイジアン・ネットワークという．図2にベイジアン・ネットワークの例を示す．ここで，対象に北国の小さな河川の春先を考える．河川の流量が増えていた場合にその原因としては，降雨，融雪が考えられる．また，流出の大小は流域の土壌水分の影響を受けていると考えられる．さらに，土壌水分に影響を与えるものには先行降雨がある．融雪に影響を与えるものに先行降雨と気温上昇がある．これらの因果関係をベイズの定理を用いた確率計算を行えば，事象から原因を推定することができる．なお，ここでは，図を簡単にするために降雨と先行降雨を区別していない．ベイジアン・ネットワークの利用例としては，Microsoft Windows のイルカのアドバイザーが有名である．Microsoft の Heckerman (1995) のベイジアン・ネットワーク入門もよく知られている．また，ヒューレット・パッカード社では，プリンターの電話での故障問い合わせにおける原因推定にベイジアン・ネットワークを利用している．

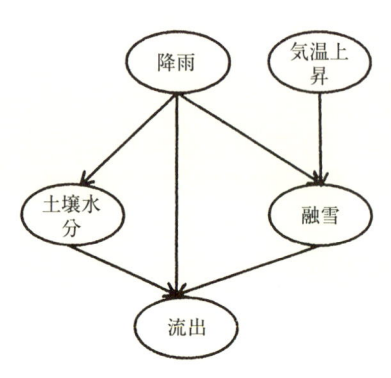

ベイジアン・ネットワークの理論の構築と利用の拡大は，1990年代後半に入ってからである．わが国への導入は欧米に比べ，数年遅れており，和書の参考書はない．最近，（独）産業技術総合研究所の本村らの研究グループが国内でのベイジアン・ネットワークの研究と普及を進めており応用分野の拡大が期待される．

4．データ処理の今後の方向

データ処理の今後の方向を統計学中心に見ると，以上のように，探索的データ解析，ノンパラメトリックな手法から，ベイズ統計，さらに，その応用であるベ

イジアン・ネットワークへの展開が急速に進んでいる．ベイズ的手法の基礎的なアルゴリズムの一つがモンテカルロ・シミュレーションであることは，象徴的である．パソコンの処理能力の拡大と共に，データ処理のアルゴリズムの進歩は広い範囲で進んでいるが，基本的なパラダイムの変革が最も急速に進んでいるのは，統計分野である．例えば，欧米で開発された統計パッケージを利用しようとすると和書は，全く役に立たない場合が多い．現在の状況が続けば，和書の統計関連書籍の半分は10年しないうちに，間違ったあるいは利用価値のないものになりそうな様子である．農業情報処理においても，次の10年には，ベイジアン・ネットワークの利用など実用面に帰する処理アルゴリズムの大幅な変更が発生すると思われる．

5. おわりに

本稿は学術会議のシンポジウムの原稿をもとにその後のデータを追加し，加筆修正したものである．情報化の研究については，初期の人工知能やマルチメディアに見られるように，理念倒れの研究が繰り返されてきた歴史がある．しかし，現在はコスト等の制約がなくなった分，情報化の夢が現実に近づいている．夢が少なくなった分，情報化研究はとくに応用分野において，豊かな実りを実現できる時代に到達した．研究成果が現場で利用され，使い易さを含めた成果の成否が研究にフィードバックされる時代が始まろうとしている．

引用文献

Committee on Assessing Crop Yield : Site-Specific Farming, Information Systems, and Research Opportunities, National Research Council (1998) : Precision Agriculture in the 21st Century : Geospatial and Information Technologies in Crop Management, the National Academic Press, p.168

Tukey, J. W. (1977) Exploratory Data Analysis Addison-Wesley, p.688

Committee on the Future of Irrigation in the Face of Competing Demand, National Research Council, (1996) : A new Era for Irrigation, the National Academies Press, p.216

野口悠紀雄 (1993) :「超整理法-情報検索と発想の新システム」，中央公論社，p.232

Heckerman, David (1995) : A Tutorial on Learning with Bayesian Networks, Technical Report MSR-TR-95-6, p.57, Microsoft Research

インターネットの農村への普及と新たな農業ビジネスモデル

農業情報コンサルティング（株）　田上隆一

1. はじめに

　コンピュータやネットワーク技術が飛躍的に進歩したことによって，これまでの社会や経済の枠組みが変わり始めています．農村の暮しや農業生産もその例外ではなく，IT（情報通信）社会での農業のあり方を考える時期が来たといえます．といっても，ITで何ができるのか，ITで何をしたいのかなど，はじめにITありきの考え方ではなく，この際に，農業や農村の本質的な意味を，つまり食料産業としての農業のあるべき姿を描いて，その上でITを活用した農業のビジネスモデルを考えることが大切です．

2. 新たな農業経営の視点

2.1 流通コストの低減

　新たな農業経営を考えるとき最も重要な課題の一つに「流通コストの低減」があります．いうまでもなく，デフレ傾向といわれる景気低迷下，販売店や食品関連企業の熾烈な生き残り競争の中で農産物の輸入は圧倒的に増えており，そのため卸売価格は毎年下落を続けています．このままでは農家がどれだけ生産コストを下げても経営は立ち行かなくなってしまいます．

　さらに，わが国の食品産業の収益構造を見ると，農業・漁業などの食品素材産業に比べてその流通業にかかる費用が3倍以上もあり小売価格を押し上げています．日本の生鮮品が欧米に比べて高いのは，複雑な流通構造によるものといわれています．零細な規模の生産者，シェアーの低い量販店，その間を取り持つ中間流通業者も分断された部分機能しか発揮できず，卸売市場の構造が流通コストを引き上げているのです．したがって単純な生産コストの低減ではなく，流通コストをいかに下げるかを流通構造全体の問題として考えない限り，安い輸入品に対抗することは無理だということが明らかです．

2.2 食品の安全性に対する保証

　もう一つの重要な視点として，「食品の安全性に対する保証」があります．これ

まで，消費者の食品選択基準は"安くて美味しくて安全なもの"といわれてきましたが，「安いか高いか，美味いか不味いか」は相対的なもので状況によって変わるものです．しかし，「安全なのか体に悪いものなのか」ということになると事情は異なります．「これを食べたら病気になる」と分かっていたら誰だって手を出さない絶対的な基準になるのです．

そんな中で顔の見える販売が話題を呼んでいますが，野菜をもっぱら町の八百屋で買っていた時代は「これは某村の某生産者が作ったもの」という詳細な情報が買う人に直接伝わっていました．農家が直接地元の市場に作物を持ち込み，地元の八百屋が仕入れて店頭に並べていましたから，八百屋は消費者に野菜の育ちや経歴を伝えることが出来たのです．

しかし，セルフサービスによるスーパーマーケット中心の販売では，全国から同じ規格のものが大量流通に乗って大都市に集められ，そこからさらに全国各地に配送される過程で，農産物固有の情報は消えてしまいます．工業的商品価値感と金銭価値だけで農産物が流通することになるのですから，見た目は同じ"物質としての農産物"として，産地偽装など商品ラベルの張替事件が起こるのでしょう．

2.3 分断された生産者と消費者の関係修復

前述のように，農業経営の改善には「流通コストの削減」と「顔の見える販売」が最も重要な要件であると考えられます．これらは今までも様々な角度から論じられてきたもので，そのために経営者がやるべきことは山のようにありますが，できることには限界がありますから，共通する課題を見つけ出して集中的に改善努力することが大切です．

二つの問題点を掘り下げて考えて見ますと，いずれも取引の分断，情報の分断という「生産者と消費者間の断絶」から問題が起こっていることが分かります．それならば，流通経路の短縮（流通コストの削減）と生産情報の提供（顔の見える販売）で，生産者と消費者とを繋ぐことがこれらの問題解決になるはずです．IT革命といわれる「情報技術の進歩」が，これらの農業問題解決のためにどう役立つのか，そのためにはどうすれば良いのかという視点で取り組むことが必要です．

3．ITで農業を変える

3.1 新たな農業ビジネスへのパラダイム転換

ITの活用による農業の変革にあたり，まずは農産物のマーケットが非常に変化

しているのに対し，現場も変わる必要性があることを認識しなければなりません．従来の考え方は，農業技術を磨き生産コストを下げることが主眼で，そのためには均一の品質で，ある程度のロットを作らなければなりません．そこで生産部会を中心に標準化や効率化を進めることになりました．その結果，内部統制が重要となりそれを支える組織は縦割りの指導・技術中心で，農協などは役職員が一丸となって業務処理を行うというようになったのです．

しかし，このような従来型のビジネスを行っているところは，ほとんど経営破綻に向かうと言わざるを得ない状況になってきました．そして，求められているのは"要求品質"であるという新しい考え方に気付き始めた経営者は，ファーマーズマーケットでの直売やスーパーマーケットへの直送ビジネス等に取り組み始めています．市場を中心とした既存流通の関係者も，今までの手数料ビジネスからの脱却を図るべく，生活者の要求品質に応えるマーケティングに取り組み始めています．

3.2 ネットワーク型の生産組織

新たなパラダイム実現に向けて一経営体では解決できない問題があります．現状では零細の農家が多いため，どうしてもロットが作れません．いくら要求品質が重要であるといっても，それに応える生産単位があまりにも小さければ物流に乗らないために商品になりません．そのためグループが必要なのですが，農業生産者の中には，グループに拘束されるのは嫌で自分のやりたいことを自立したスタイルで行いたいというニーズも多くあります．そのため第二の農協ではなく「農業ビジネスモデル」を共有する目的で共同するバーチャルコーポレーションの形成が必要です．ここでは集落的な結合ではなく，広域的なネットワーク型の組織になりますからIT活用は必須の条件になるでしょう．

3.3 地産地消の重要性

農産物の流通構造を変える，または補完するビジネスモデルとして生産者直売による地産地消があります．しかし，地産地消も経営となると簡単には行きません．一般的には，"どこの誰が何をどう作っているのか"に対し，"どういう客がいつどれだけ来るのか"という需要と供給は簡単には合いません．農家が自分の庭先で販売するのであれば，需要に合わせて畑からタイムリーに供給することが可能ですが，これでは品揃えが少ないので客が来ません．そこで，販売所を設け複数の農家が商品の点数を揃えることになりますが，そうなると途端に高度な供

給管理が要求されます．また，地産地消は中央卸売市場に委託する販売方法に比べてもより高度な情報化が必要です．ITを活用して生産や売行きの情報がいつでも分かる仕組みを整備し，生産から販売までのスピードアップを図り，需要と供給のギャップを極力なくしていく努力が必要です．

4. 21世紀農業（自然循環機能）の情報化戦略

4.1 ITで顔の見える農産物販売の実現

　今度の食料・農業・農村基本法では，「有機」「環境保全」「持続型農業」が謳われています．農業は私たちの環境とともに永久に続いて行かなければならないのです．消費者の指向も完全にその方向に向かっているのですが，実際の現場では，まだこのビジネススタイルの転換ができていません．転換するためには「新たな農業ビジネスの情報戦略」が必要です．今までは"見た目"が重視されていましたが，これからは"頭で考える"農業情報にシフトすることです．

　この"情報"の真の狙いは，農村基盤，あるいは消費者の心理，ライフスタイルの大転換を背景とした"農業・農産物の透明性の回復"です．対面販売により伝わっていた作物の経歴情報，あるいは食べ方やレシピなどが，この20～30年の間に農業の生産販売から脱落してしまいましたが，それを取り戻さなければなりません．そのためには，昔に戻るのではなくデータベースやインターネットを使い，"データによる食品の流通透明性"そして"顔の見える農産物販売"を実現することなのです．

4.2 消費者重視の情報発信

"顔の見える農産物販売"の実現に向け，まずは，消費者重視の情報発信を行わなければなりません．もちろん専門家である生産者だけが知りえる，そもそも…という"野菜の本質"論は大切ですが，それだけではなく，それぞれの消費者が"いま何を求めているのか"を重視し，それに応えるために生産者が持てる情報（農産物物語）を発信していくことが大切なのです．

　消費者重視の情報発信を実現するにあたってクリアすべき大きな問題があります．今まで漠然と行われてきた営農基準に衛生要件を加えた"農業規範"を明文化して共有することです．そして規範に対して実態がどうであったかを記録で明らかにして消費者に提供します．そのためには，発信情報を保証するデータの蓄積，農家の発信を裏付けて保障する仕組み，客観的なチェック機能が必要になっ

てきます．具体的なシステムとしては，農家台帳，圃場台帳が必要です．また，誰が，どの畑に，何をどのように作ったかという栽培管理記録，防除・施肥日誌も必要です．それらがネットワーク上で開示できるシステムが必要になります．

　栽培記録だけなら従来も推進してきましたが，売上増加や経費削減に直接はつながらなかったので，なかなか生産者に取り組んでもらえなかったようです．ところが今は違います．生き残りを賭けて生鮮品の差別化を図ろうとするスーパーマーケットでは，野菜の育ちが明らかであること，問題があったときには即座に生産者まで遡及できること（トレーサビリティ）などが，安心な農産物仕入れの条件になろうとしています．そうなると，栽培記録や安全保証の無い農産物には買い手がつかないことになるかもしれないのです．

コミュニティベース精密農業

東京農工大学 農学部　澁澤　栄

1. はじめに

日本で精密農法（Precision Farming）あるいは精密農業（Precision Agriculture）の単語が研究者や技術者の間でささやかれはじめてから7年以上にもなる．当初は，精密農法先進国の米国モデルを見聞し，その日本農業への適用可能性についての疑義が多く，新規の研究課題として取り上げる傾向が強かったように思う．しかし数年も経ずして産業界が注目し，また地域農試や自治体あるいは農家集団が精密農法に興味を示すに及んで，精密農法は研究対象のみならず農法革新を伴うビジネスの問題として意識されるようになった．欧米では，かなり早い段階から，精密農法は環境保全などの制約条件の中で収益を最大化する営農マネジメントであることが定式化され[1]，ビジネス戦略としての精密農法が注目を集めている[2,3]．遅ればせながら，日本でも独自の農業スタイルと農業技術革新の努力を基礎にしたビジネスモデルとしての日本型精密農法が提案され，その導入の試みが開始されている[4~7]．

そこで本稿では，ビジネスモデル（農業イノベーションのシナリオ）としての精密農法に焦点を当ててみたいと思う．

2. 精密農法日本モデルの要点

2.1 精密農法作業サイクル

精密農法とは，あるデンマークの精密農法採用農家の言葉を借りれば，"Understanding the language of crops"，すなわち「農作物の言葉を理解する」ことである．

とかく旧来の技術では，反収を上げようとすればふんだんに肥料や農薬を施用しがちであり，すると環境汚染を引き起こしかねない．投入を減らすと収量が減りかねない．良質な作物を作ろうと有機質などを投入しようとすれば，コストと労力があがりかねない．ある部分だけを解決しようとする従来の手法に頼ると，なかなかうまい解決策が見つからない．そこで改めて，圃場で何が起こっている

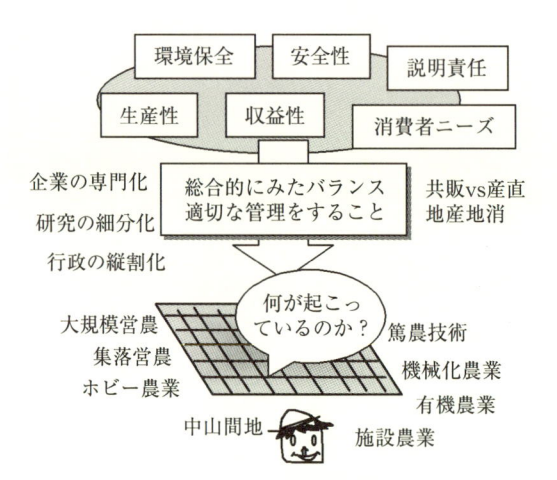

図1 「精密農法」概念が注目される理由は？
環境保全と生産性・収益性を同時に追求するためには，改めて圃場の全体像と流通・消費の仕掛けを正確に理解しなければならない．そのためには旧来の専門で仕切られた考え方や対処の方法を見直す必要がある．

かを正確に知り，バランスある管理が必要になる．精密農法とは，そのようなバランス解を模索するために生み出された知恵の一つである（図1）．

より具体的に作業サイクルを示すと図2のようになる．

まず圃場の空間的ばらつきを克明に記録すること，さらにその理解を深めることが最も重要な特徴である．雑草の分布だとか作物生育や収量の場所や圃場による違いの記録である．続いて過去の作業日誌（施肥量や農薬散布量あるいは投入労働量など）や消費者ニーズ（品質重視，有機農法など栽培法重視，低価格志向など）などの諸要因を見ながら，栽培作物や栽培法あるいは市場に関する営農戦略および作業内容を決定する．その決定内容を実行し，結果を評価する．評価する場合は，当該年の収益性のみならず長期的な市場性向上や農作業の安全性あるいは地域の自然や環境保全効果などの項目も大事である．このような作業が一巡して，精密農法を推進するための土地台帳や作業日誌が豊かになり，次の段階へと進む．以上に見る系統的な営農モデルが精密農法である．

図2に示す精密農法を実行するためには，精密農法の三基本要素技術：圃場マッピング技術，可変作業技術，および意志決定支援システムの導入が必要になる[5,6]．その際，可変作業の内容を決定する規準は，①既存の技術や作業機械の能力が発揮できること，②販売への効果（マーケットシェアないしは販売価格）が期待できること，③長期的な地力維持と環境保全が望めること，である．販売の当てがないのに高価な機械を導入して細かな可変作業を実施するようなことは戒めねばならない．

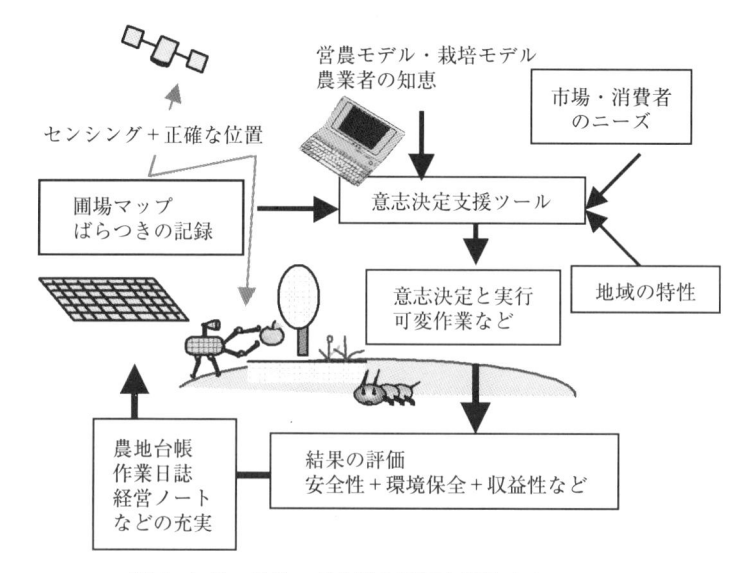

図2　知識・技法の螺旋進化型精密農法サイクル

収益性と環境保全など，複雑なニーズを総合的に取り扱い，そのバランス解を求める新しい営農形態が精密農法である．土地生産性を重視した近世農法や労働生産性を重視した機械化農法とは異なる．

2.2　コミュニティベースの日本農業モデル

　繰り返すが，精密農法の戦略対象は「ばらつき」であり，また米国モデルの対象とする圃場規模は数百～数千 ha である．日本においては，精密農法の技術体系をダウンサイジングしたとしても，対象とすべきスケールは数十～数百 ha が限度である．これ以上小さなスケールでは，導入すべき技術コストが高くなるばかりか，病害虫防除や地下水汚染などの環境負荷に対する軽減措置が実効性を持たなくなるからである．既にフェロモントラップによる害虫防除では，市行政区スケールで統一した管理が実施されている例もあることから，上記スケールを導入対象にするのは根拠のあることである．

　そこで数十～数百 ha のスケールで日本の農村を見ると，水田や野菜畑あるいは居住地帯も含まれ，土地利用の多様性がクローズアップされてくる（図3）．圃場間の地域的ばらつきである．さらに多数の農家が農地の所有や耕作利用をしており，農家の間の経営形態や規模あるいは動機もまちまちである．すなわち，個々の小規模圃場内の「ばらつき」のみならず，圃場間の地域的「ばらつき」や農家間の営農形態の「ばらつき」が同時に存在する空間スケールである．この規模で精密

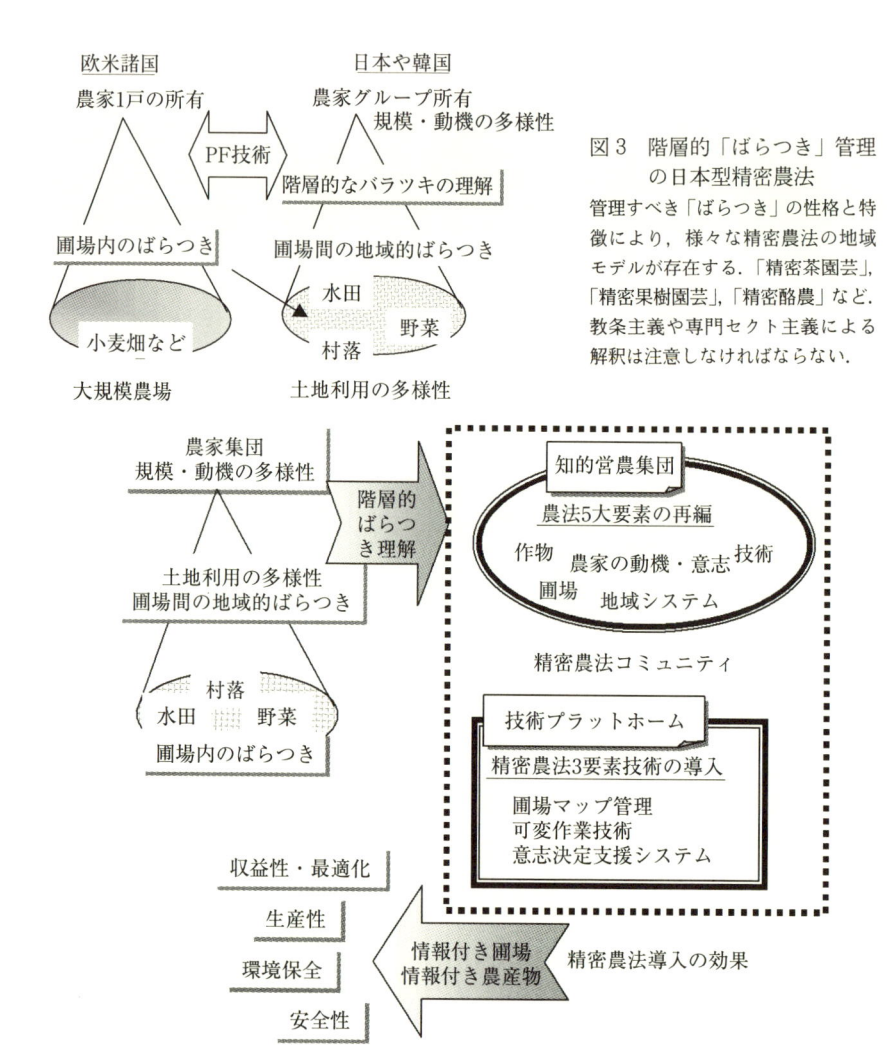

図3 階層的「ばらつき」管理の日本型精密農法
管理すべき「ばらつき」の性格と特徴により、様々な精密農法の地域モデルが存在する。「精密茶園芸」、「精密果樹園芸」、「精密酪農」など. 教条主義や専門セクト主義による解釈は注意しなければならない.

図4 コミュニティベースの精密農法日本モデル
知的営農集団と技術プラットホームから構成される精密農法コミュニティが必要になる. その結果誕生する情報付き圃場と農産物は、農業と地域全体を活性化する.

農法の技術体系を導入する場合、特に農家の集団的な取り組みが重要になる. 米国モデルでは1軒の企業的な大規模農家が精密農法導入の受益者であるが、日本の場合は営農集団、すなわちコミュニティがその受益者であることに大きな違いがある.

精密農法の導入で何が変わるか

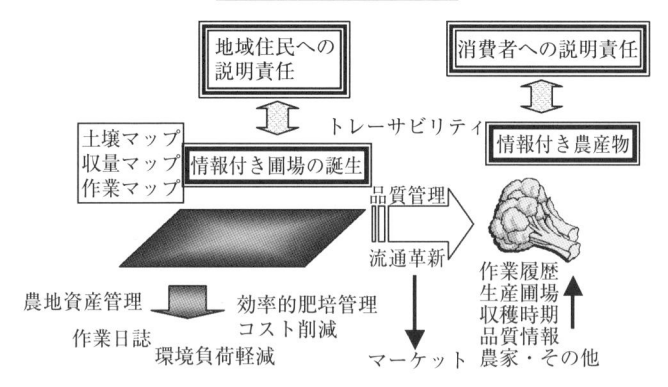

図5 精密農法導入による農法と市場の革新
「情報付き圃場」による環境保全型農業と「情報付き農産物」による農産物マーケットの占有は，生産・流通・消費の全体システムを革新する潜在力をもつ．

　改めて述べるまでもないが，階層的な「ばらつき」の管理すべてを個々の農家に期待するには荷が重すぎる．そこで，図4に示すように，農法の5大要素(作物，圃場，技術，地域システム，農家の動機)[5]を主体的に再編構成する知的な営農集団(いわば知的な生産者ネットワーク)，そして精密農法の新技術を開発導入する技術プラットホーム(企業や農家などにより構成，生産・流通・消費にわたる技術開発・マーケッティングのネットワーク)，さらに両者を融合した精密農法を推進するコミュニティの役割が重要になる．導入コストの低減や環境保全および付加価値生産などの効果は，そのコミュニティが判断することになる．

　通常，精密農法は既存の技術体系から出発し，そのコンセプトによる意識変革と情報インフラ等の整備が進むにつれて，従来関係づけられていなかった技術や業種の融合が引き起こされて，地域農業の変革へと進むものである．精密農法コミュニティは，地域農業変革のマネジメントを伴いながら農法革新を進めていく主体とならなければならない．

　「精密農法の導入によって，何が変わるのか」という疑問がよく出される．その回答のキーワードは，「情報付き圃場」と「情報付き農産物」の創造にある(図5)．

　精密農法を導入することにより，その地域の圃場が情報化され，栽培履歴や土壌管理の実態がデータに基づいて第三者(例えば地域住民)に説明できるようになる．第三者の理解のもとに，環境保全型の営農スタイル構築が可能になるが，重

要なことは「収益を最大化する」という「営農目的」を堅持することである．また同時に，栽培履歴や品質管理がデータにより説明できる農産物を市場に送り出すことができる．これが農業の新しい知的な付加価値（すなわちトレーサビリティ）となる．

3．精密農法の導入方法

3.1 組織のマネジメント

精密農法の導入に際しては，精密農法コミュニティの結成とそのマネジメントが同時に要求されるのが，精密農法日本モデルの特長である．図6に示すように，知的営農集団と技術プラットホームの目的と戦略を具体的に定め，タイムリーな行動を開始することがビジネスチャンスを逃さないために重要である．そのため農家や企業による実践的な学習集団を構成することが最初の作業になる．

米国モデルでは，一個の農家が数百〜数千haの農地を対象にし，「圃場内のばら

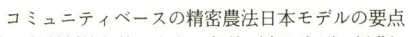

```
コミュニティベースの精密農法日本モデルの要点
1. 営農目的：各種制約条件のもとに収益（売り上げ－経費）の最大化
2. 精密農法コミュニティの目的：生産・流通・消費システムの最適化
3. 新規生産物：「情報付き圃場」と「情報付き農産物」
```

組織の目的と役割について

```
知的営農集団                          技術プラットホーム
1. 農家主体の組織                      1. 企業主体組織
2. 農法の革新          技術協力       2. 技術開発と提供
3.「情報付き圃場」創造  組織交流       3.「情報付き農産物」創造

・栽培履歴の記録       大学・行政      ・既存技術の交流
・試験栽培の実施       農協など        ・技術開発プロジェクト
・市場への試験出荷                     ・研究プロジェクト提案
・試験圃場の提供                       ・農産物市場の開拓

地域の農家の組織化    精密農法         地域密着企業群の創造
すべての圃場管理へ    コミュニティ     国際市場へのチャンネル
                      拠点の創造
```

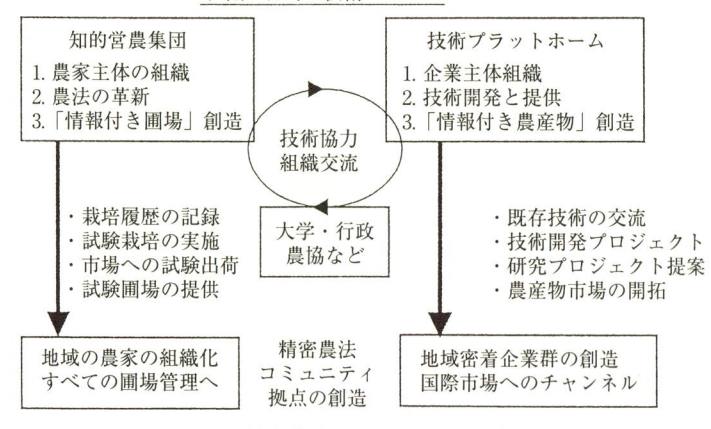

図6 精密農法コミュニティの役割

組織の目的は何か，目標は何か，如何にあるべきかを明瞭にすることにより，イノベーションの契機を作ることができる．精密農法日本モデル導入の最初の作業である．

図7 豊橋地区における精密農法コミュニティへの取り組み

技術プラットホームの結成（H13）から始まり，年6回の学習会，IT関連の技術講習会，研究プロジェクト申請，豊橋市ほかの支援などを背景に，農家集団が精密農法導入の取り組みを開始し，精密農法コミュニティの骨格が形成されつつある．

豊橋IT農業研究会／技術プラットホーム
- 事務局：サイエンスクリエイト（中野），東三河地域研究センター（加藤）
- 参加企業（20社以上）：三菱商事，日立製作所，オムロン，パスコ，ほか 石黒農材，ほか地元企業 農家集団など
- サイエンスコアサポート企業：東京農工大学，豊橋科学技術大学

東海農政局　行政的支援
通産省中部経済産業局

愛知みなみ農協
豊橋農協
その他

豊橋市
田原町・赤羽根町・渥美町

精密農法の導入計画
知的営農集団をめざして

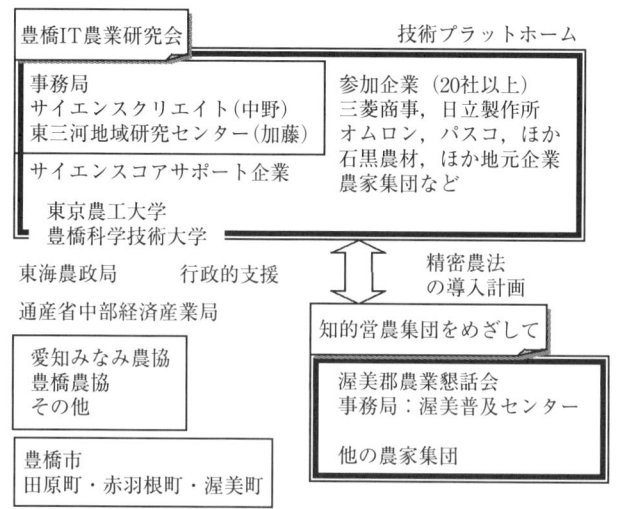

渥美郡農業懇話会
事務局：渥美普及センター
他の農家集団

豊橋渥美IT農業推進ビジョン検討委員会（24/06/02）

つき」管理による規模のメリットを追求する比較的単純なものであった．米国や英国などでは，農業革命により「篤農家の知恵」が失われて久しいといわれているが，日本モデルでは篤農家の知恵を基礎にした複雑なコミュニティベースの精密農法が構想できる．これが欧米と比較して日本農業の有利な条件である．

既に愛知県豊橋市では，精密農法日本モデルの理念に基づき，技術プラットホームである「IT農業研究会」を2001年6月に発足させ，精密農法導入の取り組みを開始した[7]．また埼玉県本庄市では，2001年7月に認定農家の集団が精密農法に関する講演会および企業技術者との交流会を主催し，本年4月には知的営農集団形成をめざした本庄PF研究会を結成した．（詳細は略）

3.2 技術開発の必要性

精密農法の導入には既存技術の再編と新技術導入が必要であり，適切な導入技術の選択は極めて重要である．また技術開発には相当の時間と投資が求められる．

技術開発には，大別してシーズ対応型線形モデルとニーズ対応型非線形モデルの二つがある．シーズ対応型線形モデルとは，基礎研究－応用研究－実用化－製品販売というラインにのって進む研究開発モデルであり，1960年代の高度成長期のように，急速に市場が拡大して「販売」を意識しなくても技術開発の投資効果が見込める時代に採用されるモデルである．ニーズ対応型非線形モデルは，多様

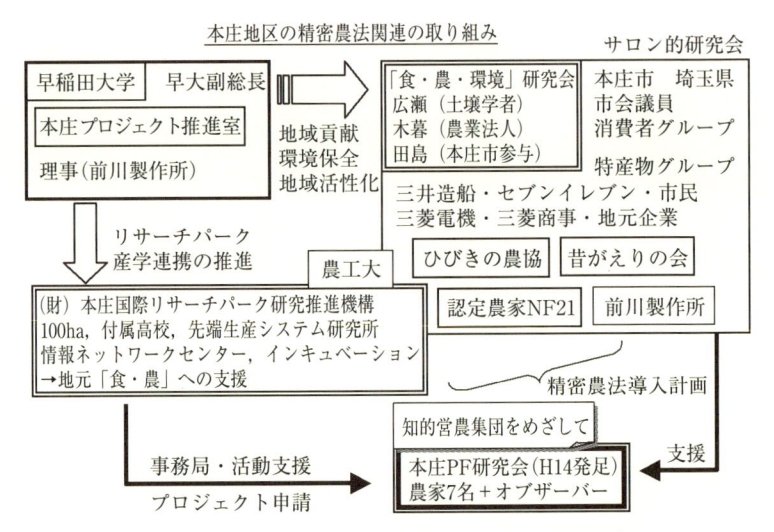

図8 埼玉県本庄地区の精密農法コミュニティの取り組み

早稲田大学と本庄市の支援を背景にして，ゼロエミッション都市構想，農業の事業化，環境保全に関する取り組みの中から，精密農法日本モデルの導入が計画されつつある．知的営農集団の萌芽が誕生し，精密農法コミュニティの形成がはじまっている．

な市場ニーズの中からビジネスチャンスを探し出し，既存技術の再編と新技術開発の組み合わせにより非線形的にプロジェクトが勃興・進展する研究開発モデルであり，1990年代から現在のように，技術が飽和して市場規模が安定ないし縮小している時代に注目されるモデルである．明らかに新技術開発には両者に対するバランスある投資が必要である．

ところで精密農法の必要性は「ばらつき」の存在であり，「ばらつき」を正確に記述するところから，技術展開が開始される．すなわち，「ニーズ対応型非線形モデル」の技術開発モデルの様相が非常に強いことが精密農法技術の特徴の一つになっている．

具体的に見ると，図9に示すように，「ばらつき」の記述方法には3種類ある．「空間的ばらつき」，「時間的ばらつき」，および「予測のばらつき」である．「空間的ばらつき」の記述は最初に手がけやすい事項である．空間的ばらつきの時間変化を記述するには，少なくとも数年〜十年のデータ蓄積が必要であり，膨大な情報の処理を伴う．「予測のばらつき」の典型例は気象予測の不確実性であり，生育

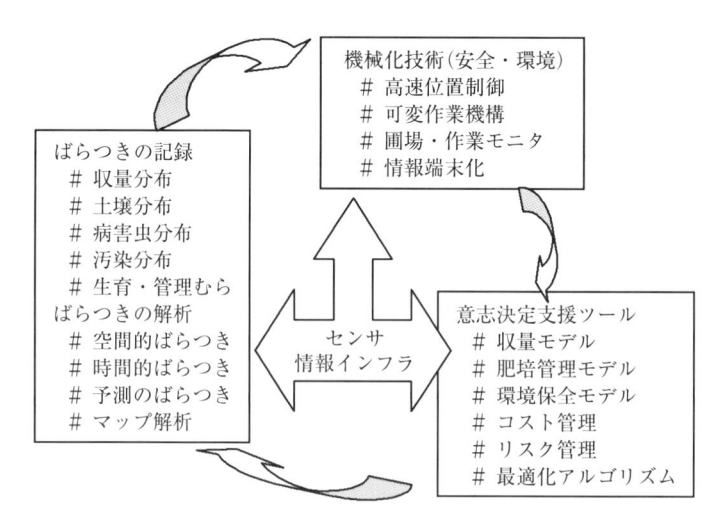

図9 技術開発の方向

「ばらつき」の記録と理解に関する技法の開発から始まり,管理手段としての機械化技術の開発,生産・流通・消費の全体システム最適化を図る意志決定支援システムの開発へと進む.この中で,センサ開発と情報インフラは特別な地位が与えられなければならない.

予測などの「ばらつき」も含まれる.位置測定技術と一体になったセンサ技術の開発が,「ばらつき」の記述を格段にレベルアップすることになる.

「ばらつき」のレベルが記述できた段階で,可変作業に要求される内容が明確になり,機械化技術の段階へ進むことになる.同時に重要なことは,可変作業レベルを高度化・精密化することはコスト増大を伴うものであり,「投資対効果」を見積もりながら最適な可変作業を選択する必要がある.その際,栽培モデルや環境保全モデルなどの最適化アルゴリズムが重要な役割を果たし,どのような作業を実行したらよいかという「マネジメントマップ」(投入対効果を示す可変作業レベルの圃場マップ)や収益性に着目した「コストマップ」(投資対効果の圃場マップ)などが必要になる.

一例として,図10に,東京農工大学の附属農場畑地で実施した実験結果の一部を紹介する[9,10].2000年秋から2001年秋にかけて同じ圃場を対象にして3回の計測を実施した.圃場面積は約40 a,観測データ数は約400点で長辺方向に1 m間隔で深さ約20 cmの土壌反射スペクトルを計測し,硝酸態窒素分布を推定したものである.短辺方向は作物列を懸案してほぼ5 m間隔にした.図10の上段は,

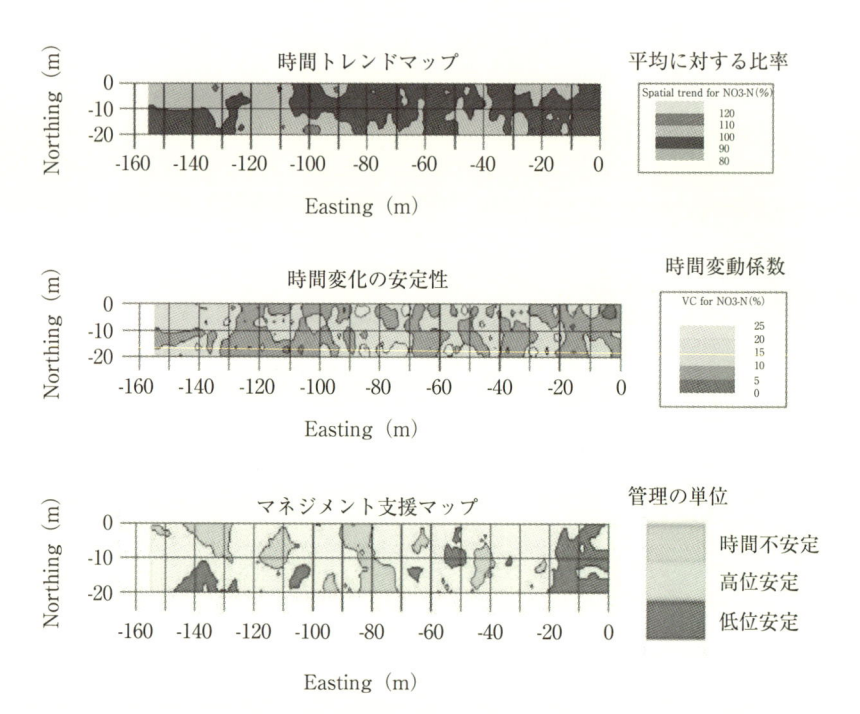

図10 精密農法のアウトプットとしてのマネッジメントマップ例
東京農工大学付属農場の畑地(0.4ha)を対象に,リアルタイム土中光センサにより硝酸態窒素を3シーズン観測した結果より算定した.数年間にわたる圃場マップ観測の蓄積より,「ばらつき」に対応した圃場管理技法が確立する.

それぞれの観測につき,圃場全体の平均値に対する観測値の比率を示したもので,常に高い値を示す場所と,常に低い値を示す場所が確認できるようになっている.中段の図は,時間に対する変動係数を示したものである.観測回数が3回なので,確定的なことは言及できないが,変動の激しい場所と比較的安定している場所が明示できる.下段の図は,上段の時間トレンドと中段の変動トレンドを合わせて表示したもので,高位安定箇所と低位安定箇所,そして変動の激しい箇所が区分けしてある.下段の図を参考にして,例えば施肥管理などのマネジメントマップを作ることができる.

このように,圃場のばらつきを記録するとは,数年間(5～6回の時間平均可能な年数)の継続的な観測を伴うものであり,その結果圃場の「癖」を正確に理解することができる.そして可変量作業などの次のステップに進むことができる.こ

の例からも予想できる通り，慣行農法から精密農法への移行期間はおよそ10年程必要であり，経営者の世代交代を念頭においたビジネス戦略が求められる．

　精密農法導入の技術環境としては，日本の場合，約66万戸の農家が情報メディアにリンクされ（平成11年12月），平成9年現在で土地改良区が7,414地区，面積にして平均419 ha/区，組合員数にして平均602人/区，また企業感覚を志向した農業法人は約2万事業体で，農業サービスを主体としたものは13,000事業体になっている．また農水省の『「食」と「農」の再生プラン』（平成14年4月11日）では「消費者第一のフードシステム」，「農場から食卓へ」などのスローガンを掲げ，JAS法改定など，農林水産政策の抜本的な改革を進めようとしている．消費者の食品に対する健康・安全志向や「有機」農産物の規定強化など，食品流通および消費のニーズが「顔の見える農産物」から「データによる品質保証」の段階へ進みつつある．これらの条件はさらに詳細に分析する必要があるが，精密農法日本モデル導入の基盤は熟しつつあるものと考えられる．

精密農法導入の要点
1. 導入組織：知的営農集団と技術プラットホームの構成
2. 導入契機：「情報付き農産物」のマーケティング見通し
3. 技術開発：「ばらつき」管理と農産物品質評価システム

4．おわりに

　精密農法日本モデルは，「情報付き圃場」による緻密な生産計画と「情報付き農産物」による戦略的なマーケティングのバランスを統一的に扱う新たな農業マネジメント戦略およびその技術体系の総称を意味する．特に精密農法日本モデルは「知的営農集団」と「技術プラットホーム」からなる精密農法コミュニティの構成がその導入に不可欠であると解いており，小規模農業に対するコミュニティベースの地域農業システムとして展開可能となる．このことは，地域循環システムや地域産業の新生などをめざす農業以外の産業分野と融合ないし密接なリンクができるチャンネルを農業が保有するということを意味しており，その導入プロセスでは農業イノベーションという性格を持たざるをえない．これに比較して，主として規模のメリットを追求する精密農法米国モデルでは，18世紀産業革命以来の伝統的な農業スタイルに情報化などの新技術を付加する程度のものであり，日本モデルとは明瞭に区別されるものである．

参考文献

1) J. Dixon, M. Mccann Eds. : *Precision Agriculture in the 21st Century*. National Research Council, National Academy Press, Washington D. C., pp. 149, 1997.
2) Sky-farm : *Opportunity for Precision Farming in Europe Updated Report* 1999, UK, pp. 126, 1999.(Private report, unpublished)
3) M. Vanacht : The Business of Precision Agriculture. pp. 91, 2001.(Private report, unpublished)
4) 澁澤 栄:精密農法, 地上, 家の光協会, 2001年8月号〜2002年2月号連載
5) 澁澤 栄:精密農法日本モデルの可能性, 大阪経済法科大学科学技術研究所紀要, 6 (2), 63-76, 2002
6) Shibusawa, S : Community-Based Precision Farming For Small Farm Agriculture. *Proc. (on CD-ROM) 6th International Conference of Precision Agriculture*, Minnesota, USA, July 13-17, 2002.
7) (株)サイエンスクリエイト・(社)東三河地域研究センター企画編集:IT農業研究会事業報告書, IT農業研究会発行, 2002年5月(未公表)
8) 澁澤 栄:日本型精密農法の課題と展望, 平成12年度課題別研究会資料, 農林水産省野菜・茶業試験場, 58-68, 2000.
9) Shibusawa, S. *et al.* : Soil mapping using the real-time soil spectrophotometer, *Proc, 3rd Euro. Conf. Precision Agriculture*, agro Montpellier, France, p. 485-490, 2001.
10) I Made Anom, S. W. : Real-time Mapping of Spatio-Temporal Soil Variability Using Spectrophotometer Approach. PhD Thesis, The United Graduate School of Agricultural Science, Tokyo University of Agriculture and Technology, March, 2002.

植物バイオと生命情報科学

農業環境工学研連幹事 大阪府立大学大学院 村瀬 治比古

1. はじめに

　近未来の巨大アグリビジネスの創造を予感させる新産業技術がアグリ・バイオである．それはマイクロバイオテクノロジーと情報技術（IT）を融合させたマイクロシステム技術を農業に応用することで生まれる新産業である．中でも植物バイオテクノロジー（植物バイオ）は健康増進効果や漢方薬的効果などを有する機能性野菜の開発といった一般大衆に受け入れられるバイオテクノロジーとして期待される．ここで言う植物バイオは従来の遺伝子組換え技術に代表されるいわゆる「バイテク」とは大きく異なる．なぜなら植物バイオの主役は情報技術とマイクロ（ナノ）技術である．例えば，植物はその根のまわりに吸収できるアンモニア態窒素源が少ないと根のアンモニウムイオン輸送体（トランスポータ）の活性を高めると同時に輸送体自体の数も増加するように環境条件に対応する．これらは全て遺伝子のなせる技であり，アナログ的環境情報をセンシングしてデジタル的遺伝子情報に変換し膜タンパクである輸送体の活性と産生を行うのである．植物バイオはこの複雑でミクロな世界の情報システムを扱う技術である．また，バイオインフォマティックスは遺伝子の情報世界を理解するためには不可欠な学問領域である．遺伝子組換え技術は植物バイオのほんの一部にすぎない．

　地球生態系や世界の食料生産をGPSやGISを介して扱うマクロな世界から細胞間の物質輸送に関わるようなミクロな世界までが情報という視点で一本化することによって新たな世界が見出される．インターネットの充実，データベースの整備あるいはデータの標準化といった世界的な動きによりそのようなパラダイムシフトがにわかに現実味をおびてきた．

　農業工学分野においてもこのような動きに呼応して幾つかの新しい枠組みが構築されつつある．まず，文部科学省の科学研究補助金の農業工学分科の細目として農業情報工学が新設された．その分野はインターネット応用，GPS/GIS，バイオインフォマティックス，バイオセンシングなど12のキーワード[1]で示されている．また，国際農業工学会（CIGR）においては既に2年前に農業情報工学に関す

る技術委員会を新たに発足し[2]，2002年7月にシカゴで開催された第15回世界大会においてバイオセンシング・バイオインフォマティックスのワーキンググループを設置し具体的な活動を始動した．

ここでは，植物バイオおよび生命情報科学という重要領域について農業工学からの一つのアプローチを提案する．

2．植物バイオ

農業はその程度の差はあるにしても収穫を目的とした生物生産環境の調節である．自然採取に近い農業から完全閉鎖型植物工場まで様々である．現在行われている高度情報利用型農業として精密農業[3]がある．GPSを利用して収量や土壌などに関するデータとともに農薬の散布量を減らすなど環境負荷を軽減する新しい農法である．そこでは，収量センサ，土壌栄養センサ，自律走向トラクタや収穫ロボットなど様々な新技術開発が試みられている．また，データベースの構築，データの標準化あるいは意思決定支援システム開発など農業情報工学が担うに相応しい分野である．

精密農業は現在の段階では自然の影響を強く受けるフィールドの農業でありその精密技術にも自ずと限界がある．これに対して細密農業[4]とも言うべき植物工場などのシステムは将来の植物バイオにつながる技術である．植物は光合成により蓄えたエネルギーを露地栽培においては環境負荷に耐えるため大量に消費する．それに対して植物工場では蓄えたエネルギーを全て次世代をつくるための遺伝子を全面的に展開するために利用できる．また，ハードウェアとしての植物工場についてはそのシステムの同定が可能であり気象変化などの極端な外乱を想定する必要がない事からそのシステム制御は自ずとより高度な最適化が可能となる．植物分子工場[5]は植物に有用物質を生産させる技術として将来有望視される技術であるが，そのような植物を栽培するシステムに露地栽培のような未知のシステムを適用することはできない．

それでは植物バイオという観点で生産システムを考察する．これまでの植物工場におけるシステム制御は主に植物生育環境についての制御であり光，温度あるいは湿度といった環境要素が制御対象で信号の流れ（情報の流れ）の中に植物が入っていない．本来植物生育の最適化が目的であるにもかかわらず植物システムが組み込まれていないのである．この問題を解決することが植物バイオの技術開発

である．即ち，大規模複雑系である植物システムの同定が必要である．さらにそのシステムの挙動を観測するセンシング技術が必要である．このような考え方は既に SPA (Speaking Plant Approach)[6]として知られているが技術開発としてはその緒についたところである．SPA の説明に篤農技術がよく引き合いに出される．篤農家は自分が栽培する植物をよく観察したうえで適切な栽培管理をするので商品価値の高い作物を育てる事ができる．そのことを利用して篤農家が持つノウハウをデータベース化（情報化）して一般に利用するという試みもなされている．このアプローチが成功した場合は植物システムがブラックボックスとして何らかの形でデータベースに取り込まれたことになるが，それは現実には容易ではない．さらに，篤農家が持つセンシングのスキルをデータベース化することは至難の業である．細胞全体をコンピュータ上に実現する巨大シミュレータの E-CELL プロジェクト[7]があるが，植物生産のための植物システム同定とは実用レベルでの E-PLANT の開発に他ならない．一方の植物生体情報のセンシングについては様々な技術開発が必要である．植物それ自体は情報を発信しているがそれは多様であり時には非常に微弱でありしかも空間的な広がりが極めて大きい．これらの性質は人の感性情報と似ている．そのような情報のセンシングには感性工学的なアプローチが有効であろう．植物は軽度な接触刺激に対しても反応する場合もあり画像などによるイメージング技術を利用した非侵襲なセンシング方法が考えられる．それは感性情報[8]の収集にも用いられる．ここでいう植物バイオの観点からはやはりマイクロ技術と IT 融合であり，ウェアラブル情報端末[9]のようなセンサ開発を目指す必要がある．植物生体情報や環境情報は全てアナログ情報でありそれらをデジタル化して無線発信する超小型センサの開発である．そのセンサを個々の植物，さらに器官などに配してネットワーク上に植物生体情報を吸い上げることができれば E-PLANT に入力することができる．

　この分野は今後農業工学が担うべき重要分野であり農業情報工学の範疇でイニシアチブをとるべく科研細目や CIGR に関連キーワードが明示されていると理解すべきであろう．

3. 生命情報科学

　生命情報科学，生命情報学あるいはバイオインフォマティックスなど最近過熱気味とまで言われる分野と農業工学あるいは農業情報工学はどういう関係が想定

されるか考える必要がある．ヒトゲノム塩基配列の解読のニュースも手伝ってにわかに創薬，遺伝子治療あるいはテーラーメード医療などへの性急で過大な期待からポストゲノムの名のもとにビジネス指向のストーリーが先行し地に付いた学術的取り組みが阻害される感さえあるといわれている．生命情報科学はゲノム科学であり農業情報工学とは無縁のものであるというような短絡的な考えを持つ前に農業情報工学における生命情報科学とはどういうものであるかを考えるべきであろう．生命情報学についての定義，考え方あるいは取り組みはまだ定まったとはいえない．前述の植物バイオに見るように生命情報科学の重要性は他山の石ではない．例えばタンパク工学は他分野に任せて代謝工学は取り入れていこうといった細かい取り組みが重要である．農業情報工学の中に生命情報科学をしっかりと位置付けて植物バイオと絡む技術開発や農業工学の新しい学術分野を構築することが今可能となっている．

農業工学分野でも生命情報科学に関係する研究開発については個々の研究者や技術者が取り組んで行くことは十分可能であるが教育という事を考えるとどのようにすればよいかは重要な課題である．近い将来，植物バイオの研究開発やビジネスに携わる人材育成の問題である．ここで，一つの例を紹介する．大阪府立大学は大学院大学で農学生命科学研究科が主体であるがその学部教育ではわが国で初めての生命情報科学履修課程を設置し2002年度から人材育成に当っている．

表1　生命情報科学履修課程　科目群（大阪府立大学・農学部）

配当年次	必　　　修	選　　　択
1年次	数学Ⅰ・Ⅱ，基礎細胞生物学 基礎分子遺伝学，情報システム論 バイオコンピューティング， 情報基礎演習A・B	バイオサイエンス概論Ⅰ・Ⅱ 有機化学
2年次	ゲノム生物学，マルチメディア情報論	生物化学概論，生物統計学，細胞生理学
	バイオデータベース処理	細胞生物学，生物有機化学，応用力学 電気・電子工学，構造力学，環境情報処理， 情報システム設計工学
3年次	生物生命科学実習	情報制御工学，分子生物学，生体情報化学 蛋白質化学，天然物化学

●以上から30単位を修得する．（卒業単位の130［生・工］/128［化］単位に含まれる）
●獣医系科目は表示科目と同等内容であるため表示していない．

表2 バイオインフォマティクス教育推薦科目
（日本バイオインフォマティクス学会）

配当年次	科　目
1・2年次	基礎数学，基礎数理統計学，基礎情報学，情報処理入門，プログラミング演習，一般物理，一般化学，分子生物情報学，細胞生物情報学，生体システム情報学，バイオテクノロジー概論，バイオテクノロジー実習
3・4年次	数値解析論，生物統計学，アルゴリズム論，人工知能論，データベース論，プログラミング言語論，タンパク質物理化学論，進化情報学，システム生物学概論，環境生物情報学，バイオインフォマティクスリタラシー，バイオインフォマティクス実習

表1にそのカリキュラムを示すが工学系，生物系および化学系の学生が同様にその課程を修めることができる．工学系の学生には将来の植物バイオ分野での活躍が期待されるが生命情報科学履修課程を修めていることから幅広い関連分野への就職が見込まれている．このように生命情報科学はウェットバイオロジーとドライバイオロジーとに分けて創薬や医療に関わる分野と生命解明に迫る分野および農業情報工学により関係が深いと思われる生命情報処理の応用などの分野に特化することができる．参考として日本バイオインフォマティクス学会が示す学部教育カリキュラムを表2に示す．表に示すように植物バイオと生命情報科学という視点から適切な科目選択をすることで生命情報科学の知識とセンスを持った植物バイオ技術者が輩出できると思われる．この他に大学院カリキュラム例も日本バイオインフォマティクス学会は示している．

4．バイオコンピューティング

生命情報科学の範疇でE-CELLのプロジェクトが進行しているように農業情報工学においても例えばE-PLANTのようなものも生命情報科学の範疇としてとらえて独自の主張をすることができると思う．同様に生命情報科学ではバイオコンピューティングについても様々な取り組みがあるDNAを利用した並列演算のようなウェットコンピューティングの研究や脳科学に関連するバイオコンピューティングなどでは人工神経回路網のように工学分野で今では日常的に利用されるようなアルゴリズム開発もある．この他に遺伝アルゴリズム[10]や免疫アルゴリズム[11]など生物系由来のアルゴリズムが開発されている．これらは主に動物に関連する最適化アルゴリズムであるが，植物システムの中にも多くの最適化アルゴリズ

ムを見出すことができる．例えば光合成などは植物システムを代表する良い例である．最も単純な光合成のアルゴリズム[12]は暗反応における二酸化炭素固定サイクルと酸素を消費する光呼吸サイクルの組み合わせによるデンプン産生のための最適化プロセスに見られる炭素分子の離合集散過程の中に存在する．その他，先に述べた植物のトランスポータが環境情報を検出して適当なタンパク質産生に至るプロセスには多くの最適化プロセスが存在しその究明から多くの最適化アルゴリズムが導出されると思われる．このようなアルゴリズムはニューラルネットワークと同様に工学分野のみならず多くの分野で利用可能である．このような観点から植物システムを対象とした生命情報科学の一つのユニークな取り組みが提案できこれらは農業情報工学で展開されるべき分野である．

5．おわりに

農業工学における情報科学に関わる研究開発の方向性は，CIGRの取り組みを国際標準としたとき，また，科研細目とそのキーワードをみれば生物システムが21世紀の学術進展と技術開発のターゲットであることが明らかで，人類を多面的に支える農学・農業へ新しい学術・技術を導入するために農業工学においてインキュベートすることである．その課題と取り組む努力がわれわれに課せられていると思う．

引用文献および参照サイト

1) http : // www. mext. go. jp
   / b_menu / shingi / gijyutu / gijyutu4 / toushin / 011220 / 011220a.htm
2) 国際農業工学会－CIGR－：日本学術会議国際協力常置委員会編「国際学術団体及び国際学術協力事業－2001年度報告書－」p. 179〜186
3) 澁澤 栄，1999：I 米国プレシジョンアグリカルチャへの訪問，農業機械学会誌，61 (1) 7-12.
4) 村瀬治比古，2000：植物工場における細密農業の展開，植物工場学会誌，12 (2)：99-104.
5) http : // ss.abr.affrc.go.jp / new / meeting / WorkShop / PlantFarm /
6) http : // phytech.ishikawa-c.ac.jp / SPA.html
7) http : // www.python.jp / Zope / casestudy / 1100
8) 井口征士，他，1994：感性情報処理，ヒューマンコミュニケーション工学シリーズ，オーム社，pp.176.

9) 板生　清：ウェアラブル情報機器の実際，監修：板生　清，編集：(社)　日本時計学（株）オプトロニクス社
10) 石田良平・村瀬治比古・小山修平：パソコンで学ぶ遺伝的アルゴリズムの基礎と応用，森北出版株式会社, pp. 101, 1997.
11) 宮崎道雄：すみ分け型進化戦略を用いた免疫アルゴリズムの動的制御，電気学会論文誌, Vol. 121-C, No.1, pp246〜251, 2001.
12) Hashimoto, Y., H. Murase, T. Morimoto and T. Torii : Intelligent Systems for Agriculture in Japan. IEEE Control Systems Magazine, 21 (5), p. 71〜85, 2001, October

画像情報の多角的利用

東京大学大学院農学生命科学研究科 大政謙次

1. はじめに

　農業情報工学分野における画像情報の利用は多様であり，その技術の進歩には著しいものがある．これは，コンピュータや画像センサなどの要素技術の進歩と低廉化に加えて，インターネットなどの情報通信技術の発達に起因しているところが大きい．また，地域や地球環境の問題が国際的に認識され，広域情報の解析に適したリモートセンシング画像や地理情報などの画像情報が，持続的な環境保全型の農業をめざした分野でも積極的に利用され始めたことによる．さらに，最近では，安全性に関連した分野でも画像情報の利用が考えられている．ここでは，これらの農業情報工学分野での画像情報の利用，特にリモートセンシングや画像計測などの画像センシングに関連した利用について簡単に紹介する．

2. 画像情報の利用が期待される分野

　表1に，農業情報工学分野における画像情報の利用が期待される分野の一覧を示す．生物生産の分野において，プレシジョン・アグリカルチャーをめざした技術の進歩はめざましい．例えば，ポストハーベストの分野では，野菜や果実，穀物などの選別，加工処理などを自動化する目的で，新しい技術が開発され，広く利用されている．また，農作業用ロボットや種苗生産，栽培管理の自動化などに，画像情報を利用する試みが盛んに行われている．特に，インターネットなどの情報通信技術（IT）と組み合わせたシステムの開発に，生産現場だけでなく，ポストハーベストや流通レベルでも多大な期待がある．さらに，バイオテクノロジーとそれに関連する基礎生物学の分野でも，遺伝子のスクリーニングや遺伝子情報を含む生体機能の解明と診断への画像情報の利用が急速に拡大している．

　また，地球にやさしく，安全性を考慮した環境保全型農業をめざして，プレシジョン・ファーミングやアグロフォレストリー，リサイクル型農業などが注目されている．これらの農法の発展には，それぞれに関連する技術の開発に加えて，近接あるいは広域リモートセンシングによる植物や農業生態系のモニタリング，

GPS（Global Positioning System）や地理情報システム（GIS：Geographic Information System）との併用，さらに，得られた情報を利用した植物や生態系のモデル化や評価管理手法の開発，営農マネージメントを含めたシステムの構築などが不可欠とされる．

さらに，環境分野として，上記の環境保全型農業に加えて，IGBP（International Geosphere-Biosphere Program）や IPCC（Intergovernmental Panel on Climate Change），The Millennium Ecosystem Assessment などの国際的な動きに関連して，農地や森林，生態系などのモニタリングやアセスメント，管理などのために，人工衛星や航空機からの広域リモートセンシングや GIS の積極的な利用が求められている．また，地域環境計画や景観シミュレーションなどの計画分野での利用や，都市緑化のための緑化植物の選別や環境改善機能の評価などへの利用も重要である．その他，基礎生物学分野における生体機能解明への利用や反応が眼でみえる利点を生かした教育分野への利用，農山漁村における画像情報を利用したユビキタスネットワーク化への利用などが期待される．

図1は，生物生産や環境，教育研究分野への画像情報の利用の概念図である．リモートセンシングや画像計測などの画像センシングによって得られた画像情報は，GIS や各種知識データベースなどに保存され，利用される．GIS や各種知識ベースには，画

表1　画像情報の利用が期待される農業情報工学分野

（生物生産関係：プレシジョン・アグリカルチャー）
・栽培植物，飼育動物，培養組織などの診断
・栽培管理，飼育管理，組織培養などの自動化
・プレシジョン・ファーミング
・収穫，選別，加工などの自動化
・遺伝子工学機器の自動化
・安全性診断と流通システム
（環境関係）
・植物や生態系のモニタリング
・生態系機能のモデル化
・環境改善機能の評価
・緑化植物の選別と管理
・景観シミュレーションと地域計画
・環境アセスメントと環境管理
・地球環境問題への対応
（その他）
・生体機能解明（基礎生物学，遺伝子情報を含む）
・CELSS（宇宙生物学）
・教育システム（各関連分野）
・農山漁村のユビキタスネットワーク

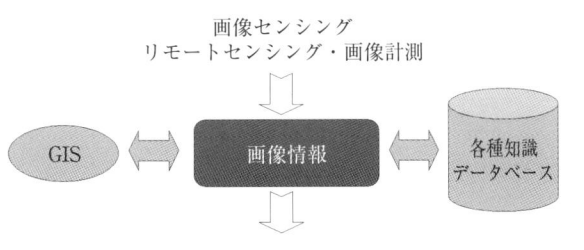

画像センシング
リモートセンシング・画像計測

GIS ⇔ 画像情報 ⇔ 各種知識データベース

生物生産や環境，教育研究分野への利用

図1　画像情報の利用の概念図

像センシングによって得られたデータ以外に，現場での計測データや，国や地方公共団体，研究機関，民間企業，さらに，国際機関などにより作成された様々な既存データ，さらに，解析・評価のための各種のモデルなどが含まれる．

3. 画像センシングの技術的トレンドとその利用

表2に，広域リモートセンシング，生体画像計測（近接リモートセンシングを含む），ポストハーベストなどの分野の代表的な画像センシング技術とこれらの画像センシング技術から取得可能な情報を示す．また，図2に，農業情報工学分野における画像センシングの利用の概念図を示す．

広域リモートセンシングは，主に，人工衛星や航空機からのセンシング技術であり，実際に耕地面積の広い欧米などでは，LandsatやSPOT，気象衛星などの可視から近赤外，および熱赤外の衛星画像データが，土地被覆状態や収量予測，気

表2 代表的な画像センシング技術と得られる情報

分野（対象）	代表的な画像センシング技術	取得可能な情報
広域リモートセンシング（生態系・群落）	空中写真（赤外線，高解像度等） マルチスペクトルスキャナ（可視～熱赤外線） ハイパースペクトルスキャナ（可視～近赤外線） ステレオスキャナ（可視線） マイクロ波レーダー（合成開口等） ライダー（レンジ，蛍光等）	景観・地形 土地被覆状態・土地利用 生態系機能・被害・収量 種構成・生物季節・群落構造 バイオマス・物質循環 土壌種・状態
生体画像計測 （含近接リモートセンシング） （個体群・個体・種苗・細胞）	三次元形状計測システム（ステレオ，ライダー等） スペクトル画像計測システム（紫外～近赤外線） ハイパースペクトル画像計測システム（上同） サーマルカメラ（含顕微鏡） 蛍光画像計測システム（LIF，Chl蛍光等） CTシステム（X線，MRI，超音波等） 顕微鏡システム（共焦点，走査プローブ等）	位置・形状・構造 器官生長・バイオマス 色調・含有色素・成分 気孔反応・蒸散 光合成・ガス交換 生体内成分・機能 細胞構造・機能・遺伝子情報
ポストハーベスト用画像計測 （野菜・果実・穀類等）	CCDカメラ（カラー，紫外～近赤外，反射，透過） 三次元形状計測システム（光切断法等） CTシステム（X線，MRI等） 軟X線装置 　　　　　＋高速画像処理	大きさ（代表径，長さ等） 外観品質（形，色，傷等） 内部品質（空洞，浮皮，腐敗，成分等）

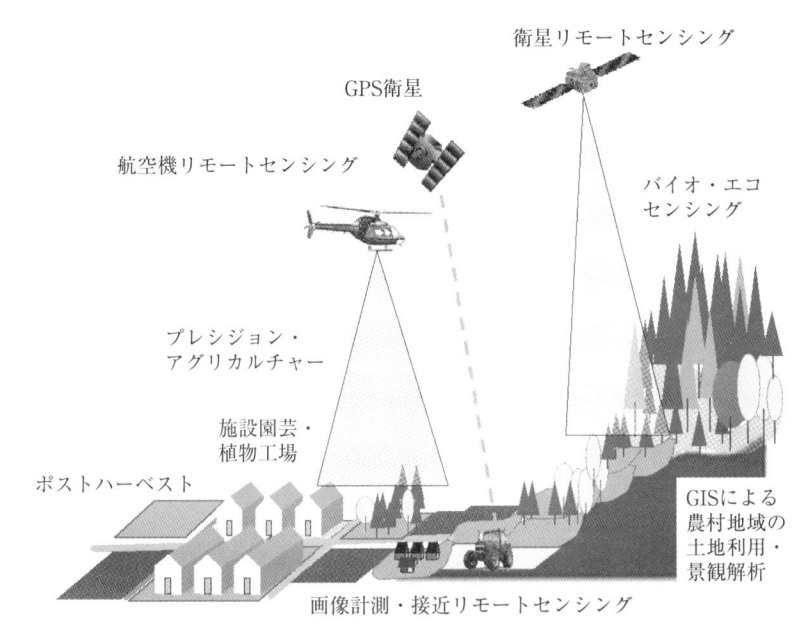

図2 農業情報工学分野における画像センシングの概念図

象予測，農業経営などに利用されている．人工衛星や航空機に搭載されるセンサの技術的トレンドは，高空間解像度化，多チャンネル化，三次元画像化やレーザやマイクロ波などの能動的センサの利用である．例えば，2001年に打ち上げられた米国の商用衛星である QuickBird は，パンクロ画像（0.45〜0.90 μm）で0.61m，マルチスペクトル画像（青（B）：0.45〜0.52 μm，緑（G）：0.52〜0.60 μm，赤（R）：0.63〜0.69 μm，近赤外（NIR）：0.76〜0.90 μm）でも2.44mと，従来の航空機からのリモートセンシングに匹敵する空間解像度を有している．また，2000年に打ち上げられた EO－1 の Hyperion は Landsat と同じ30mの空間解像度で，可視〜近赤外（0.4〜2.5 μm）の220バンドのハイパースペクトル画像を提供する．さらに，2000年に打ち上げが予定され，その後，打ち上げが延期されている Vegetation Canopy Lidar（VCL）は，1mの距離計測精度を有するレーザ距離計によって地形や森林の三次元計測を行う予定になっている．マイクロ波を利用した合成開口レーダ（SAR）は，その波長を選択することにより，雲や降雨の状態の計測や，逆に雲や降雨の影響を受けないで，地表面の情報を得ることができる．2002年末に打ち上げられたみどり2号に搭載されている高性能マイクロ波放射計では，地表

面からのマイクロ波の放射画像を提供できる．

このような人工衛星からのリモートセンシングの発達により，従来，衛星画像では困難とされていたわが国の小面積の耕地でも，実用的な利用が可能になってきた．特に，農業や肥料の最適管理のために，プレシジョン・ファーミングなどの環境保全型農業の分野では，GPS や GIS との併用利用による実用化が期待されている．しかし，人工衛星からのリモートセンシングには，観測周期や雲の影響などの問題があり，より自由度のある航空機からのリモートセンシングとの併用利用が必要である．航空機に搭載されているリモートセンサには，20 cm 程度の空間解像度を有するマルチバンドセンサや2 m の空間解像度で，可視から近赤外（0.43～1.0 μm）を 512 バンドで計測できるハイパースペクトルセンサなどがある．さらに，無線ヘリコプタやバルーン，農作業車からの近接リモートセンシングを加えた階層的なリモートセンシングにより，より多くの，より有用な情報を得ることができる．

図3は，上記の航空機搭載の高空間分解能マルチバンドセンサにより得られたスペクトル画像から算出されたNDVI（＝（NIR-R）/（NIR + R），Normalized Differential Vegetation Index）によるコムギの生育診断の例である．このコムギ畑は，窒素肥料の施肥量の違いにより3つの区に分かれている．NDVI値が大きいほど栄養生長がよいことを示すが，左側の区のコムギは，生長が早いが風に弱く，突風ですぐ倒れる傾向があった．生殖生長も含めた総合的な生育では中央の区が最適で，右側の区では肥料不足によって生育が悪かった．この結果は，生育管理のためには，各々の生育ステージでの観測が必要であることを示唆している．

図4は，航空機搭載のハイ

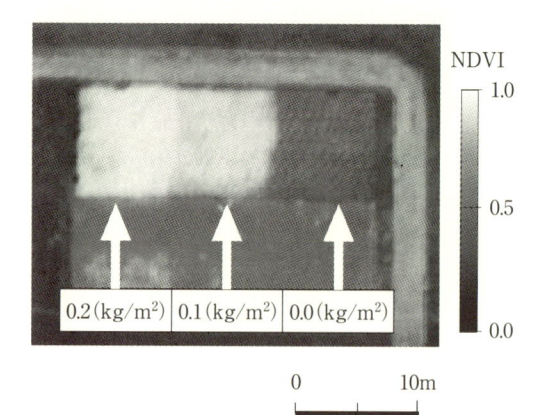

図3 航空機搭載の高空間分解能マルチバンドセンサ（LH Systems ADS 40）により得られたスペクトル画像から推定されたNDVIによるコムギの生育診断[27]．このマルチバンドセンサは4つのバンド（B：0.43～0.49 μm，G：0.535～0.585 μm，R：0.61～0.66 μm，NIR：0.835～0.885 μm）を有している．

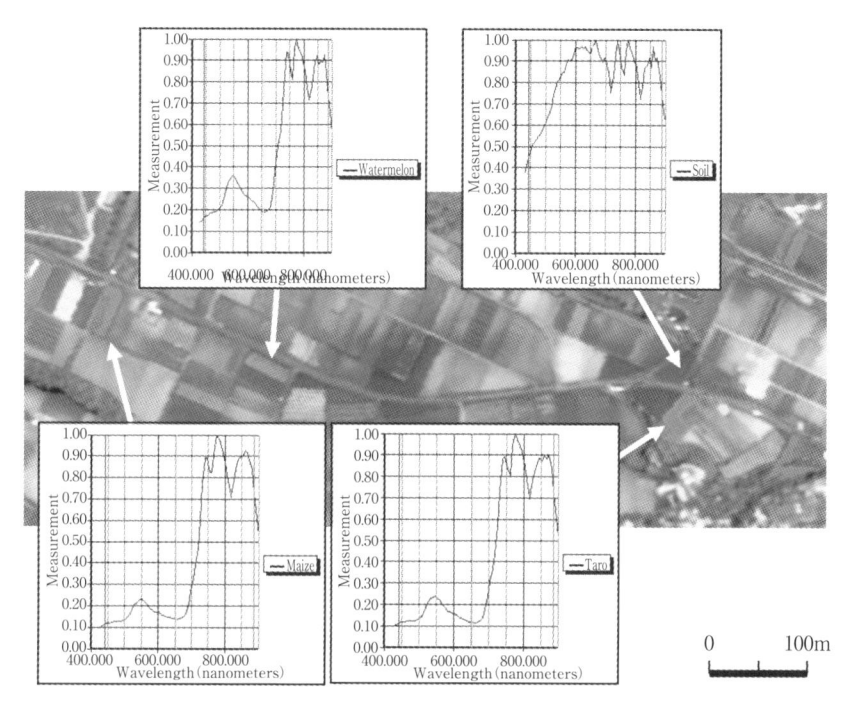

図4 航空機搭載のハイパースペクトルセンサ（Spectral Imaging, AISA）で得られた
スペクトル画像から解析された農地の分光スペクトル特性[27]

パースペクトルセンサで得られたスペクトル画像から得られた農地の分光スペクトル特性の例である．農地にはスイカやトウモロコシ，タロイモなどが栽培されている．スペクトル画像から，農地の区画が容易に区分でき，また，栽培種によってそのスペクトル特性が異なっていることがわかる．このことから，土壌や植物といった簡単な土地被覆状態の分類だけでなく，栽培種の分類やその生育状態の診断への利用が可能であることがわかる．

　一方，生体画像計測は，遺伝子や細胞レベルから個体群を対象とした近接リモートセンシングまで，使用目的によって多種多様である．生体（または生態）機能や環境応答解明などの研究目的のためだけでなく，広域リモートセンシングの補助（階層的リモートセンシング）として，また，植物被害の診断，農作業用ロボットや植物生産ラインの視覚センサ，さらにバイオテクノロジー関連技術としても使用される．さらに，プレシジョン・アグリカルチャーの実用化のためにも有用で

ある．この分野の技術的トレンドも，広域リモートセンシングの場合と同様，高空間解像度化，ハイパースペクトル化，三次元画像化やレーザやマイクロ波などの能動的センサの利用などである．しかし，生物生産分野では，計測装置の低廉化やコンパクト化，利便化，また，携帯端末などを利用したユビキタスネットワーク化なども重要である．

　生体画像計測における高解像度化は，遺伝子などの分子レベルでの非破壊計測であり，このため，蛍光色素などを利用した共焦点レーザスキャン顕微鏡や走査プローブ顕微鏡などの技術が発達してきている．また，X線や核磁気共鳴（NMR）などを用いて細胞や組織レベルでの三次元構造や成分・機能情報を得るCTシステムや，生体内に存在するクロロフィルa蛍光などの分光画像を計測することにより光合成反応などに関する情報を得るシステム，遅延蛍光や化学発光などを計測するシステムなども開発されている．レーザを利用した三次元形状計測やLIF（Laser Induced Fluorescence）蛍光イメージングなどは，能動的な計測技術である．ハイパースペクトル画像計測システムは，顕微鏡レベルから近接リモートセンシングまでに利用でき，多くの生理的・生態的な情報を得ることができる．ハイパースペクトル画像解析においては，分光成分分析に用いるケモメトリックスの解析手法の利用が期待されている．

　図5は，分光ミラー/フィルタを内蔵したマルチスペクトルカメラと，このカメラを用いて計測されたイネのスペクトル画像である．このカメラでは，4バンド

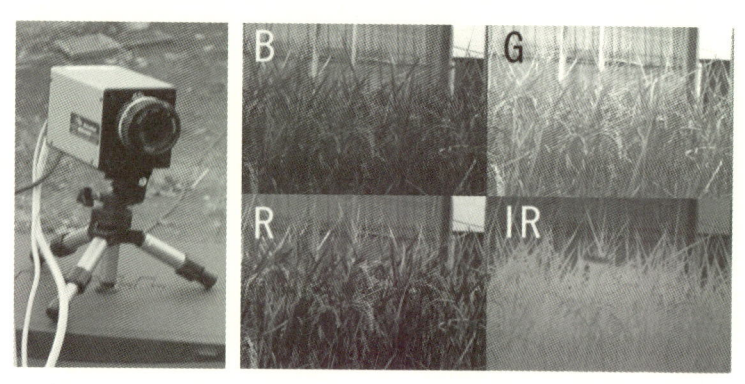

図5　分光ミラー/フィルタ内蔵のマルチスペクトルカメラ（DuncanTech MS 3100）と計測されたイネのスペクトル画像．
B：$0.40\sim0.52\,\mu$m，G：$0.48\sim0.60\,\mu$m，R：$0.60\sim0.72\,\mu$m，NIR：$0.70\sim1.1\,\mu$m

(B：0.40〜0.52 μm, G：0.48〜0.60 μm, R：0.60〜0.72 μm, NIR：0.70〜1.1 μm）のスペクトル画像とその合成画像を得ることができる．植物葉は，クロロフィルやカロチノイドなどの光合成色素の吸収により，0.4〜0.7 μmの可視域の反射が小さく，また，葉温上昇を防ぐために 0.75 μm 以上の近赤外域では，大きな反射特性を示す．特に，青や赤の帯域で吸収が大きく，図 5 の画像でみられるように葉が黒く写る．緑の帯域では，青や赤の帯域に比べて多少反射が大きい．稲穂は可視域で葉よりも反射が大きく，特に，赤の帯域で顕著である．このため，マルチスペクトル画像を用いて，器官の抽出やその生育診断が行える．

　プレシジョン・ファーミングにおいては，計測された分光画像から，植物や土壌の成分を分析することが期待されているが，実際に微量成分の量などを計測するには限界があることにも注意を要する．例えば，生葉での計測では，生体内の状態や反応によって他の波長を用いた方が有用な場合がある．光合成に関係するクロロフィル a の濃度を推定する場合，吸収帯である青や赤の波長を用いるよりは，緑と近赤外の比（0.55 μm/0.90 μm）を用いた方が，相関が高く，推定誤差が小さい．この傾向は，クロロフィル a の濃度が大きい程顕著である．また，水ストレスの影響や窒素施肥効果をみる場合にもこのことがいえる．葉が枯れるような乾燥状態では，診断に水の吸収帯を利用するのが有用であるが，通常の生育状態における萎れ程度の水ストレス（−1.0 MPa 以上）では，葉からの反射スペクトルのバンド比でみると余り差がみられない．それゆえ，水ストレスの診断には，形状変化の計測の方が有効である．窒素施肥の場合，生体内の窒素含有量の増加とともに，クロロフィルの含有量が変化する．このため，施肥効果をみるには，窒素の吸収帯よりも，550 nm と近赤外域の比や 700 nm 付近の吸収エッジの変化（シフト）など，クロロフィル含有量と関係する波長の画像を解析した方が有効である．なお，含有色素や微量成分の量を推定する場合，画像濃度との関係を相関解析により求める方法をよく用いるが，相関係数が 0.9 以上であっても，実際には上下限値に数倍の差が生じるので，定量的な成分分析に利用するときには，注意を要する．また，土壌の微量成分の量を推定する場合には，水ストレスの場合と同様，検量線の範囲が適切かどうかの確認と上記の誤差を考慮した解析が必要である．これらの点に注意すれば，スペクトル画像の解析は，得られる情報が多く，安価で，かつ，コンパクト，高速処理が可能な装置開発が可能なことから，農業分野での実用的な利用が期待される．

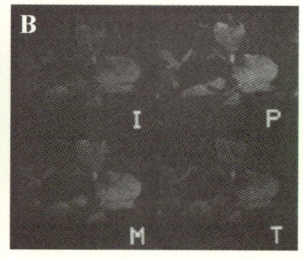

図6　LIFイメージングシステム（A）とクロロフィルaの蛍光誘導期の画像（B）[19)]
　　図AではLIFイメージングシステムにより植物にレーザ光が照射されている．

　図6は，筆者らが開発した，アルゴンレーザを光学的にスキャニングし，クロロフィルaの蛍光誘導期現象を遠隔で計測できるLIFイメージングシステムである．レーザ光を，ポリゴンとガルバノの両スキャナを用いて，面的に照射するシステムで，このシステムを用いた蛍光誘導期現象の計測例が示されている．この計測により，光合成反応系の画像診断が可能である．また，クロロフィルa蛍光を利用した診断には，蛍光誘導期現象を用いるものの他に，強い飽和パルス光を照射し，光化学的なクエンチングと非光化学的なクエンチングとに分離して解析する方法が開発され，最近では，ポータブル型の装置や変動光の下でも計測可能なように，パルス変調（PAM）化した装置も開発されている．

　三次元形状計測には，スキャニングレーザを用いたイメージングライダー（イメージングレンジファインダー）や光切断法などの能動的方法が有効である．しかし，一般に高価であるので，農業分野では，ステレオ法やshape-from-xと呼ばれる受動的な方法も期待されている．図7は，筆者らが開発した，受動的方式である改良型shape-from-focus法による三次元計測用CCDカメラとこの装置を用いて計測したキンセンカのテクスチャーマッピング3D画像の例である．形態などの三次元情報と対応させて色調の情報を得ることができる．この方法は，近接での被写体計測の他，三次元光学顕微鏡にも適用されている．しかし，テクスチャーがはっきりしない被写体では，適切なテクスチャーを投影する能動的な手法に切り替える必要があるが，同じアルゴリズムでの三次元形状計測が可能である．

　ポストハーベスト分野は，生物生産分野の中で，画像計測の実用化が最もすすんでいる．ライン実装のために，高速処理が求められるが，画像としての計測項目は限定され，大きさ（代表径，長さなど）や外観品質（形，色，傷など）が主な計

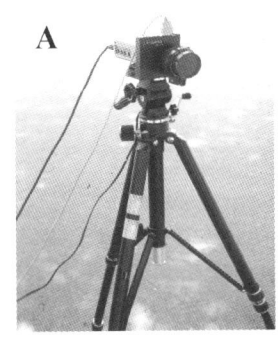

図7 改良型 shape-from-focus 法による三次元計測用 CCD カメラ（A）と計測された
キンセンカのテクスチャーマッピング 3D 画像（B）[22]

図8 ミカンの階級等級自動選別システムの例（近藤 直 氏 提供）

測項目となる．内部品質の一部（空洞，浮皮，腐敗など）についても，X 線 CT や透過光などにより画像計測されているが，成分（糖度，酸度など）や熟度についても画像化の研究が進められている．図8は，農家から集荷されたミカンの階級等級自動選別システムの例である．コンテナで運ばれた果実は，ダンパーによりローラーコンベア上を進み，整列ベルト，整列ローラによって1列に並べられる．その後，果実は，近赤外光を中心に照射するランプを用いて，数波長の解析により，糖度，酸度の計測を行う．次に，X線画像により浮皮，スアガリの検査を行い，さらにカラー CCD カメラを用いて外観検査を行う．このカラー CCD カメラによ

る検査においては，偏光板を通して複数のハロゲンランプ（熱線カットフィルタ付）で照射し，偏光フィルタを装着した6台のCCDカメラで果実を撮像することにより，安定した色温度で全周計測が可能である．得られた画像を処理し，寸法，色，形状，傷および病気などに関わる特徴量を抽出した後，各果実の階級および等級を判定する．現在，全国の集荷場にこのようなシステムが導入されつつある．また，野菜などの調整システムや保存状態の診断にも，画像計測が積極的に利用されつつある．

4．おわりに

ここでは，農業情報工学分野での画像情報の利用，特にリモートセンシングや画像計測などの画像センシングに関連した利用について簡単に紹介した．表1に示したように，農業情報工学の分野における画像情報の利用は多様である．バイオテクノロジーやポストハーベスト，家畜診断などの高い収益性を有する分野では，実用的な画像センシング技術の積極的な開発が行われている．また，植物工場やプレシジョン・ファーミングのような栽培管理の分野でも，高生産性や環境保全型農業のために，自動栽培システムや農作業ロボットに搭載した画像センサの開発やGPS/GISと組み合わせたリモートセンシングの研究が盛んに行われている．さらに，ここでは述べなかったが，地域計画や環境アセスメントに関連した分野でもリモートセンシングやGISの利用が盛んである．今後，画像情報は，インターネットの普及によって，ユビキタスネットワーク化の牽引力として，上記の分野だけでなく，農業教育や環境教育，地域福祉などの分野も含めた多角的分野での利用拡大が期待される．なお，詳細については下記の文献を参照されたい．

参考文献

1) Auernhammer, H. and J. K. Schueller (1999) CIGR Handbook of Agricultural Engineering. Vol. III. (Stout, B. A. ed.) 598-616 ASAE
2) Campbell, J. B. (1996) Introduction to Remote Sensing. 2nd ed. The Guilford Press
3) Colwell, R. N. (ed.) (1983) Manual of Remote Sensing. 2nd Ed. Vol.II. Amer. Soc. Photogrammetry
4) De Baerdemaeker, J., A. Munack, H. Ramon and H. Speckmann (2001) IEEE Control Systems Magazine. 21 (5) : 48-70.
5) Govindjee and L. Nedbal (2000) Photosynthetica 38 : 481-482
6) Hader, D-P. (2000) Image Analysis : Methods and Applications. 2nd ed. CRC Press

7) 橋本　康（1990）バイオシステムにおける計測・情報科学.養賢堂
8) Hashimoto, Y., P.J. Kramer, H. Nonami and B.R. Strain（eds）（1990） Measurement Techniques in Plant Sciences. Academic Press
9) Hashimoto, Y., H. Murase, T. Morimoto and T. Torii（2001） IEEE Control Systems Magazine. 21（5）: 71-85
10) Hobbs, R. J. and H. A. Mooney（編）大政謙次他（監訳）（1993） 生物圏機能のリモートセンシング. シュプリンガー・フェアラーク
11) 井口征士（1995）3次元画像計測の最近の動向.計測と制御.34 : 429-434
12) 石川　豊（1998）ポストハーベストにおける画像計測の応用.計測と制御 37 : 91-94
13) Kondo, N. and K. C. Ting（eds）（1998） Robotics for Bioproduction Systems. ASAE
14) 宮脇敦史（編）（2000）GFPとバイオイメージング. 羊土社
15) 大政謙次（1984）新農業システム総合技術（高辻正基・橋本　康・三澤正愛編）459-483 R＆Dプランニング
16) Omasa, K.（1990） Modern Methods of Plant Analysis. New Ser. Vol.11（H.F. Linskens and J.F. Jackson, eds）203-243 Springer
17) 大政謙次（1994）　新しい農業気象・環境の科学（日本農業気象学会編）149-173 養賢堂
18) 大政謙次（1994）計測と制御 33 : 855-862
19) Omasa, K.（1998） SPIE 3382 : 91-99
20) Omasa, K.（2000） Image Analysis : Methods and Applications, 2nd ed.（D.P. Hader, ed）257-273, CRC Press
21) 大政謙次（2002）農業情報研究 11 : 213-230.
22) Omasa, K.（2003） CIGR Handbook of Agricultural Engineering. Vol. 6.（A. Munack *et al.*, eds.）ASAE（in press）
23) Omasa, K. and I. Aiga　（1987） Systems ＆ Control Encyclopedia.（M.G. Singh, ed.）, 1516-1522, Pergamon Press
24) 大政謙次・秋山幸秀・石神靖弘・吉見健司（2000）日本リモートセンシング学会誌 20 : 34-46
25) Omasa, K. and J. G. Croxdale（1992） Image Analysis in Biology.（D.-P. Hader, ed.）171-193, CRC Press
26) 大政謙次・近藤矩朗・井上頼直（編著）（1988）植物の計測と診断.朝倉書店 155-192
27) Omasa, K., K. Oki and T. Suhama.（2003） CIGR Handbook of Agricultural Engineering. Vol. 6.（A. Munack *et al.* eds.）ASAE（in press）
28) Omasa, K., G.Y. Qiu, K. Watanuki, K. Yoshimi and Y. Akiyama（2003） Environ. Sci. ＆ Tech. 37 : 1198-1201.

29) Omasa, K., H. Saji, S. Youssefian and N. Kondo（Eds）（2002）Air Pollution and Plant Biotechnology. Springer
30) 大政謙次・芝山道郎（1992）バイオ電磁工学とその応用（大森豊明監修）422-433, フジ・テクノシステム
31) 岡野利明・星　岳彦・大政謙次他（2000）農業における新しい情報化技術.農業電化協会
32) Rencz, A.N.（ed.）（1999）Remote Sensing for the Earth Sciences. John Wiley & Sons
33) 塩　光輝（2001）農業 IT 革命. 農文協
34) 曽我部正博・臼倉治郎（1998）バイオイメージング. 共立出版
35) 山崎弘郎・橋本　康・鳥居　徹（編）（1996）インテリジェント農業. 工業調査会

第Ⅱ部　パースペクティブ

SPAに基づく農業情報科学コンセプトの確立
―その萌芽と展開―

橋 本　康

［画像計測，人工知能，知能的制御，精密農業，情報生理工学］

そもそものSPAとその意義

オランダ，ベルギー等で開発されたグリーンハウス栽培（コンピュータで制御・管理される栽培システムで，太陽光利用の植物工場）において，システム的なアプローチが展開し始めたのは四半世紀程前の頃である．当時は栽培環境の温度制御が単なる空気調和やその背後の工業プロセスの技術移転のみで，生物的な考慮は無かった．システムの機能を最適に管理・運用するには，植物の生理生態学的な情報を利用する必要があり，そこに研究者の夢とエネルギーが充満していた．

何時の世も，若手は目先の実学を越えた理論的と言うかコンセプトに研究者としての夢を託す．たとえ当初の目標と異なる結果に到達するにしても，そのコンセプトは多くの研究者を魅惑するものとして，分野を問わず尊重されねばならぬ．

上記のシステム制御に関するコンセプトを，当時のオランダやベルギーの若手研究者はSPA（speaking plant approach to the environment control）と称し，俯瞰的視点に基づく農業工学の魅力的な研究対象に設定していた．この詩的表現の提唱者は，古典的光合成モデルの生みの親であり，当時ワーヘニンゲンの生理生態学研究所（CABO）の所長であったハストラ（Gaastra）博士と言われた．植物生体（ホールプラント）の巨視的生体計測情報を何とか環境調節に利用したいと，彼を尊敬する彼の地の少なからぬ若手研究者が努力を傾けていた．

画像計測でSPAに参加

1979年6月，ワーヘニンゲンで開催の栽培環境調節へのコンピュータ応用に関する国際ワークショップで，葉面の画像計測とその画像認識を口頭発表した筆者は，SPAに大きく貢献する研究者であると，若手を中心に大きな評価を得た．

やや時を置き1982年から「農業および園芸」誌に，「生体情報の計測」の重要性を啓蒙する連載記事を発表し，農業に於ける情報科学の話題等を含め総計約3年間余り掲載を続けた．この結果「生体情報の計測」なる新語が広がった[1]．

筆者が1983年に米国デューク大学理学部客員教授として滞米中，生体情報

(SPA)に関連する研究を米国植物生理学会で発表し，西欧に付加するに米国でも高く評価された．とりわけ米国最高峰の植物生理学者であるクレーマー教授の関心を引き，その論文[2]は米国植物生理学会誌 Plant Physiology に掲載され，植物画像計測でのプライオリティーとして認められた．

帰国後の1985年に，クレーマー博士と私が企画した日米セミナ「植物生体計測」は米国科学財団（NSF）と日本学術振興会（JSPS）により採択され，東京で開催する機会を得た．約30名の世界最高峰の学者達が，米国（デューク，スタンフォード，デラウエア，カリフォルニア等々），英国（ローザムステッド），ドイツ（バイロイト），オーストラリア（CSIRO）等から参集した．わが国からは，画像処理の尾上守夫東大生産技研所長，画像計測の丹羽　登東大宇宙研教授等の権威に参加をお願いし，当時同化箱の開発に執心していた米国ライカー社の社長も加わり，会場の西新宿の三井ビル（島津製作所提供）は熱気に包まれた．高名な生理生態学者のムーネイ教授，ボイヤー教授等の発表を含む成果学術書は，筆者らの編集で米国アカデミック社から出版され，世界的に大きな反響を呼んだ[3]．

ＳＰＡを中心にシステム制御の輪が広がる

システム制御の国際学会は IFAC（国際自動制御連盟）であり，工学系で日本学術会議が加盟する嚆矢となった超一流の学会である．ワーゲニンゲン農科大学の優秀な若手研究者にデルフト工科大卒の電気システム工学者がおり，筆者がワーゲニンゲンで発表後，SPA は ISHS では理解され難いので，その輪を工学系学会の IFAC で広めようと誘ってきた．1985年を境に，ISHS から SPA は意識的に姿を消した．これに反して，西欧屈指の工科大学デルフトに拠点を置く IFAC に舞台は移り，SPA は農学の視野から消えつつも工学で最適なサバイバルを遂げていった．

国内でも，自由で創造的な工学系の（社）計測自動制御学会（SICE）に SPA を目途とする研究会を設置した．同学会は IFAC の事実上のわが国の受け皿学会でもあり，1981年に京都国際会議場で開催の IFAC 第8回ワールドコングレスに深く関与していた．IFAC の舞台で初めての SPA に関するセッションは，椹木義一 IFAC 会長（京都大学名誉教授）のご指導で実現し，世界の工学者と関わる幸運な機会を得た．SICE 研究会[4]は後に日本植物工場学会の創設の原動力となった．

ＩＦＡＣにＳＰＡを中心とする技術委員会が誕生

筆者らは SPA への前提として植物生体のシステム同定への手掛かりを研究して

いたが，その専門シンポジウムが1985年に英国で開催された[5]．

このIFACシンポジウムでは京都で萌芽した組織を技術委員会（TC）へ認めて戴く働きかけを行い，その結果1987年にミュンヘンで開催の第10回ワールドコングレスで技術委員会への前段であるWGが正式に認められた．

このときのIFAC副会長は当時の東ドイツ工学界の大ボスで，直後の1989年に東ベルリンで開催のISHSシンポジウムに筆者を特別招待[6]し，SPAを講演するようにと暖かい手を差し伸べて戴いた．だが，情報工学的なシステムアプローチは，当時の園芸関係者の共感を得るには大きな距離があったと云わざるを得ない．

したがって，ISHSには将来を期待し，一気にIFACへの比重を加速した．1990年にタリーンで開催の第11回ワールドコングレスで念願のTC（on Control in Agriculture）が誕生し，その委員長に就任した．同時に，SPAも人工知能（AI）や知能的システム制御へとより情報科学的研究領域を拡大し始めた．

IFAC，CIGRによる世界的な活動へ

TC委員長として国際シンポジウムを開催する必要性から，先ずは私の当時の勤務（愛媛大学）地である松山市でTC主催の国際会議を開催した．1991年の秋であり，IFACにSPAが初登場してから10年間が経過していた．この間の努力で，SPAを下敷きとする農業へのシステム制御応用をメインテーマとするIFAC史上初の国際会議を開催した[7]．無論，初期にお世話戴いたISHSは共催として返礼した．

その成功は世界を駆けめぐり，多くの同志が集まり，IFACに幾つかの国際会議が企画され，毎年世界各地で実施され，益々TCの規模は拡大した．

IFACには人工知能，ポストハーヴェスト，知能的制御等々のシリーズが誕生し何れも3ヶ月毎に実施され，世界大会と共に活性化が進展し，多くの情報科学的成果が得られている．

この流れはCIGR（国際農業工学会）へも波及した．筆者は1993年に日本学術振興会からベルギーへ3ヶ月間派遣され，IFACの活動を展開したが，当時のCIGR事務局長のベルギー農業工学研究所長は，IFACの勢いをCIGRにも注入せよとの意図からか1994年にミランで開催の世界大会で私を第2技術部会長に指名した．

IFACに戻そう．1996年のサンフランシスコ世界大会で従来のSPAに源を発するシステム制御の農業応用のTCの他に，新たにバイオメカトロニクス，精密農

業，情報生理工学等を扱う TC の誕生が認められた．完成途上の展開には，情熱に満ち，肌で世界を熟知した有能の士が切望される．米国で教育を受け，長年先端的な研究生活を経験し，帰国した村瀬治比古大阪府大大学院教授はコンセプトを重視し，まさにその資質に満ちており，尊敬する後輩である．新たな TC のハンドリングをお願いした．氏の絶大なる尽力でさらに大きく前進した．IFAC の TC メンバーからは，SPA の歴史的展開に整合し，英国のシルソー研究所長，ドイツの FAL 所長（CIGR 会長），歴代の何人かの EurAgEng（ヨーロッパ農業工学会）会長等々が輩出している．

あとがき

CIGR との交流で SPA コンセプトの延長上で果実貯蔵制御に適用する SFA（speaking fruit approach）の研究が始まり[8]，それを快く担当した森本哲夫氏（現愛媛大学教授）の成果も出始め，SPA は順調に増殖している．

CIGR は，2000 年に筑波で世界大会を開催したが，創設 70 年にして新たに情報工学を使命とする第7技術部会を設立した．農業情報学会から大政，村瀬の両副会長が部会理事となり，筆者は名誉部会長を仰せつかり，今後に期待している．

日本学術会議では，本会の学会移行と時を同じくして農業環境工学研究連絡委員会に付置して農業情報工学小委員会を設置した．本学会の学術ターゲットである SPA，精密農業，マクロな環境情報工学，ミクロな情報生理工学へと，本学会と表裏一体をなしその使命を果たすことと思われる．普及面で実績を誇る本学会にとっても今後学術面における責任もまさに重大になることと思われる．

この四半世紀を回想すると，情報科学を系統的に活用する SPA（新たに派生した SFA を包含する）は，単なる環境制御へのアプローチに止まることなく，後続の精密農業と共に，ユビキタス社会に於ける情報化を深く見据えた生物生産全域へのコンセプトへと変貌を遂げてきたといっても過言では無い[9,10]．

参考文献

1) 橋本　康「バイオシステムにおける計測・情報科学」養賢堂 (pp. 265, 1990)
2) Hashimoto et al. Plant Physiology 76, 266-269 (1984, 10)
3) *Measurement Techniques in Plant Science* (*Hashimoto et al.eds*) Academic Press (pp. 431, 1990)
4) 山崎・橋本・鳥居 編「インテリジェント農業」工業調査会 (pp.293,1996)
5) Hashimoto, Y. and T. Morimoto (1985): Identification~. in *IDENTIFICATION AND*

SYSTEM PARAMETER ESTIMATION (1677〜1681), Pergamon Press, Oxford
6) Y. Hashimoto (1989) : Recent Startegies of Optimal Growth Regulation by the Speaking Plant Concept. *Acta Horticulturae* Vol. 260 : 115〜121
7) Hashimoto, Y and W. Day : Mathematical and Control Applications in Agriculture and Horticulture Pergamon Press (UK) (pp. 447, 1991)
8) De Baerdemaeker, J. and Y. Hashimoto (1994): Speaking fruit approach to the intelligent control of the storage system. *Proc. CIGR* 12*th World Congress* Vol (2) : 1493-1500
9) Hashimoto, Y. Murase, H., *et.al. IEEE Control Systems Magazine* 21 (5) 71-85 (2001, 10)
10) Hashimoto, Y. Murase, H., *et. al.*, : Control Approaches to Bio-Ecological Systems- Milstone Report, IFAC-15th *World Congress, Plenary, Survey and Milestones* 213-218 (2002)

精密農法

澁澤　栄

[マネジメント，圃場マップ，情報技術，意志決定支援]

精密農法と知の創造サイクル

精密農法[注]とは，農業生産に関わる多数要素・要因のデータを収集・蓄積・管理して最適な意志決定を支援するため，各種の情報技術を駆使する営農戦略を意味し，作物生産と農作業に関与する多数要因間の複雑で同時的な相互作用を解明することが研究の主題になる（NRC 1997）．残念ながら，従来の農学研究では一つないし少数要因のみを変化させる実験が大半であり，現実の圃場で生起する現象の全体を理解するにはあまりに非力であり，農学のパラダイム転換が求められている（NRC 1997）．

実際の精密農法作業サイクルを示すと図1のようになる（澁澤 2001）．まず圃場内の作物生産に関与する要因の時間的空間的ばらつきを克明に記録・蓄積・理解することから始まる．続いて地力維持や生産性・収益性あるいは環境負荷軽減など，複数の目的に対するバランス解を見いだして（意志決定）実行し，さらに結果に対する評価を行う．その一つの成果として圃場GIS（圃場マップ，作業日誌など）を豊かにしつつ，次の作業サイクルへ進む．収益性で重視すべきは市場ニーズであり，圃場全体あるいは地域レベルの付加価値生産である．またばらつきに対応した作業として可変作業があるが，これは限られた資源（肥料など）の圃場内配

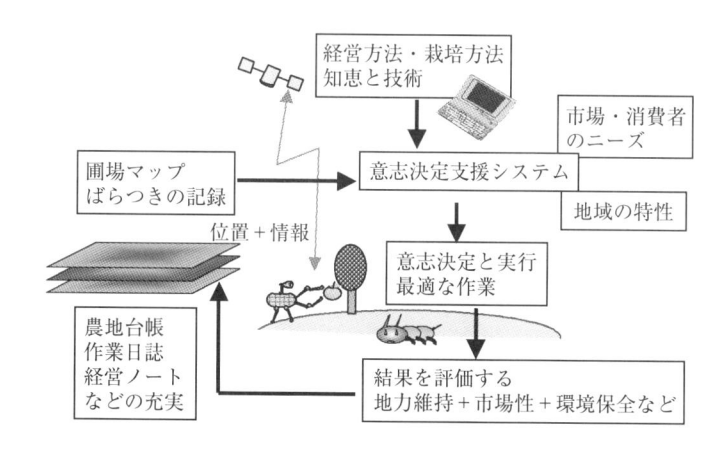

図1　精密農法における情報と知の創造サイクル

分計画と考えるべきであり,均一作業もその選択肢の一つである.
　上記の作業サイクルは,科学的研究における情報と知の生産サイクルに酷似している.ばらつきの記録はデータの収集と蓄積,意志決定支援システムはモデリングやアルゴリズムを基礎にした実験計画の作成,決定と実行は制御された実験の実施,そして結果の評価はピュアレビューの実施,というアナロジーが成り立つ.但し,対象とするのは現実に生起する複雑な農業生産現場の全体像であり,古典的なピュアレビューに代わって生産活動の結果を評価する新たな指標と仕組みの創造が最も異なるところである.精密農法の導入は,いわば情報と知の生産現場が狭隘な実験室レベルから現実の圃場や営農集団レベルへシフトすることを意味する.

農産物トレーサビリティの技術的基礎

　精密農法の導入と農産物のトレーサビリティは互いに相補関係にある.精密農法導入により,個々の圃場の状態や農産物ごとの作業履歴などが克明に記録された情報付き圃場が誕生する.農産物に注目すると,農産物生産に関与するプロセスのすべてが克明に記録されることになり,これらの情報が付加した農産物の生産が可能になる.一例として,情報付き農産物の生産・流通・消費を可能にするための構想を図2に示す.生産者が主体的に管理する農産物情報センターが流通部門と消費部門にリンクすることにより,地産地消をはじめとした農産物の多様な生産・流通・消費のルートを管理し,消費者ニーズに対応した農業生産の見通

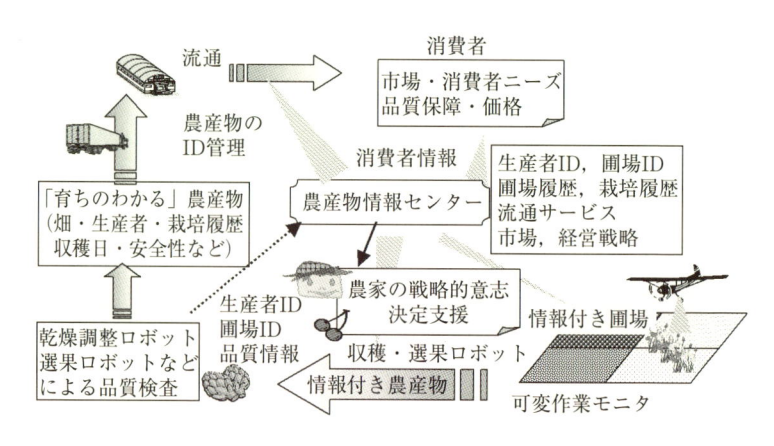

図2　精密農法導入による農産物トレーサビリティ

しが得られるであろう.

情報付き圃場の基礎：圃場マップの作成と対応の仕方

精密農法の基本作業は農業生産に関与する多数要因の時間的空間的ばらつきの記録である．ここでは土壌肥沃度に関与するいくつかの要因の記録事例を紹介し，ばらつき記録が膨大な作業量を伴うこと，そしてその理解には農業情報工学の新たなアプローチの開拓が必要であることを紹介する．

圃場内のばらつきは，基本的な地力特性によるものなのか，作業のむらによるものなのか，あるいは他の要因によるのか，通常は判然としない．そこでまず基本的な地力特性のばらつきを理解することが重要になる．

空間トレンドマップとは，数シーズン（あるいは数年）にわたる均一作業を通じて得られる圃場の基本的特性マップの一つで，時空間平均に対する時間平均的な地力などの分布を意味する．時間安定性マップとは，地力などの時間変動を示すマップである．両者を得るとることにより，その圃場の基礎的な地力などのばらつきを理解することができる．その結果，短期的な処方箋である可変施肥作業や長期的処方箋である土壌改良などの意志決定を行うことができる．

図3に，一例として硝酸態窒素の正規化マップを示した．例えば，硝酸態窒素のレベルが高く観測された領域は2000年6月では実験圃場の南側にあり，2000年10月と2001年5月では西側に見られる．この圃場では，2000年の夏作はダイズおよび冬作はコムギなので，推測の域をでないが，窒素固定作物であるダイズ

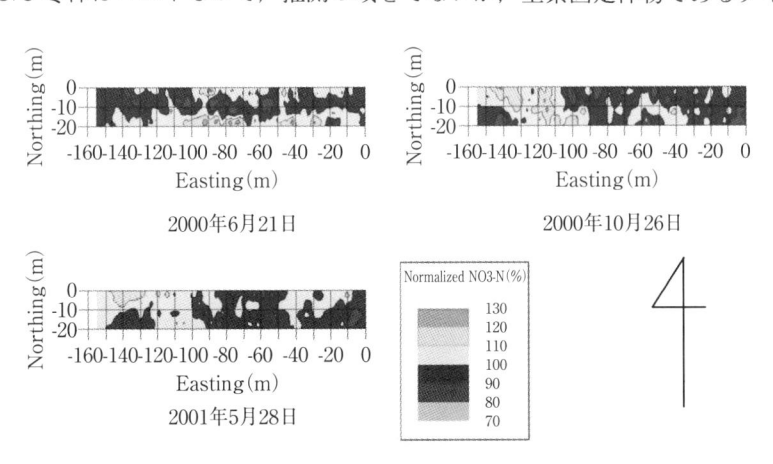

図3 硝酸態窒素に関する空間分布の時間変動観測例

作は硝酸態窒素分布パターンを変化させるがコムギ作ではその分布パターンがほぼ維持される，といった傾向を見て取ることができる．

図4には，5つの土壌パラメータにつき，空間トレンドマップと時間安定性マップを示した．時間安定性マップより，土壌有機物とpHおよびECの時間変動は少ないので，空間トレンドマップがそのまま可変作業計画の基礎資料として利用できる．含水比と硝酸態窒素については時間変動の激しい領域が散在するので，空間トレンドマップをそのまま利用することは危険である．そこで空間トレンドマ

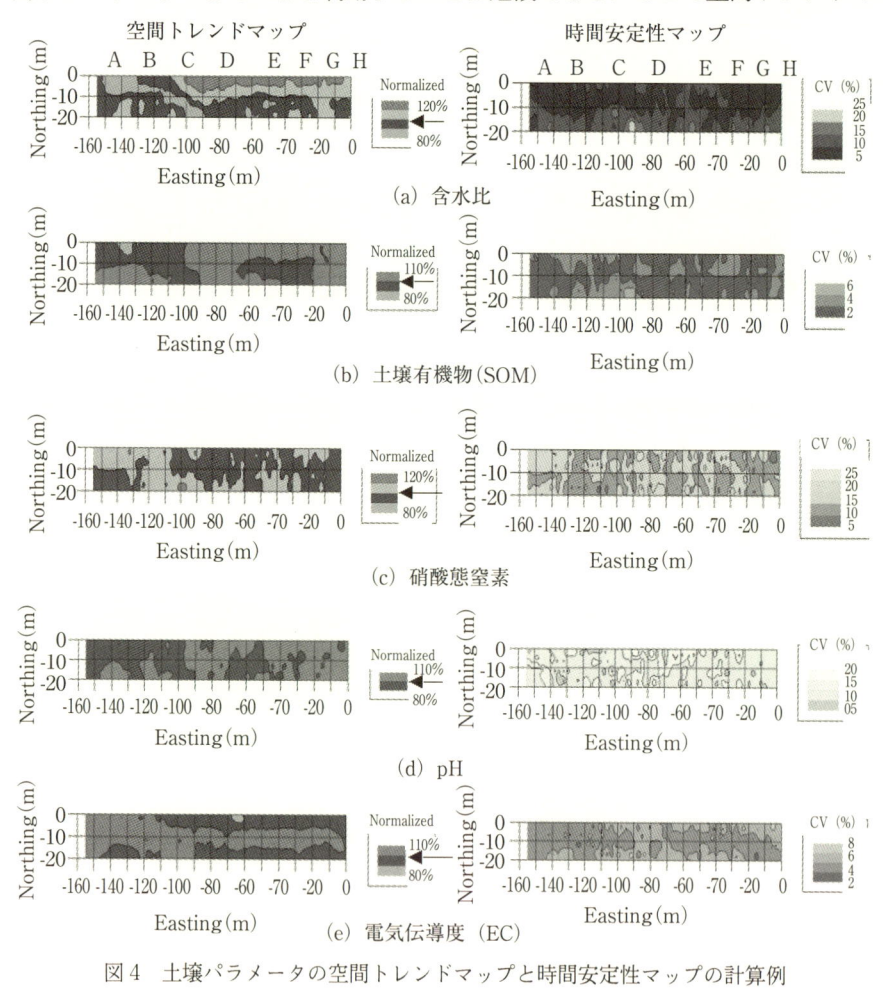

(a) 含水比

(b) 土壌有機物 (SOM)

(c) 硝酸態窒素

(d) pH

(e) 電気伝導度 (EC)

図4 土壌パラメータの空間トレンドマップと時間安定性マップの計算例

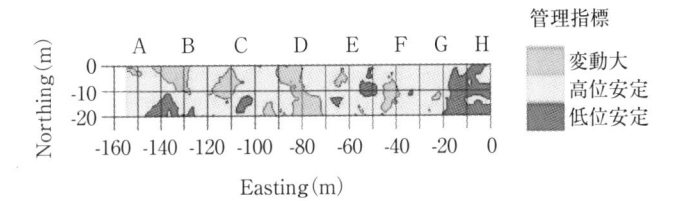

図5 硝酸態窒素に関する管理指標マップ

ップと時間安定性マップを用いて管理指標マップを作成する必要がある．図5には，硝酸態窒素に関する管理指標マップの作成例を示した．これより，H区画の全体およびB区画の南側一部は低位安定領域，高位安定領域はA区画，変動大の領域はD区画，などと評価することができる．

さらに，施肥設計などの肥培管理方針を決定するには，図5に対応する作物の生育・収量・品質の管理指標マップ，病害虫などのマップ，気候変動予測，そして流通や市場のニーズなどのデータと情報をが必要になる．そのため，これらのばらつきに関する時間空間変動の膨大なデータベースを基礎にしながら，最適解あるいはバランス解を探し出す新たなアプローチが求めらる．最適解の探索とその評価の過程では，有能なエキスパートの経験と勘を重視しなければならない．精密農法は農業と農学のイノベーションを伴う未完の技術体系であり，その構築には農業情報工学分野の発達が不可避である．

（注）：精密農法と精密農業は同義で使われる場合が多い．産業の一つとしての農業と地力維持を基軸とした圃場管理体系（輪作など）をさす農法の区別に注目して両者を区別する場合もある．ここでは，主として技術体系を意味する場合を精密農法，主として産業スタイルを意味する場合を精密農業という．

参考文献

1) National Research Council (NRC)： Precision Agriculture in the 21st Century. National Academy Press, Washington, D.C., 1997.
2) 澁澤 栄：精密農法のためのリアルタイム土中光センサー，分光研究, 50 (6), 251-260, 2001
3) 澁澤 栄：リアルタイム土中光センサーによる土壌マッピング，農機北海道支部報，43, 115-118, 2003

ウェアラブル

保坂 寛

[センサ, ヘルスケア, 環境計測, ブルートゥース, 微弱無線]

ウェアラブルコンピュータとは

ウェアラブルコンピュータ(以下, WPCと略す)とは, 身につけたまま使用し, 両手が使え, センサを備えたコンピュータである. モバイルパソコンも身につけるが, 使用時は膝や机におき, 両手もあかない. WPCでは一層の小型化と種々の入出力手段が必要とされる. WPCの典型例は, 本体を腰に装着し, ヘッドマウントディスプレイ(HMD)に出力し, 音声で入力するもので[1], 本体重量は数百gである(図1). さらに小型な, 図2に示す腕時計型もある[4]. これらは, ウィンドウズやリナックスなどの標準OSを搭載し, ブルートゥースや赤外線ポートを内蔵する. WPCは, 90年代に米国で開発が始まり, 当初の対象は, 軍, 消防, 警察, カメラマンなどの屋外作業者, および航空機など特殊分野の保守作業であった. 最近は, ヘルスケア, 環境計測などに応用を広げつつある. また, GPS, 気温, 気圧, 方位などの環境センサや, 血中酸素濃度, 体動, 導電率などの生体センサが腕時計サイズで開発されており, これらとWPCを組み合わせれば, 人間だけでなく, 様々な自然物, 人工物がネットワークに接続される[3]. 以下では, ヘルスケアおよび環境計測への応用例を紹介する[2].

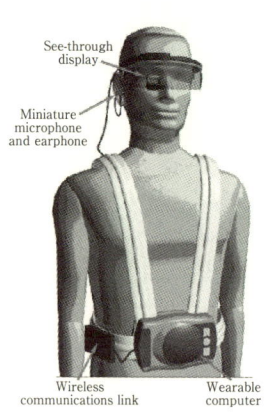

図1 WPCの装着例

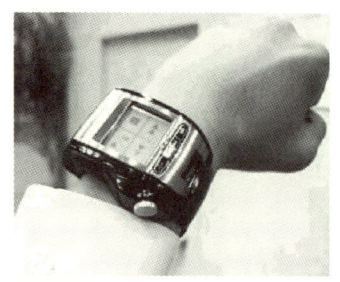

図2 腕時計型PC

ヘルスケアへの応用

脈波センサとWPCを組み合わせ, 日常生活中のカロリー消費と脂肪燃焼量を推定し, HMDに表示するシステムが開発されている. また, 顔面に装着した電極に

より眼球運動を計測し，周波数分析により覚醒度を推定するシステムが開発され，自動車運転時の居眠り防止への応用が試みられている．さらに以上を組み合わせ，多数のセンサを人体に装着し，微弱無線とブルートゥースによりWPCに情報を集約し，PHSにより送信するシステムも研究されている（図3）．日常生活での生体情報をデータベース化でき，心疾患予防などへの応用が期待されている．

環境計測への応用

位置（GPS），温湿度，照度などの物理センサと，浮遊微粒子（SPM）収集機構を備えたWPCが研究されている．ウェアラブル化により電源の確保と装置の保守が容易になる．SPM収集ろ紙には超小型無線チップ（RFID）が内蔵されている．現場で物理データが記録され，実験室での成分分析の際にデータが再生され，デジタル地図上にすべてのデータが表示されるようになっている．動物へのWPCの応用例として，PHSによるカラスの位置探査が行われている．PHS基地局から得た位置情報をデジタル地図に表示する（図4）．PHS，GPS，マイコンを組み合わせた，野生のタヌキの行動追跡システムも開発されている．

図3　WPCを用いたヘルスケアシステム

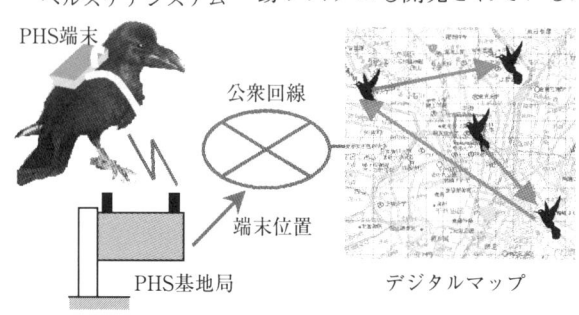

図4　PHSによるカラスの位置探査

参考文献

1) 板生　清（2001），ウェアラブルへの挑戦，工業調査会．
2) ジョージア工科大ホームページ．http : // wearables.gatech.edu/．
4) 保坂　寛（2002），機械の研究，54, 11 : 1109-1115．
3) ZDNetホームページ．http : // www.zdnt.co.jp/ news/ 0111/ 06/ citizen_linux.html．

ユビキタス [1,2]

小林 郁太郎

[ネットワーク，コンピューティング，無線アクセス，インターネット，LAN]

　マーク・ワイザーの提唱したユビキタス・コンピューティング（ubiquitous computing）* は，場所やツールの制約を受けずにコンピュータにアクセスし利用する環境を意味する．携帯電話の標語「いつでも，どこでも，だれとでも」と重なり合う．携帯電話の普及はコンピュータによるサポートを日常的なことにした．コンピュータ遠隔利用技術と高速通信ネットワークが，利用できるコンピュータリソースを質量ともに拡大した．刻々の行動と判断が情報に依存する度合いは日々拡大し，ユビキタスの必要性は既に実感されている．

　スーパコンピュータへのアクセスが可能でも使いこなすのは別の問題である．コンピュータリソースの自由な利用に，家電機器やセンサのネットワーク化を加えて，いかなるサービスやミッションの実現が可能か？その実現に必要なツールと技術は何か？に，将来のユビキタスに関する議論の焦点が移りつつある．

　情報の配信を支える新たな展開はインターネット * を中心に進んでいる．基幹網では光通信技術により数百ギガビットから数テラビットの伝送が実現し，インターネットを取り巻く LAN* への無線アクセス * も 11 メガビットから数十メガビットの速度が規格化されている．ネットワークのエッジ拡大や個々の端末の相互接続を図る手段として，1～100 mW の出力で 10 m から 100 m をカバーする Bluetooth* や 10 m 程の近距離用赤外線方式（IrDA*）等も実用化されている．

　コンピュータを介して行われる情報提供では意味解釈と編集が課題となり，情報の前処理後処理の自動化が必要となる．フォーマットの異なるテキストを共有するためにタグを付加した言語として，GML* を起源とする SGML* から XML* と呼ばれるマークアップ言語の流れがあり標準化が進んでいる．マークアップ言語の中で，他文書へのリンクが容易な HTML* がホームページで使われ良く知られている．また，プログラムをダウンロードして，動画や音響機器を動作させる機能を備え，セキュリティにも配慮された JAVA 言語 * がある．ネットワークにつながれた多数の機器でプログラムを稼動させることができ，ユビキタス時代のアプリケーションソフト利用に重要な役割を果たすと期待されている．

　ユビキタス環境の本格的な展開は社会活動から個人の趣味まで広い範囲に影響

を及ぼし，多様性を拡大していくが，解決すべき課題も多い．キーボードを叩ける叩けないの段階で既に仕事の成果やチャンスに大きな差が生まれ，インターネットを通じた情報交換なしには就職の機会そのものが得られなくなりつつある．将来，放送のナローキャスト*化により，日々のニュースの内容にも格差が生じ，まだらな配信エリアに谷間が生まれる可能性も大きい．デジタルデバイド*と呼ばれる問題はますます深刻になる．多様化は生活の豊かさを意味すると同時に，二重三重の手立てなしには，著しい格差の拡大を生む危険を内包している．

日本で約1億4千万といわれる電話の数を二桁も三桁も遥かにしのぐ多数の端末がつなぎこまれたネットワークは複雑な階層構成と入り組んだサブネットワーク構造をもつことが予想される．IPv6*と呼ばれる次期アドレス方式も，複雑で時々刻々変化するネットワークの実態を表現するには十分ではない．サブネットワーク相互の接続やソフトウェア/ハードウェアの共用を図って協調的な動作を確保する必要がある．この遠大な作業の第一歩に，サブシステム構築の共通の基盤としてネットワーク上にプラットホームを準備する議論が進んでいる．

家庭や会社に付随して生まれるローカルなネットワークから社会横断的な組織に付随する機能連携をベースにしたネイションワイドなシステムまで，それぞれのネットワークやシステムが内部に独自の構造をもって自律的完結的に機能し，インターネットが種々のLAN*を統合したように，個々のシステムが自然な形で統合されていくネットワークの仕組みが必要となる．

コンテンツの内部に議論を移せば，ユビキタス時代の著作権，表現の自由，親書の保護，発言や公表文書の責任の所在など，新しい情報の流通配信と処理，そしてそれに基づく判断と行動に関わる課題は尽きない．それだけ多様で豊かな情報化社会を期待できるということでもある．ユビキタス概念に導かれ，情報の配信とコンピュータネットワークサポートの実現が社会の隅々まで浸透し，豊かさの中に多様性を育む開放的な社会の実現へとつながることを期待したい．

参考文献

"*"のマークを付した用語の詳細は文献等を参照してください

1) M. Weiser, 1993, Some Computer Science Issues in Ubiquitous Computing, Communications of the ACM, Vol. 36, No. 7, pp. 75-84.
2) ユビキタスネットワーキングフォーラム編, 2002, ユビキタスネットワーク戦略, クリエイト・クルーズ

高速無線通信 [1,2]

小林 郁太郎

[QAM, 無線アクセス, セルラー方式, TDMA, CDMA]

　マルコーニ（G.H.Marconi）は約 800 kHz の中波帯＊を用いて 1901 年に大西洋横断 3400 km の無線通信実験を為し遂げた．以後，年を追って中波帯から短波帯＊へとより広い周波数帯を求めた歴史があり，数十 GHz のミリ波帯＊に至り降雨による伝搬損失の増加が顕著となり壁にぶつかった．

　一つの周波数には直交する二つの自由度（例えば，正弦波と余弦波）がある．それぞれに 2 値のディジタル信号を載せると伝送効率は 2 bit/Hz になる．二つの自由度に電力制限を課すと，利用できる信号点＊は平面上の円内に配置される．正弦波の位相に情報を載せる方式を N 相 PSK＊（N = 2, 4, 8）と呼び，円上に等間隔に信号点が配置される．振幅と位相を平面極座標系の r と θ に見立て，N×N の正方格子に信号点を配置した方式を QAM＊ と呼ぶ．N = 15 の 256QAM はこれまでで最も高い周波数利用効率 10 bit/Hz を実現している．無線通信の歴史は効率のよい周波数利用との闘いであった．

　地上無線用に，256QAM を用いて 1 搬送波で 400 Mbps の伝送速度が可能になった．20 GHz 帯では 4 相 PSK を用いて 400 Mbps システムが実現されたが，降雨減衰マージン確保のために 3〜6 km の短い中継間隔で多中継伝送された．衛星通信＊はマイクロ波帯（3〜30 GHz）でマルチプルアクセス機能を備えた伝送速度数 10〜120 Mbps の PSK 方式が利用されている．

　移動通信＊は，当初，使用可能な周波数帯が狭く利用が限定された．1970 年代後半にセルラー方式＊が導入され公衆利用を飛躍的に発展させた．エリアを蜂の巣状のセルに分割し，それぞれのセルに複数の周波数を割り当て，隣接するセルの周波数が重ならない設定にする．利用者が移動してセル境界を越えると，移動先セルの周波数に自動切換え（ハンドオーバ＊）される．セルラー方式は電波干渉のない離れた複数のセルで同一周波数の繰り返し利用を可能にした．

　電話の 64 kbps の伝送速度も 1 億端末ではその総和は 6 Tbps を超える．無線周波数の繰り返し利用なしには実現できない．高速化の実現は，端末の発信する電波の到達距離を短くし，セルのサイズを小さくして周波数の繰り返し利用頻度を高くすることで実現される．一般の無線アクセス＊方式では，法律の規制の範囲内

でシステムごとに送信電力や周波数が設計され,時に相互干渉を生じると,適宜周波数を変更するなどして切り抜ける.周波数割り当てのシステム的な設計が行われるセルラー方式の考え方を活かして,個別システム間の干渉を自律的に解消しつつ,広域的に整合の取れた周波数配置と送信電力制御を実現するグローバルなシステム思考の導入が必要となっている.

個々のシステムの中では,ユーザの利用可能な時間や周波数を割り当てるTDMA* や FDMA*,周波数と時間の張る空間の中で時変的に分布する信号を符号により割り当てる CDMA* などが利用されている.アロハ(ALOHA*)方式に始まるランダムアクセス* では,持続時間の短い高速の信号を,複数ユーザから同一周波数に発信させる.無線 LAN* で使われる代表的なランダムアクセス方式 CSMA/CA* では,キャリア信号* を利用した衝突回避手順を備えている.この方式は,ISM 帯*(日本では 2.471〜2.497 GHz)を用い,伝送速度 1〜2 Mbps で規格化(IEEE 802.11 b*)されている.新しい規格(IEEE 802.11 a*)では 5.2 GHz 帯を用いて最大 54 Mbps の伝送速度が規定されている.LAN やインターネットからネットワークエッジ* を拡げる無線技術として,短距離で 1 Mbps 程度の伝送速度を得る Bluetooth* も提供されている.

高速無線通信と一言でいっても地上無線から Bluetooth まで伝送速度は千差万別である.分野ごとの経緯から一世代前の速度に比較して高速をいう場合が多い.基幹通信網の地上無線方式は光ファイバ方式に置き換えられ,有線化された LAN やホットスポット* などのネットワークエッジの拡大と浸透が進み,無線方式はアクセス部への適用に限定されていく傾向にある.年々短くなるアクセス距離のもとで周波数の繰り返し利用が進み,セルラー方式の原理で,より多くの人が高速無線によるアクセス環境を享受する時代へと進むものと予想される.

衛星通信はその通信形態から,地球規模のカバレジを持つ通信インフラ構築に有効であるが,ここでも,セルラー方式と類似の発想による周波数繰り返し利用技術であるマルチビーム方式* が高速化実現の鍵を握っている.

参考文献

"*"のマークを付した用語の詳細は文献等を参照してください

1) 初田 健・小園 茂・鈴木 博, 2001, 無線・衛星・移動体通信, pp1-4, 77-113, 143-232, 丸善
2) 羽鳥光俊・小林岳彦監修, 2002, 移動体通信基礎技術ハンドブック, 丸善

プロトコル [1,2)]

小林 郁太郎

[インターネット，TCP－IP，LAN，7階層モデル，ゲートウェイ]

　電話では会話，メールではメッセージを送るのに必要な「情報の表現法」と「通信の手順」をプロトコルという．例えば，表現法とはメッセージを電気信号で表すことであり，手順とはアドレスで表された相手先に転送する手続きをいう．顔を合わせた会話には不要なこの表現法と手順の決まりを総称してプロトコルと呼ぶ．

　機械を通して情報がやり取りされるところには必ず明示的なプロトコルの決めが必要となる．プロトコルを共有しない電話とファクシミリはつながらない．無理につなぐとピーピーとうるさい．無理にでもつながるのは，呼び出しから接続までの手順を電話とファクシミリが共有しているからにほかならない．

　電話網やインターネット，LAN* 等はそれぞれにプロトコルを持ち，プロトコルの一部を共有するものもある．複雑多岐にわたるプロトコルを整理するためのガイドラインとして7階層モデル* が使われる．第1層の物理層はコネクタの形状から電気特性，命令や信号の表現法などを規定している．上位にはデータリンク層，ネットワーク層，トランスポート層，セッション層，プレゼンテーション層と続き，第7層はアプリケーション層と呼ばれる．送られたファイルが開けないのは応用プログラムを扱うアプリケーション層の問題である．メールの文字化けは表現法を扱うプレゼンテーション層での不具合による．セッション層は通信の開始と終了の手順を扱い，データリンク層からトランスポート層の3層は通信機能を背負う部分となる．

　電話網のプロトコルの歴史は長いが，明示的プロトコルの始まりは，端末とモデムを25芯のケーブルで結んだ RS-232C* ともいえる．25芯のそれぞれに制御用や信号転送用など特定の役割を持たせて，プロトコル付きの情報転送を実現している．同様の仕組みでパケット通信網に接続可能なプロトコルは X.21 と呼ばれる．いずれも国際規格である．

　RS-232C や X.21 は芯線に命令を対応させたハードウェア構造を必要とする．メッセージと必要なプロトコルをパケット（フレーム）にまとめる形式として HDLC* が提案された．データリンク層で必要になる同期のための8ビットのフラッグを先頭と末尾に備え，8ビットのアドレスと16ビットの CRC* による誤り

チェック機能を持つ．HDLC は誤り制御機能も備え，伝送制御手順 * の雛型が完成した．HDLC によるデータリンク層機能の実現で下位の物理層がマスクされ，上位のネットワーク層は下位層を意識せずにアドレスに応じてパケットを転送する手順を踏めばよいことになった．

　LAN の世界は別の流れから成長した．バス線で装置間をつなぐ GP-IB * を源流にイーサネット * の CSMA/CD* や FDDI* のトークンパッシング方式が網のトポロジーに対応して標準化された．この機能を媒体アクセス制御（MAC）* と呼び，物理層に近い論理リンク制御 * とあわせてデータリンク層に位置付けられる．LAN を代表するイーサネットのパケット形式は同期のための 7 バイトのプリアンブル * から始まり，送受信アドレスと誤り検出機能を持つ．RS-232C に始まるデータ伝送の世界と LAN の世界はデータリンク層で機能の対応が取られたが，パケットの構成は異なる．上位のネットワーク層では異なるパケット形式の相互接続が課題となった．

　インターネットではインターネットプロトコル（IP）がパケットをアドレス先に届けるネットワーク層の役割を持ち，伝送制御プロトコル（TCP）が再送など転送誤りの制御を受け持つトランスポート層の役割を果たしている．これらの機能を総称して TCP-IP* と呼ぶ．TCP は応答確認と再送を含む 1 対 1 の信頼性の高い転送を実現しているが，代わりに UDP* と呼ばれる転送速度を重視した 1 対 N のパケット転送プロトコルがあり，管理プロトコルや DNS* 照会などに使用されている．

　歴史的な流れから多岐にわたるプロトコルが使われているが，インターネットプロトコルの情報をローカルネットのパケット形式のデータ部に入れ子にして転送する方法により，インターネットを中心に世界のネットワークが一つに統合された．この相互接続のためにネットワーク間の接続点に置かれるプロトコル変換ノードをゲートウェイ * と呼ぶ．

参考文献

"*" のマークを付した用語の詳細は文献等を参照してください

1) 情報通信技術ハンドブック編集委員会編，1987，情報通信技術ハンドブック，pp131-304，オーム社
2) 基盤技術研究促進センタ編，1998，コンピュータ/通信/放送/標準事典，pp178-184，アスキー出版局

CAN

元林浩太

[分散計測制御,シリアルバス,通信規格,農用バスシステム,ISO11783]

　欧米ではトラクタや作業機械の電子制御化にともない,2線式シリアルバスであるCANを基本プロトコルとした車上データ通信システムが搭載されるようになってきた. CAN (Controller Area Network) は,いうまでもなく自動車のリアルタイム制御系の省配線技術としてドイツのRobert Bosch GmbH社により提唱されたもので,分散配置されたECU（電子制御ユニット）間を多重通信ネットワークで結ぶ車載LANの規格である. 最大の特徴はバスに接続された機器にアドレス情報を与える必要が無いことで,このためシステム構成の拡張や変更にも柔軟に対応できる. また,バスがアイドル状態の時にはどの機器でもメッセージを送信することができ（マルチマスタ方式）,メッセージが衝突した場合には優先順位に従ったCAN特有の衝突調停が行われることでリアルタイム性を高め,さらに強力なエラーマネジメント機能により高い信頼性を確立している.

　現在ではCANは, ISO 11898（高速用）およびISO 11519（低速用）として国際規格になっており,自動車分野にとどまらずFA,医療機器,船舶から玩具に至る広い分野で利用されている. しかしCAN規格そのものでは,OSI階層モデルの物理レイヤの一部とデータリンクレイヤについて定義するにとどまり,具体的なメッセージIDの割り当てやデータフォーマットは目的に応じた個別の上位プロトコルで規定される. 1997年にドイツで公開された農用バスシステムLBS (DIN9684/2〜5) や,その国際版と言えるISO-BUS (ISO 11783) は,農業用にアプリケーションレイヤまで拡張・規格化されたCAN上位プロトコルの一つである（図1）. トラクタや作業機械がこの様な標準化されたCAN規格に準じるようになれば,研究者や技術者はデータ通信をCAN経由で行う必要が出てくる反面,実用面ではメンテナンスの簡便化,制御機器やセンサ類の共有化,低価格化等多くの恩恵が得られる. 実際に欧米では,搭載される制御機器や作業システムとしての機能の発展に併せて,これらネットワーク規格そのものも流動的に進化している.

　一方,自動車の車載LANの分野では,欧米が日本に対して大きく先行しているのが実状である. またCANに加えて,低速で低コストな「LIN」,より高速でタイ

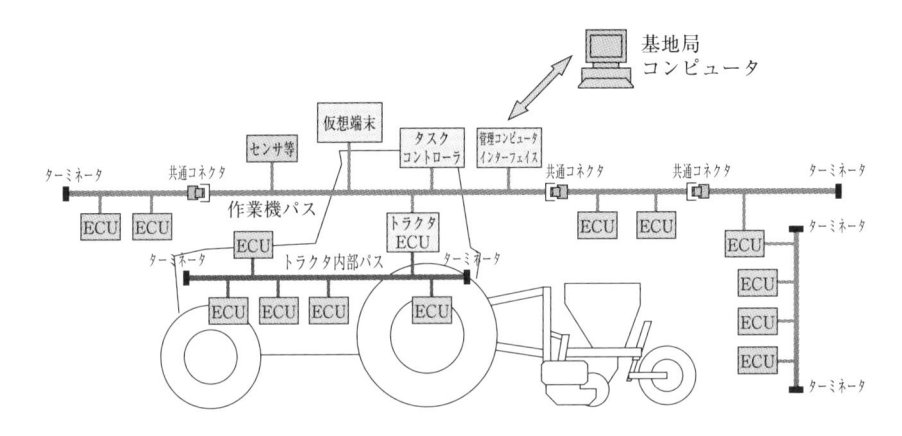

図1　ISO 11783によるトラクタ作業機ネットワークの構成例

ムトリガ機能を持ついわゆる「X-by-Wire」，動画や音楽データに対応したマルチメディア系の「MOST」や「IDB-1394」等の多くの車載 LAN 規格が開発されており，動力制御系やボディ制御系，情報系 LAN が CAN を中核に相互に接続されてマルチバスネットワークが構築されるケースも増えている．

　今日，CAN を利用する最も一般的な選択肢は，スタンドアローンの手法をとり ID やデータフォーマット等のアプリケーションレイヤを独自に定義することである．この場合，他社製品との互換性は厳密には保証されない反面，独自システムとしてのレスポンスの最適化が可能である．第2の選択肢は，産業分野で広く普及している SAE J1939 等の汎用的な上位プロトコルを採用する方法である．多くの市販機器を流用でき，エンジン制御やデータ収集等について当該システム内での互換性が容易に保証される．第3の方法は，ISO 11783 の様な標準化された上位プロトコルに厳密に従う方法である．かつて3点ヒッチ規格が作業機の物理的な接続互換性を飛躍的に高めたのと同様に，メーカー間での電子的接続の高い互換性が確立される．以上の三つのコンセプトは，目的に応じて，付加的なアナログデータ転送やより高速な車載ネットワーク等と共存することが可能である．またトラクタ作業機ネットワークにとどまらず，温室や畜舎等の農業施設の制御系への適用も検討可能である．スタンドアローンの集中制御システムでは個別の目的に応じた最適化が可能であるが，標準化された上位プロトコルによる制御機能の高い互換性が利点になることは明らかである．

X－by－Wire

石井一暢

[車載LAN，自律分散システム，タイムトリガープロトコル，イベントトリガープロトコル，42Vシステム]

　これまでユーザの意志を機械的に操作していたブレーキやステアリング，アクセルなどをスイッチとアクチュエータに変更することで情報伝達の役割はワイヤ（電線や光ファイバ）に取って代えることができる．この結果，個々のタイヤに取り付けられたブレーキをそれぞれ独立して操作したり，ステアリングやアクセルと連携して制御することが可能となる．もともとはFly-by-Wireと呼ばれ軍用機で増加するハーネスの統合化技術として開発されたが，軽量化に敏感な自動車産業で注目され車載LANの基本概念となった．現在では操舵系はSteer-by-Wire，制動系はBrake-by-Wire，動力系はThrottle-by-Wireと呼ばれ，総称してX-by-Wireと呼ばれる．

　X-by-Wireに必要となるキーテクノロジとして，車両内に分散するセンサやアクチュエータ間の情報伝達を行うための車載LANがある．車載LANは大きく分けて二つ存在する．カーナビを中心としたテレマティックスや情報エンタテイメントを束ねる高速の情報系LANと，エンジン制御・車体制御・衝突安全制御などリアルタイムな制御を必要とする制御系LANである．情報系LANにはD2B（Digital Domestic Bus）や，その後継としてリングトポロジを採用したMOST（Media Oriented Systems Transport）がある．また，MOSTの対抗馬としてIEEE1394b/IDB1394も存在する．一方，制御系LANは自律分散の形をとる．車の制御は安全に直接関わるので高信頼性が要求されリアルタイムであるほか，フォールトトレラントでなくてはならない．データ転送の速度に関しては情報系ほどの高速性は要求されないが，ボディ系統で10 kbit/s，安全系統で100 kbit/s，パワートレイン系統ではさらに早いスピードが必要とされる．制御用LANの規格としては，低速用途のLIN（Local Interconnect Network），中速用途のCAN（Controller Area Network），高速用途のTTP/C, byteflight，その後継のFlexRayがある．車載LANの開発にともないそのプロトコルの整備も行われている．制御系LANで使用されるプロトコルも，伝達される情報量や制御周期，即時性の必要に応じて大きく二つに分類される．ドアの開閉やライトなどの即時性よりも各

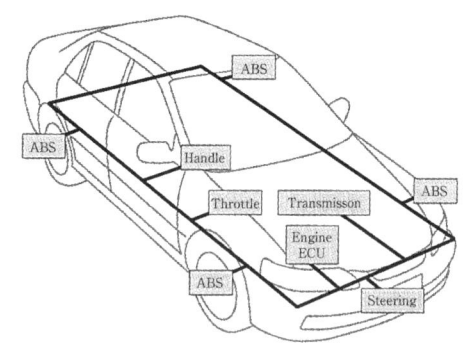

図1　Drive-by-wire の一例

ノードで発生したイベントが注目されるバスにはイベントトリガープロトコルが使用される.

一方，パワートレイン系のように即時性が要求されるバスには，送受信の時刻が厳密に指定されるタイムトリガープロトコルが使用される．現在，最も普及している CAN プロトコルは前者に分類されるが，その利便性と互換性の高さからタイムトリガープロトコルとしての要求も高く，TTCAN もしくは TTCAN with FlexRay として開発中である．このように搭載する電気機器の増加によって 12 V 系の電気系統システムでは消費電力が賄いきれないという問題が生じている．このような問題に対応し，かつ省燃費を実現できることから電源電圧を 42 V 化する動きが始まっている．42 V 化することで省燃費になるのは，エアコンなどエンジンからのベルト駆動で動作していた機器がバッテリからの電源のみで駆動できるようになり，その分エンジンの負荷が軽減されるからである．42 V 化することでスタータとオルタネータを統合した ISG (Itegrated Starter Generator) も実現できる．ISG 車は 5〜10kW のモータを搭載し，スムーズなアイドルストップという付加価値を生む．

システムが複雑化するに従い，構成部品をサブシステム化したコンポーネント毎に自律化することが TCO 削減となり，システムとしての安全性を高めることとなる．これらのコンポーネントを分散システムへ組み込み，統合化することが X-by-Wire の基本概念である．すでに車載 LAN として定着した CAN はもとより，その他の車載 LAN も徐々に実用化されており，互換性が保証された機器も利用可能となりつつある．これらはトラクタ内部のみならず，トラクタと施設，農家間といった農業を取り巻く環境に対して，低コストでかつ将来にわたって安定供給可能な情報伝達手段となりうる．

E − CELL

冨田　勝

[コンピュータシミュレーション・システム生物学・バーチャル細胞・バーチャル赤血球・マイコプラズマ]

　コンピュータシミュレーションの重要性は80年代から指摘されていたが，シミュレーション研究は細胞のごく一部分のシミュレーションに限られていた．細胞は気が遠くなるほど複雑なシステムであり，タンパク質だけでも数千，数万種類存在し，さらにそれらの相互作用まで考えたら莫大な計算量になる．したがってつい4,5年前までは，細胞をまるごとシミュレーションすることなど到底不可能だと考えられていた．

　我々は1996年に，細胞内の代謝全体をまるごとシミュレーションすることを究極の目的として，E-CELLプロジェクト (Tomita 1999) を慶應大学湘南藤沢キャンパスに発足させた．まず，E-CELLプロジェクトの基盤となるシミュレーションソフト「E-CELLシステム」を開発した．E-CELLシステムは様々な細胞プロセス（生合成系，エネルギー代謝，膜輸送，転写，翻訳，複製，シグナル伝達など）すべてに対応できる「汎用」のソフトである．

　E-CELLシステムを用いて我々が最初に構築したバーチャル細胞（図1）は，膜外からグルコースを取り込んでそれを解糖系によって分解しエネルギー（ATP）を生産する．また，細胞膜生成のためのリン脂質合成系をもち，脂肪酸とグリセロールを取り込んでホスホチジルグリセロールを合成しこれが細胞膜となる．遺伝子発現のための転写機構（RNAポリメラーゼなど）および翻訳機構（リボゾーム等）を持ち，遺伝子からタンパク質を合成する．タンパク質は時間とともに自然分解するようにモデル化してあるので，タンパク質を作り続けないと細胞は死んでしまう．タンパク質を合成するにはエネルギー（ATP）が必要で，そのためにはグルコースが必要である．したがって細胞外のグルコースを枯渇させると餓死してしまう．

　その後これらの技術を応用して，大腸菌，イネ，心筋細胞，赤血球，神経細胞などのシミュレーションモデルの開発を行っている．

　現在，細胞シミュレーション研究におけるもっとも大きな壁は，定量的データの不足である．遺伝子の機能がわかっていたとしても，それらの働きの定量的な

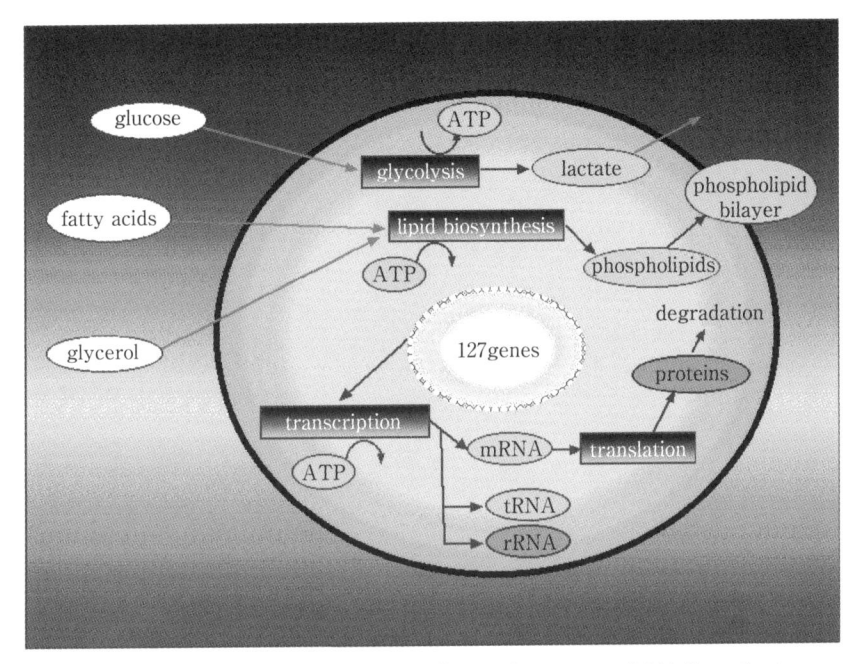

図1　E-CELLシステムを用いて構築した「バーチャル自活細胞モデル」

データは少ない．また，細胞内の様々な物質の濃度についてもほとんど調べられることがなかった．これからはメタボローム（metabolome），すなわち細胞内代謝の定量的データの網羅的解析が重要になるだろう．慶應大学は平成13年4月より鶴岡市（山形県）に先端生命科学研究所（http://www.bioinfo.sfc.keio.ac.jp/IAB）を開設し，細胞モデリングのための「メタボローム＋シミュレーション」という新しいタイプの研究プロジェクトを行っている．

参考文献

1) Takahashi, K., Yugi, K., Hashimoto, K., Yamada, Y., Pickett, C., and Tomita, M. (2002) *IEEE Intelligent Systems*, Sept/Oct.
2) Tomita, M., Hashimoto, K., Takahashi, K., Shimizu, T., Matsuzaki, Y., Miyoshi, F., Saito, K., Tanida, S., Yugi, K., Venter, J.C., Hutchison, C. (1999) *Bioinformatics*, 15 (1): 72-84.
3) Tomita, M. (2001) *Trends in Biotechnology* 19 (6) 205-210.
4) Tomita, M. (2002) *Bioinformatics* 17 1091-1092.

気象予測

平野高司

[アンサンブル予報，栽培管理，GPV，数値予報，農業気象情報]

　気象は農業生産を左右する重要な環境要因であり，気象条件のわずかな変動が冷害などの農業気象災害を発生させたり，豊作をもたらしたりする．気象を制御することは不可能であるが，農業にとって不良な気象条件を栽培技術や農作業計画により緩和し，回避することは可能である．また，比較的長期の気象予測の利用により，効率的で効果的な農作業および栽培管理を行うことができ，労力およびコストの軽減が可能となる．このように，農地の気象を予測し，その結果を農業情報として利用することは，農業生産の安定化や市場競争力の向上のために重要である．

　一般の気象予測，いわゆる「天気予報」は，数時間～1週間後の天候を「晴れ」，「曇り」，「雨（降水確率）」などの表現で予測し，日最高・日最低気温や気象災害に関連した情報（例えば大雨や強風など）を提供する．農家は天気予報を参考にして農作業計画を策定しているが，気象予測を農業情報として高度に利用するには，「〇〇地方の天気予報」だけでは不十分であり，農業気象災害対策や栽培管理，収量予測などに直接利用できる気象要素を，少なくとも市町村，あるいは地区といった小スケールで予測することが必要である．農業気象災害に関しては，降霜（霜害），低温（冷害・寒害），土壌水分量（干害），降雨（雨害）などの予測が重要であり，適切な対策（灌水や収穫時期の調整など）により被害を予防・軽減することができる．一方，病害虫防除や施肥などの栽培管理では，風速や降雨量の予測値を適切に利用することで薬剤や肥料の効率的な散布が可能となる．また，気温，降水量（土壌水分量），日射量は作物成長と特に関係の深い気象要素であり，それらの長期予測値は成長および収量を予測する上で重要な入力値となる（収量予測については次項を参照）．

　気象予測は，一般にGPV（Grid Point Value）などの気象庁の数値予報データを利用して行われる．GPVには，地上および上空の気圧，気温，湿度（露点温度），風向風速，降水量，雲量などが含まれる．小スケールの短期予測では，日本付近のみを対象としたメソ気象予報モデル（MSM）による10 kmメッシュのGPVが主に利用される．このGPVでは，18時間先までの1時間間隔の予測値が6時間

おきに更新される．一方，1週間〜1ヶ月の予測では，半日〜1日間隔のGPVを利用することができるが，メッシュスケールは200 km以上と粗くなる．なお，長期の数値予報では，大気現象のカオス性のために初期値のわずかな誤差が大きな予測誤差となってしまう．そのため，より正確な予測値を得るために，わずかに異なる複数の初期値を設定し，それらを用いて計算した複数の数値予報を平均することが行われている．このような予報をアンサンブル予報とよび，1週間および1ヶ月の数値予報で採用されている．これらのGPVデータは，(財)気象業務支援センターからインターネット経由で配信される．予測者（ほとんどの場合，民間気象会社）は，GPVやアメダス実況値などを，地形などを考慮した独自の局地気象モデル（数値モデル）に入力し，1 kmメッシュといった非常に空間分解能の高い気象予測を行っている．さらに，アメダスの空間補間や複雑地形における特異な気象への対応といった目的で，独自の自動観測ステーション（気象ロボット）を設置し，観測された気象データをモデル入力として利用することで予測精度の向上を図っている．農業情報として提供される気象予測には，気温（日平均，日最高，日最低，積算），風速（日平均，日最大），降水量，土壌水分量などの他に，霜予報や低温予報なども含まれる．また，気象予測システムと作物成長モデルや栽培管理のためのエキスパートシステムなどを結合することにより，開花日や収穫日の予測，施肥や薬剤散布の適期判定，といった加工情報の提供も行われている．農家や農業団体などのユーザーは，インターネットやFAXを用いてこれらの農業気象情報を入手している．

　コンピュータの処理能力向上とネットワークの整備により，利用可能な農業気象情報は飛躍的に増加し，提供される気象予報は空間的にも時間的にも詳細なものとなってきた．しかし，このような気象情報を栽培管理に応用するための知識や技術が不足しているため，豊富で詳細な気象情報が十分に活用されているとはいえない[1]．農業気象情報を栽培管理情報に翻訳するための実用的なツールの開発が望まれる．

引用文献

1) 鮫島良次 (1999) 北海道の農業気象 51 : 1-6.

収量予測

長谷川 利拡

[遺伝的変異，気象，栽培管理技術]

　作物の収量は，気象，土壌，栽培技術，品種，病虫害の発生などによって大きく変動する．その変動を予測することは，古くから重大な関心事であった．収量予測の方法は，考慮する要因・時間・空間スケールなどによって大きく異なるが，一般に生育・収量シミュレーションモデルは，収量を種々の生育過程の総合的な結果とみなし，それらに及ぼす環境要因の影響を積み上げて生育・収量を予測するもので，1970年頃から盛んに研究されるようになった．これまでに主要作物について種々のモデルが構築されてきたが，基本的に発育，生長，分配のサブモデルから構成される点では共通している．

　発育モデルは，発芽，花芽分化，開花，成熟といった一連の発育過程がいつ頃起こるかを気象条件から予測するものである．一般的には，あるステージに達するまでの時間（あるいは速度）と環境要因との関係が経験的に定式化される．最も単純なものに発育速度の温度反応を直線と仮定した積算温度があるが，モデルを広域に適用するためには，温度反応の非線形性や日長反応性が考慮される[3]．

　生長モデルは作物乾物重量（バイオマス）の変化を推定するもので，その方法は二種類に大別される．一つは，個葉の光合成速度を群落全体について積分し，得られた光合成産物を基に合成されるバイオマス量を算出する方法である．個葉の光合成能力に関連する要因としては，光や温度条件のほかに窒素栄養などが考慮されることがある．光合成産物からバイオマスへの変換には生成物の組成（タンパク質，脂質，炭水化物）の違いなどが考慮されることが多い．もう一つは，群落が吸収した日射エネルギーにある係数（日射利用効率）を乗じてバイオマスを推定する方法で，主として簡易な生育モデルで用いられる[3]．

　分配モデルは光合成産物あるいはバイオマスの器官配分を対象とする．その方法には，バイオマス生産量にある係数（例えば収穫指数）をかけて器官重量を求めるものから，器官形成数を考慮して個々の器官重を推定するものまで様々である．しかしながら，形態形成や転流に関する機構的な理解が限られていること，分配係数が比較的安定したパラメータであることなどから，より詳細なモデルが精度に優れるということはない．

対象とする収量変動要因もモデルによって異なる．モデル研究の初期段階には，日射や気温などの主要な気象要因によって規定される潜在的な収量が対象とされたが[5]，後に水や栄養素（特に窒素）に制約がある場合の生育・収量がモデル化されるようになった[6]．これらのモデルでは土壌中における水や栄養素の動態，作物による吸収，体内分配なども考慮される．近年は病虫害の発生予測と作物生育モデルを組み合わせて被害程度を機構的に推定するモデルも提案されている．また，将来の気候変動に対する作物収量反応を推定するために，大気中の CO_2 や O_3 濃度の影響を取り入れる試みもある[1]．

作物側の収量変動要因としては，遺伝的変異がある．この取り扱い方にも様々な方法があるが，一般的には多くのモデルパラメータのうち，遺伝的変異が大きくかつ収量への影響が大きいものが品種特性値として取り扱われる．代表的な例が，発育関連のパラメータである．品種特性値は実験的に得る経験値であるが，近年，それらと遺伝子情報を結び付ける試みもみられるようになった[2]．

生育・収量のシミュレーションモデルは，組織や器官レベルの現象を個体，群落，地域などにスケールアップし，個々の要因が収量に及ぼす影響を定量的に解析する上で有用な方法である．しかし，モデルはあくまでも現象の一部を取り扱うもので，収量に影響するすべての要因を考慮するものではない．また，形態形成，物質分配，遺伝的変異の取り扱いは経験的な側面が強い．このようなモデルを有効に活用するためには，モデルの目的，構造および境界条件を明確にすることが肝要である．また，予測精度の向上のために，生育モデルとリモートセンシング情報を結合する試みもある[4]

引用文献

1) Ewert, F. *et al*. (1999) European Journal of Agronomy 10 : 231-247.
2) Hoogenboom, G. and White, J. W. (2003) Agronomy Journal 95 : 82-89.
3) Horie, T. (1987) Southeast Asian Studies. 25 : 62-74.
4) Inoue, Y. *et al*. (1998) Plant Production Science 1 : 269-279.
5) Van Keulen, H. *et al*. (1982) A summary model for crop growth. In Penning de Vries, F.W.T. *et al*. eds. Simulation of plant growth and crop production. Pudoc. Wageningen, 87-97.
6) Van Keulen, H. and Selgiman, N.G. (1987) Simulation of water use, nitrogen nutrition and growth of a spring wheat crop. Pudoc, Wageningen. 1-309.

経営環境予測

南石晃明

[計量経済モデル，農産物価格予測，予測誤差，経営意思決定，確率的計画法]

　経営の維持・発展のためには，将来の経営環境の動向を見極め，経営目標に対応した経営計画を策定し，合理的な経営意思決定を行う必要がある．経営環境予測はその出発点である．経営環境は，経営外部環境と経営内部環境に区分できる．経営外部環境は，新技術開発，投入要素市場（土地，人，機械，資材，資金など），生産物市場・消費動向，気象，農政など経営を取り巻く多様な経済・社会動向から構成される．一方，経営内部環境は，技術水準，労働力を含む経営資源の量と質，組織構造，経営財務など経営内の状況を意味している．経営外部環境予測の代表例としては，農産物市場価格や需要動向の予測がある．青果物卸売市場価格の予測を考えると，予測期間は超短期（日別），短期（週・月別），中長期（年）などが考えられ，予測期間によって価格変動要因も異なってくる．超短期の場合には，当日入荷量，前日価格，補完・代替品目入荷量，曜日，月（季節），天候などが主な価格変動要因と考えられている．一方，中長期の場合には入荷量，補完・代替品の入荷量など供給側の要因と共に，所得や人口などの需要面の要因が重要になってくる．

　価格や需要動向の予測手法としては，計量経済学的手法や時系列分析手法などの統計的方法が主であったが，近年ではニューラル・ネットワークやカオスなどの情報処理手法も用いられている．計量経済学は，経済理論をベースにした統計学的手法で，価格や需要の変動要因を考慮した需要関数と供給関数の同時推定に特徴があり，中長期の価格や需要動向の分析・予測手法として有効であると考えられている．一方，時系列分析手法は，価格や需要の時系列的な変動パターンを統計的に分析するものであり，短期的な予測に有効であると考えられている．経済現象は，自然現象と異なり予測困難な多様な要因が関連することもあり，現象自体の再現性が乏しいという特徴がある．さらに，各経済主体が独自の判断によって経済行動を行っており，その行動が経営環境に影響するため，経営環境の正確な予測は困難である．

　経営外部環境の予測にどの様な手法を用いるにしても，利用可能なデータの有無が実際の適用を規定する．例えば，青果物の場合には，市場統計や市況情報が

利用できる．前者は，事後的な全数調査に基づいて単価や数量を公表するものであるが，公表に時間がかかる，独自の集計が難しいといった特徴がある．一方，後者は一種のサンプル調査に基づき日々の産地県別の市況概況（高値，中値，安値，入荷数量）を当日公表するものであり，公表の迅速性や独自の集計が容易な点に特徴がある．農林水産省が公表する「青果物市況情報」がこれに属し，1977年以降の全調査データが「青果物市況情報データベースNAPASS」に格納されている．

経営内部環境は，農作業，投入資材，生育・収量などの生産関連情報と簿記・財務情報，販売・顧客情報などの経営内部情報の蓄積によって把握が可能になる．経営内部環境は主に経営が管理・制御できる領域であるが，土地利用型農業では，農作業や作物の生育・収量などが気象の影響を大きく受けるため，合理的な生産管理を行うためには農作業可能時間や生育・収量予測が必要となる．日・週単位の気象予測の精度は向上しているが，中長期的な気象予測の精度は低く作業可能時間や生育・収量の予測誤差は依然として大きい．なお，家族経営の場合には，家族の加齢に伴う労働力や必要家計費などの予測も必要になる．

経営環境予測の予測精度が低い場合には，予測誤差を明示的に考慮し，また，複数のシナリオを想定しなければ合理的な意思決定を行うことはできない．予測誤差が大きいということは経営環境が不確実であり，意思決定にリスクが伴うことを意味する．このことは，同時にリスクに対する意思決定主体のリスク選好（方針・態度，強気・慎重）によって，合理的な意思決定の内容が異なってくることも意味している．こうした予測誤差を明示的に考慮した経営意思決定の代表例としては，確率的計画法[1]による経営計画がある．確率的計画法は数理計画法の一種であり，モデルの係数に確率変数を想定した場合の数理計画モデルを対象としている．モデル係数の確率分布として，連続分布（ほとんどの場合正規分布）を仮定する場合と，離散分布を仮定する場合がある．また，最適化基準としては，期待収益最大化基準，期待効用最大化基準，満足水準達成確率最大化基準などが知られている．確率分布と最適化基準によって多様なモデルが提案されているが，応用場面では，利益係数（＝価格×収量－変動費）や作業可能時間といった経営環境の予測誤差を確率変数と仮定したモデルが用いられることが多い．

参考文献

1) 南石晃明（1995）確率的計画法，現代数学社．

バーチャルファーミング

渡邊朋也

[仮想現実感,仮想植物,CG,L-system,インタフェース]

　バーチャルファーミングはWeb上で農産物や農業資材の商取引を行うサイトの名称として用いられることもあるが,ここでは仮想現実感(バーチャルリアリティ,VR)技術を応用した栽培・営農戦略と定義する.

　コンピュータを利用して現実感のある仮想空間をディスプレイ上あるいは空間上に作り出すVR技術は,様々な産業分野への応用が進められており,フライトシミュレータに代表されるように実物を用いた訓練が不可能でリスクが大きな場合などに極めて有効である.

　仮想植物(バーチャルプラント)とは植物の三次元形態をコンピュータ内で再現する手法である.複雑に見える植物の形態も,葉,茎,根,生長点などから構成される基本構造の繰り返しと枝分かれにより成り立っている.仮想植物作製システムの構築はカナダ,フランスなどで進められており,たとえばカナダカルガリー大学では,植物体の各基本構造の変化を初期状態(発芽,幼植物)および発展(生長)の規則列として表現するアルゴリズムであるL-system[6]とコンピュータグラフィックスを統合させた植物モデル開発環境が整備されており[7],現実感のある植物生長の再現が可能となっている[8].

　一人の農業者が生涯に同じ作物を栽培できる回数はたかだか数十回である.その限定された試行の中で,新技術・環境変動などに対応した経営を行うためには,毎年の経験の蓄積だけでは不十分な対応となる場合がある.バーチャルファーミングは,経験不足や未対応の問題を事前にシミュレーションしリスク回避の対応策を検討する手法として今後重要になると思われる.仮想植物のバーチャルファーミングへの具体的な応用例として,新品種育成戦略,品種評価,新技術・新品種の普及・教育,病害虫管理,施肥設計支援などが挙げられる.

　作物の草型は品種育成上重要な形質であり,群落内光環境の評価は収量予測の点からも必要な情報である.しかし,異なる草型の品種・系統を実際に栽培した調査には多大な労力と時間を要する.仮想植物上での光環境シミュレーション[2]や物質生産モデルと仮想植物との統合[4]などが進められており,これらを応用した仮想品種の収量性予測や栽培評価が可能となりつつある.仮想植物モデルは

様々な条件下での作物生育を短時間に繰り返し提示できるため，新品種の草型や生育状況を栽培前に農家に提示したり，経験の浅い農家が様々な栽培条件での生育反応を確認するための栽培シミュレータとしての利用が有効であろう．

　病害虫に対する適切で効率的な薬剤散布は，農業者の安全や環境保全の面からも十分に考慮する必要がある．このため散布機のノズルの形状や散布方法，さらには栽植パターンの違いによる薬剤の散布効率や，薬剤付着葉面の群落内分布状態の生育に伴う変化などが仮想作物群落上で検討されている[3]．

　VR技術は建設現場の危険個所の事前評価システムや新工場の設備配置効率化のための仮想施工システムなどとして実用化されている．仮想植物モデルを用いた植物ライブラリーがすでに市販されており[1]，野菜・花きの栽培施設の設計，作物空間配置への利用が試みられている[5]．このような応用は景観予測や植栽配置シミュレーションなどとともに今後の需要は大きいものと考えられる．

　栽培戦略としてのVR技術を普及させるためには，作物形態情報と環境情報の同時高速収集とその解析手法の開発，得られた情報のデータベース化，作物の環境応答シミュレーションの高度化などが同時に進められなければならない．またVR技術は，文章，数値などでは一度に捉えられない大量の情報を伝える視覚インタフェース機能を持つが，さらにこれに加えて聴覚，触覚インタフェースなどを備えることにより，バーチャルファーミングを生産効率の向上，作業環境改善・軽労化を進めるための，現実感のある人間－環境インタフェースとして構成することが可能になるであろう．

引用文献

1) Bionatics社 Home Page http://www.bionatics.com
2) Chelle, M. and B. Andrieu (1998) Ecological Modelling 111 : 75-91.
3) Centre for Plant Architecture Informatics Home Page http://cpai.uq.edu.au
4) Hanan, J. and B. Hearn (2003) Agricultural Systems 75 : 47-77
5) 本條　毅・竹内伸也 (1996) 植物工場学会誌 8 : 140-145.
6) Lindenmayer, A. (1968) Journal of Theoretical Biology 18 : 280-315.
7) Mech, R. and P. Prusinkiewicz (1996) Proceedings of SIGGRAPH'96 New Orleans. New York: ACM SIGGRAPH 397-410.
8) Prusinkiewicz, P.M. and A.Lindenmayer (1990) The Algorithmic Beauty of Plants. New York : Springer-Verlarg, 228p.

農作業スケジューリング

宮坂寿郎

[作業モデル，作業データ，最適化，労働力，低コスト化]

農作業スケジューリングの背景

近年，日本の農業人口の減少・高齢化に伴い，作業受委託が普及し作業受託組合が各地に組織されつつある．また低コスト化を目指す場合にも農業機械への過剰な設備投資を抑える必要がある．作業受託組合にとって経営の効率化を図るためには受託量を増やす必要があることから，担当地域の広域化が課題となる．

このような状況下で作業時間，労働力，生産コストを最適化するための農作業スケジューリングが要請される．また最適化から得られた結果が，地域や生産者の要求や制約，慣行から検討して受入れ可能かどうかが現場への普及の鍵となる．

スケジューリング最適化の要素

営農の中でもスケジューリング最適化の要素は複数ある．以下に簡単にその関係する要素について記す．これらは，ある場合にはスケジューリングの対象となり，また別の場合にはスケジューリングに影響を及ぼす要素となる．

<u>作付</u>：どの圃場にどの作物をどれだけの面積作付けするか，また同じ作物でも早生，晩生をどのように配分して作付けするか，といったことが作業スケジュールに影響を及ぼす．その結果，必要とされる機械や労働力が決定される．また卸値の変動を予測し，収益を最大化する作付けとその作業スケジューリングも考えられる．

<u>機械化体系，機械の割当</u>：導入する機械化体系によって作業スケジューリングは制約を受ける．機械また個々の作業においてどの機械をいつ，どこに割り当てるかといったスケジューリングがある．

<u>圃場間移動</u>：個々の機械が受け持つ複数の圃場をどのような順序で移動するかによっても作業の効率が変化する．

<u>圃場内作業</u>：一つの圃場内における作業で，圃場内をどのように移動しながら作業するかも作業の効率に影響を及ぼす．この場合，圃場の面積・形状により最適な移動経路が変化する．

調査とモデリング

作業スケジューリングの最適化のためには，作業データの計測，作業のモデリ

ングが必要となる.

　作業データの計測：対象における基礎的なデータを把握する必要がある．現状の機械化体系，労働力，作付に対する要求，圃場の面積・形状，作業速度，圃場作業効率，圃場間移動経路，圃場内移動経路等のデータを実際の現場において計測することが求められる．これは上記のデータの差が地域やオペーレータの間で大きいためである．

　作業のモデリング：最適化のためには計測により得られたデータから作業を数理的に表現するモデルを作成する必要がある．例えば筆者らは水稲の田植え，収穫における圃場内で機械のターンの発生時間間隔が Erlang 分布により表現できることを実データから示した[2]．この確率論的作業モデルのように数式により記述できる作業モデルを構築する.

　データの蓄積：作業モデルのパラメータには，多くの場合において通用する値もあれば，個々の場合により大きく違う値もある．地域，作物，圃場などにより変化するパラメータをデータとして蓄積することが望まれる．GIS を応用した作業モデルデータの集積が考えられる．

作業スケジューリング最適化のための手法

　前述のデータおよび作業モデルを使用して最適化を行う．多くの場合，コンピュータプログラムが使用され，作業シミュレーションを行いながら最適化手法により最適化が行われる．またすべてがプログラムにより自動的に計算されるものもあれば，途中に人間の意思決定を介在させるものもある．

　以下に作業スケジューリングに用いられる最適化手法を挙げる．個々の内容や応用例については割愛する．

　PERT，CPM，線形計画法，動的計画法，組み合わせ最適化，ニューラルネットワーク，遺伝的アルゴリズム（GA），シミュレーティッドアニーリング法，エキスパートシステム．

引用文献

1) Konaka, T. (1989) 農業システム工学, 朝倉書店.
2) Miyasaka, J. *et al.* (1997) Proceedings of International Symposium on Agricultural Mechanization and Automation, Volume 2 : 435-440.

自律分散システム

星　岳彦

[自己組織化，秩序，オブジェクト指向，ユビキタスコンピューティング，グリッドコンピューティング]

　自律分散システム（Decentralized Autonomous System）とは，システムを構成する各要素が個々に自律性を保ちつつ行動しながらお互いに協調し，全体として秩序を生成するシステムのことである[1]。目的別・機能別に異質化・分業化したサブシステムを統合して，全体として目的を達成するシステムの要素化の方法とは全く異なるものである．これは，単なる分散システムであって，システムを適用する対象が複雑化すると，サブシステムの種類や組み合わせ方が爆発的に大きくなり，それらの保守・管理が困難になってしまう．自律分散システムにおける要素化では，できるだけ少ない種類の多数の同じ要素を用意し，外部から意図的に組み合わせるのではなく，個々の要素が互いに連絡を取り合って相互作用し，自発的に役割分担をして秩序を形成するところにその特徴がある．生物には，このような仕組みによって自己組織化する事例が数多く観察されている．例えば，木の樹形や神経回路網の形成などである．細胞，ないしは，枝・神経という要素が，その要素に与えられる荷重や信号によって，合目的な構造に変化していく．これは生体における暗黙の群知能[2]と呼ばれており，分散人工知能や群知能ロボットなどの研究が行われる端緒になっている．このような自律分散システムは，動作する環境が変化しても全体を再組織化する必要がないので，想定外の細かい変化に即応でき，障害などが生じてもその影響は局所的で要素の代替が利くので信頼性が高くなり，システムの拡張・縮小・分裂なども容易になる特徴がある．これらの特徴を活かしたシステム開発が進められている．

　半導体技術の進歩によって，コンピュータチップの価格は劇的に低下し，ありとあらゆる機器に組み込まれたり，対象に貼付されたりする時代が到来しつつある．このようなユビキタスコンピューティングの環境では，この自律分散システムの考え方が今後，極めて重要になると考える．また，個々の要素が相互作用するためには，インターネットをはじめとするコンピュータネットワークによる通信技術が不可欠である．コンピュータネットワーク上で機能するグリッドコンピューティングの考え方は，まさに，自律分散システムといえるであろう．さらに，

図1 自律分散システムによるサツマイモ苗生産工場のシミュレーション例[3]

(a) the days of entered the growing room

(b) 13 days after entered the growing room

オブジェクト指向プログラミングモデルの研究で，ソフトウェアの部品化を行うために検討されてきた，情報隠蔽やオブジェクトインターフェースモデルの考え方は，まさに，ソフトウェア的な自律分散システムの具体化に他ならない．この点からも，自律分散によるコンピュータシステムの構築には，オブジェクト指向プログラミング言語との親和性が高いことを暗示している．

前述したとおり，生物は究極の自律分散システムであると考えられ，生物を扱う農業情報工学の研究分野においても，この自律分散システムの考え方を取り入れる重要性はさらに増していくものと考える．植物生産の分野では，苗生産工場の全ての要素を自律分散システムで構成し，苗のプラグトレイに苗の好適生産条件と許容コストを記録した情報チップを貼付して生産を行うシステムが構想されている[3]．この苗生産工場に好適気温の異なる複数のプラグトレイを投入すると，収容棚が自律的に分業化し，そして，プラグトレイの配置も自己組織化し，秩序が形成されることが確かめられた（図1）．

参考文献

1) 伊藤正美 (1990) 計測と制御 29 (10) : 877-881
2) 戸川達男 (1992) 計測と制御 21 (11) : 1190-1193
3) 星　岳彦ほか (2002) 植物工場学会誌 14 (3) : 157-164

適応制御

佐野 昭

[モデル規範型適応制御,セルフチューニングレギュレータ,一般化予測制御,ニューラルネットワーク,適応調整則]

　制御系設計において,コントローラは制御対象のモデルあるいは制御対象の入出力データに基づいて,与えられた評価規範を最小あるいは最大にするように設計される.一方,制御対象は,動作点や環境の変動によりその特性が変化することが多い.このような未知の特性変動に対処するには二つのアプローチがある.一つはロバスト制御であり,もう一つが適応制御である.適応制御には,次のような実現法がある.

モデル規範型適応制御(MRAC)

　目標値や設定値の変更に対して常に望ましい応答特性を得るために,図1のように規範出力と実制御対象の出力との誤差をゼロにするように適応コントローラの係数を調整する制御方式である.連続時間系でも離散時間系でも設計は可能である.適用するためにはいくつかの前提条件があるので注意を要する.例えば,制御対象は最小位相系(伝達関数の分子多項式が安定),制御対象の相対次数(分母分子の次数差)が既知などである.制御器のパラメータを実時間で更新する適応調整則には,勾配法や逐次最小二乗法が利用される.ある条件のもとでパラメータの収束性と適応制御系全体の安定性はリアプノフの方法により保証される.

セルフチューニング型適応制御(STR)

　統計的な雑音の存在下でも目標値や設定値の近傍に制御プロセスの出力を保持するための制御方式でありプロセス制御に有効である.通常は,制御対象のモデルを入出力観測データから実時間で同定しながら予測出力の二乗誤差を最小にする(最小分散)制御入力を各時刻で計算していく適応制御方式である.

一般化予測制御

　一般的には対象となるプロセスは不確かなむだ時間を含む非最小位相系の場合も少なくない.このような制御対象には,評価関数を

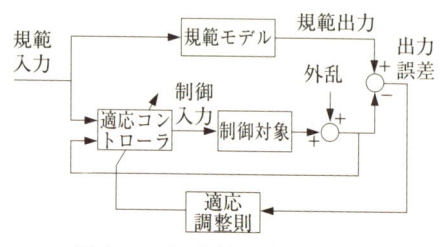

図1　モデル規範型適応制御系

有限の予測時間について最小にする制御入力を計算し,現時点ではその最初の制御入力のみを採用し,次の時刻ではもう一度有限区間最適解を求め同様にして次時刻の制御入力を利用する.このようなモデル予測制御と適応同定とを組み合わせた適応制御系の構成法は設定値変更の多いむだ時間を含むプロセス制御などに適した適応制御方式といえる.

適応極値制御

出力を追従させる制御だけではなく,出力変数からなる評価規範を最小または最大にする制御入力を制御対象が不確かな場合であっても設計することが可能である.また評価規範の中に未知パラメータが含まれていてもよい.最適な制御入力が解析的に求まらない場合でも適用可能である.様々な方式が提案されている.

制御系設計の様々な局面において適応制御を導入し,その性能効果を高めることができる.一つの考え方は図1に示す適応制御器とその外側に出力誤差を利用したロバストフィードバック制御器を導入する方法である.2種類のコントローラの併用により高い適応性能が達成できる.さらに計測可能な外部入力(外乱など)から制御対象までの未知伝達特性に対しても適応制御を導入することも可能であり,様々な分野で適応制御の有効性が明らかにされている.

制御対象が非線形モデルで記述される場合にも適応制御は適用可能である.非線形微分方程式で記述される一般的な制御対象に対しては,ある条件のもとで適応制御系の設計法が知られている.例えばロボットやマニピュレータなどダイナミクスは非線形であるが既知であり,未知パラメータに関しては線形という構造上の性質を利用した適応制御が有力である.一方,解析的な表現が難しい非線形制御対象に関しては,ニューラルネットワークにより適応コントローラを構成する方法がある.このときニューラルネットワークは制御対象の逆システムを適応的に構成する.一方,非線形の対象でありながら線形適応制御を利用する方法としては,非線形モデルを複数個の線形モデルで表現することにより,線形適応制御の重み付けやスイッチングなどを利用する適応制御も有効である.

参考文献

1) ランダウ,富塚 (1981) 適応制御システムの理論と実際,コロナ社.
2) 鈴木 (2001) アダプティブコントロール,コロナ社.
3) M. Krstic, et al., (1995) Nonlinear and Adaptive Control Design, John Wiley & Sons.

人工知能

瀧 寛和

[記号処理，知識表現，推論，エージェント，SemanticWeb]

　人工知能（Artificial Intelligence）という用語が定められたのは，1956年のダートマス会議である．ダートマス大学に著名な人工知能学者達（MITのミンスキー教授など）が会合し，人工知能の基本原理を記号処理と定義した．記号処理とは，自然言語（日本語，英語など）などの文字列の関係を意味として扱う技術である．人類の知的財産の多くが，文書により蓄積されていることからこの考えは広く受け入れられた．記号処理では，記号の論理的関係や導出関係を計算原理としている．論理学を計算機上で実現することで，推論を行うことが可能となった．推論には，前提となる既知の事実と既知の規則（ルール，導出関係）から新たな事実を導く演繹推論（三段論法）や，どのような前提から既知の事実が導き出されたかを求める仮説推論（発想推論），前提事実と結果の事実からその関係を規則として捉える帰納推論がある．1970年代までは，推論技術を駆使して，どのような問題解決にも利用できる一般問題解決機（General Problem Solver）が研究された．しかし，一般問題解決機は，簡単な積み木の世界を対象にした問題にしか利用できないことがわかった．

　世の中の複雑な問題解決には，専門知識が必要であった．このことから，専門知識に重点が置かれた研究が開始された．1980年代にスタンフォード大学のファイゲンバウム教授が提唱した「知識は力である（Knowledge is Power）」という考えに基づく「知識工学」である．知識工学では，基本的な推論機構（演繹推論）と専門領域の知識をIF-THEN型のプロダクションルールで表現した「知識ベース」が必須要素である．知識工学の考えに基づき多くの専門家システム（エキスパートシステム）が構築された．1980年代に，記号処理を高速に処理する論理型推論マシンの研究が第五世代コンピュータプロジェクトで推進され，並列推論マシンや知識処理の研究が加速した．この知識表現として，プロダクションルールよりも厳密な論理を表現する一階述語論理が推論マシンには採用された．第五世代コンピュータプロジェクトでは，一階述語論理を処理するProlog言語を拡張したGHC（Guarded Horn Clause）が開発され，それを並列化した言語KL1が並列推論マシンに採用された．ルール型以外の知識表現には，フレーム（frame）や意味ネ

ットワークが開発された．フレームは，ソフトウェア工学で提案されたオブジェクト指向言語と同じコンセプトを持つ知識表現であり，継承や属性表現に加えて，デーモンと呼ばれるメソッドを備えていた．意味ネットワークは，個々の概念を表すノード間をアーク（矢印）で関連付けることで記号間の関係を表現するものであった．1980年代後半には，記号処理でない知能の実現方式として，生物の神経回路をモデルにしたニューラルネットワークやあいまいな情報を表現するファジィ推論の研究も盛んに行われた．エキスパートシステムは強力な人工知能の応用であったが，問題解決の対象が変化する領域では，非常にコストのかかる知識ベースの更新が必要であることがわかった．この知識ベースの更新のために，対話による知識獲得技術，新たな事例に一般規則を見出して知識を学習する機能（帰納推論）や事例を蓄積して利用する事例ベース推論の技術が生まれた．さらに，少ない事例からではなく，非常に多くの事例から一般規則を導くデータマイニングの技術が広く利用されるようになっている．1990年代から複数の知識ベースを利用する分散知識ベースシステムの研究が盛んとなり，独立した知識を持ち自律的に行動する問題解決機としてエージェント技術が派生している．複数のエージェントの競合協調の現象を「経済現象の予測」や「ロボットサッカー」などに応用する研究が盛んになっている．

　インターネットの発達とともに，Web上に莫大な文字情報，言い換えると，多大な記号情報が蓄積されている．この記号情報を活用した問題解決の技術が期待されているが，Web上の文字情報を知識として利用するには，あまりにも未整理である．そこで，Webを知識ベースとして利用するために，SemanticWebが提唱されている．SemanticWebでは，各Web間の知識に互換性を持たせるために，語彙の概念を体系化したOntology技術が採用されている．Ontologyは，知識を共有するための用語の一般化・特殊化などを階層的に関係付けたものであり，意味を表現する辞書といえる．このSemanticWebが，インターネットと記号処理を融合する人工知能技術の基盤として研究が進められている．

人工生命

平藤雅之

[複雑系，進化，遺伝的アルゴリズム，L‒System，人工知能]

　人工生命とは人工的に作った生命のことであるが，実際にはコンピュータ上に生命に似た動きをもたせたソフトウェア全般のことである．どういった属性を備えていれば生命といえるか，という定義問題自体に大きな議論があり，人工生命は「生命とは何か？」の根本的な問題を考えるための一つの方法論でもある．

　どのような物質の状態を生命と定義するかという点で，人工生命は生命の起源に関する研究とも大きな関係がある．また，人間も生命の一種であることから，人工知能，脳，意識に関する深い問題も包含している．

　人工生命の応用分野としては，生命現象で見られる最適化や自己修復の機能を模倣して，新しいアルゴリズムを開発するというアプローチがあり，遺伝的アルゴリズムや遺伝的プログラミングが有名である．また，L‒System[2]のように，植物や細胞のフラクタルな形態構造を少数の再帰的ルールで記述し，コンピュータグラフィックスにおいてリアルな描画に利用するというアプローチもある．

　ゲノム研究は[2]DNAからタンパクへと向かうボトムアップ型の生命研究のアプローチであるが，基礎研究としての人工生命は複雑系として生命をシステム論的に解明しようとするトップダウン型のアプローチである．このアプローチではいきなり「生命とは何か？」の問題に迫ることができるが，逆にそれに伴う困難がある．例えば，生命や知能の研究は，我々自身が我々自身を定義するという論理的な循環構造がある．このような構造を持つ問題では，「内部論理では無限の循環を停止できない」というチューリングマシンの停止問題（計算不可能性）や不完全性定理の制約が露骨に現れる．そのため，意識やクオリア（絶対質感）はハードプロブレム（論理的に解明できない本質的な難問）に分類されている[1]．クオリアとは，例えば朝日を浴びて輝く新雪を見たとき，その白さをしみじみと「白」と断定する主観的状態のことであるが，現在の画像認識プログラムにそのような状態を生み出すコードは存在していない．

　実際のところ，人工知能の判定基準であるチューリングテストでは知能の判定を人間の主観に委ねてしまっているが，それと同様，生命の論理的定義が明確になるまでは，人工生命が真の生命かどうかの判定は，「誰もが生命と思うか？」に

よって判定するしかないと考えられる.

人工知能の歴史では,機械で実現された属性は知能を定義する属性から除外されて来た.例えば,かつては高速に計算できることが知能の重要な属性であったが,計算機が出現するとそうではなくなった.生命の判定に関しても似た状況にある.かつては,セルオートマトン(cellular automata)で生命を記述できると考えられていたが,ライフゲームのプログラムやコンピュータウイルスなどが身近になると,単に機械的に自己増殖するだけのプログラムは生命とは認知されなくなった.また,最適化手法として広く利用されている遺伝的アルゴリズムはダーウィニズムのプログラム表現であるが,遺伝的アルゴリズムによって進化するプログラムも,やはり生命とは考え難い.

知能の定義においては,その十分条件を意識やクオリアの存在とみなし,それらを物理学および数学によって記述しようとするアプローチの発展が見られる.ただし,古典物理学だけでは単なる機械としてしか記述できない.そのため,量子物理学を適用する研究が見られる(http://cognet.mit.edu/posters/TUCSON3/Hameroff.Reality.html)[3].これと並行して,近年,生命や進化の問題においても量子物理学を適用するアプローチが見られる[4,5].このアプローチで提唱された理論は量子計算機および量子計算アルゴリズムと深く関係しており,実験的検証が今後の課題である.ただし,人工生命分野のアルゴリズム開発においては,その理論が必ずしも現実の生命と同じである必要はなく,このアプローチで提唱された理論は大域最適化アルゴリズムや量子暗号などのアプリケーション開発において利用できる可能性がある.

引用文献

1) Lindenmayer, A. (1968) Mathematical Models for Cellular Interactions in Development, *Journal of Theoretical Biology* 18 : 280-299.
2) Chalmers, D.J. (1996) The Conscious Mind, Oxford University Press, New York & Oxford.
3) 苧坂直行(1997) I. 脳と意識:最近の研究動向-脳と視覚的アウェアネス-,脳と意識(苧坂直行編),朝倉書店:1-44.
4) Hirafuji,M., S. Hagan et al. (1998) 3rd IFAC/CIGR Workshop on Artificial Intelligence in Agriculture : 126-130.
5) McFadden, J. and A. Khalili (1999) Biosystems 50 : 203-211.

生物系由来アルゴリズム

中野和弘

[遺伝的アルゴリズム,免疫アルゴリズム,人工生命,生物進化,適応度]

　コンピュータは,1946年に初めて開発されて以来,演算速度の高速化,装置の小型化,記憶容量の大型化などにより,機能が飛躍的に進展してきた.現在のコンピュータの大部分はプログラム内蔵式であり,コンピュータ内に予め処理手順(プログラム)を記述して,それを順次実行していく方式である.

　これに比べて,人間の脳にはコンピュータのようにCPU(中央演算装置)がなく,プログラム作成といった面倒な手続きも不必要で経験を積むことにより知識や判断力などを進化させ,あいまいな情報や複雑な状況にも柔軟に対応できるという特性がある.こういった脳の特性(認知・推論方法)を模倣しようとする研究は,コンピュータ誕生の当初から「人工知能(AI)の開発」として取組まれ,1980年代からはホップフィールドネットワーク,ボルツマンマシン,バックプロパゲーション学習法に関する研究が盛んに行われている.

　またファジィ推論は,人間の主観(若い,小さい)や言語的価値観(少し熱く,非常に速く)をメンバーシップ関数と「If～Then…」ルールで表すことで,あいまいな判断や制御を行うことが得意である.ファジィ推論の長所は,ルールを言語の意味に合致させることができること,定性的,直観的に理解しやすいこと,メンバーシップ関数の調整が比較的簡単であること等である.一方,短所はルールの数が多くなりやすく,演算量が増加してしまうことである.

　これらに対して遺伝的アルゴリズム(Genetic Algorithm : GA)は,生物の遺伝と進化のメカニズムを工学的に模倣する生物系由来のアルゴリズムであり,いわば人工生命の一分野と考えることができる.遺伝的アルゴリズムの基本的操作は,選択(Selection),交叉(Crossover),突然変異(Mutation)に大別される.「選択」は集団内の適応度の分布に従って次のステップで交叉が行われる個体の生存分布を決定するものであり,「交叉」で二つの染色体間で遺伝子を組み替えて新しい個体を発生させ,「突然変異」で遺伝子の一部分の値を強制的に変える.

　遺伝的アルゴリズムは,設計問題(VLSIレイアウト設計,通信ネットワーク等),スケジューリング問題(従業員の配置計画,ジョブショップスケジューリング等),組み合せ最適化問題(ナップザック問題,巡回セールスマン問題等),制御

問題（ロボット制御，プロセス制御等）などの分野への応用が検討されている[1,2]．そして近年，農業分野でも応用研究が行われるようになった．例えば，大規模経営における圃場間移動に関してGAによる最短巡回経路の検討が有効であること[5]，GAの遺伝子配列の構造表現を自動生成させる遺伝的プログラミング（GP）により植物病害の識別パラメータが検証できること[6]，飼料の多目的配合設計にGAを用いることで従来のLPによる最適解とほぼ同様の解が得られること[7]，などが報告されている．

このようにGAは，農業生産のように多くの因子が相互・間接的に影響しあっているなど，解を多くの組み合わせの中から選ばなければならない場合や，評価関数が微分できない場合などに有効な手法[1]であると言われている．

他の生物系由来アルゴリズムに，免疫アルゴリズム[3]（Immune Algorithm：IA）がある．IAは生物の免疫システムの抗体産出機構とその自己調節機構を工学的にモデル化したものであり，関連の研究成果[4]も見られるようになった．従来のAIやGAが予想される動作計画内での自律的対応であるのに対して，IAは，動作計画外で不測の機械故障や異常事象など外乱に対して多様性を持った解の探索が可能となると期待されている．

引用文献

1) 萩原将文（2001）ニューロ・ファジィ・遺伝的アルゴリズム，産業図書
2) 石田良平・村瀬治比古・小山修平（1999）パソコンで学ぶ遺伝的アルゴリズムの基礎と応用，森北出版
3) 石田好輝ほか（1998）免疫型システムとその応用—免疫系に学んだ知能システム—，コロナ社
4) 中村秀明・宮本文穂・松本　剛（1999）改良型免疫アルゴリズムによる構造設計支援に関する研究，日本ファジィ学会誌，11(6)，501-512
5) 大土井克明・笈田　明（2001）GAによる農作業計画における適応度について，農業機械学会誌，63(3)，84-89
6) 佐々木　豊・岡本嗣男ほか（1999）GPによる植物病害の自動診断用識別パラメータ作成，農業機械学会誌，61(6)，73-80
7) 佐竹隆顕・古谷立美・南　善行ほか（1998）遺伝的アルゴリズムによる配合飼料の最適設計，農業施設，28(4)，3-11

複雑系

酒井憲司

[複雑系，相互作用，非線形性，カオス，時空間変動]

　複雑系の定義は非線形科学ファミリーの仲間であるカオスやフラクタルなどに比べてまだ確定しているとはいいがたいが，おおよそ次のようなものである．「多数の要素からなる系があって，要素同士があるルールに従って相互作用をしており，全体として複雑で多様な挙動を示すような系.」

　具体例として多年生草地を考えてみよう．この草地は外乱がなく経年的に放置されているものとする．ある夏に牧草生産バイオマスが多かったとしよう．すると，秋のリター（枯死体）も多い．よって翌春の再生に支障が出て，その夏のバイオマス量が少なくなるが，リターも少ないので，翌々春の再生は良好で，その夏のバイオマス生産は高くなる．このプロセスは非線形性を内包している．土壌中の窒素によって，バイオマス生産の経年変動が影響を受けることは当然想定されるが，Tilmanらはこれを実験的に確認し，カオスの一例としてNatureに報告した[1]．

　モデルとして次式を導出した．

$B_n : cN \exp(a - bL_n) / (1 + \exp(a - bL_n))$

$L_n : L_n^2 / (L_n + d) + kB_{n+1}$

$B_n : n$年におけるバイオマス

$L_n : n$年におけるリター

$N : $土壌窒素

$a, b, c : $係数

　さて，例えば1ha草地のうちの1m^{2}程度の狭いセルを一つのエレメントと考えよう．そうすると，この草地全体は，1万のエレメントが局所的に結合した系となる．隣り合うセル同士は成長過程で干渉し合うと考えることは自然である．すべてのセルにおけるバイオマスとリターのモデルを全く同じものとし，さらに，全く同一の干渉を行うと仮定するとしよう．初年度のバイオマスを均一ランダムとして与えた場合の，経年的な草地のバイオマス分布を示したものが図1である．50年目から52年目の3年間のバイオマス分布を示したが，空間的にも複雑な分布パターンを示していると同時に，各プロットの経年変動も複雑であろうことは

CML model

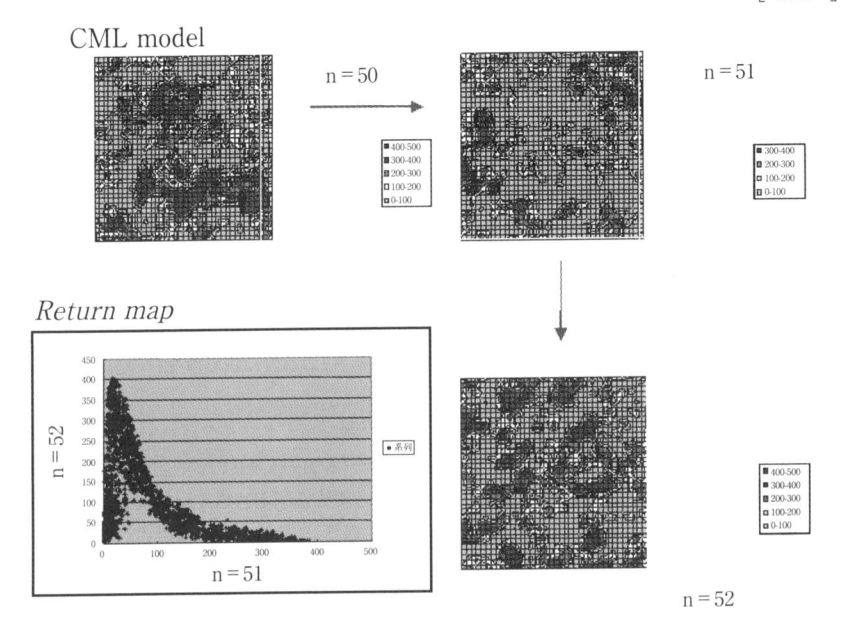

Return map

図1 バイオマス分布

容易に理解できよう．ここで，留意すべき点は，環境の影響，土壌のばらつきは全く存在していないような状況でも，時間的，空間的変動が発生しているということである[2,3]．

すなわち，系内部に潜む局所的な非線形性と相互作用によって大域的なばらつきや分布が発生するのである．このような系の上に農業が営まれているのではないのだろうか？ 農業において複雑性を論ずることは，気象など環境の影響，対象の不均一さ，エレメントの多さなどに現象の複雑さの要因を仮定してきたアプローチとは異なるアプローチの必要性を論ずることでもある．

引用文献

1) Tilman, D. and Wedin, D., (1993) Oscillation and in the dynamics of a perennial grass, Nature, 353 : 653-655
2) Sakai, K., (2001) Nonlinear Dynamics and Chaos in Agricultural Systems, pp 166-171, Elsevire
3) Satake, A. and Iwasa, Y., (2002) The synchronized and intermittent reproduction of forest trees is mediated by Moran effect, only in association with pollen coupling, J. Ecology, 90, 830-838

テキストマイニング（Text Mining）

森　辰則

[自然言語処理，大量文書データ，概念抽出，相関ルール抽出，自動文書分類]

テキストマイニングとは

テキストデータマイニング（Text Data Mining）とも呼ばれ，その名の示す通り，テキスト（文書）を対象としたデータマイニングである．大量の文書データに対して様々な観点による分析を行い，役に立つ新知識を抽出する．例えば，企業のコールセンターにおける応答文書を対象として，問い合わせの種類別分類や時系列による変化を抽出すること，新聞の経済記事を対象として，株価の変動とそれに対する理由を集め市場変動を予測すること，アンケートの自由記述回答から特徴的な表現を抽出することなどが検討されている．

相関ルールの抽出やクラスタリングに代表されるデータマイニングの手法の大部分はテキストマイニングにおいても有効であるが，一般のデータマイニングとの一番の相違は，扱う対象がテキストそのものでありデータベーススキーマによって構造化がなされていない点にある．企業等が保持するデータのうち約80％がテキスト等の非構造データであると言われている．

テキストマイニングを支える自然言語処理技術

構造化されていない生のテキストや，XMLタグなどによって情報が付与された半構造化テキストが対象となるため，相関分析などのデータマイニング手法を適用する前に，単語や句，定型表現などを分析の目的に応じて切り出す処理が必要である．例えば表1に示す各種自然言語処理技術が利用される．

表1　テキストマイニングを支える自然言語処理

形態素解析	文を単語の列に分解し，各単語に品詞などの文法情報を付与する．
構文解析	単語間の係り受け関係を解析し，句などの語のまとまりを見つける．
重要語句抽出	統計的な手法などにより単語の重要度を計算する．
固有表現抽出	人名，地名，組織名などの固有表現を抽出する．
同義性判定	類義語辞書などを用いて，表層的には異なる同義表現をまとめる．
情報抽出	テンプレート等で与えた定型情報を文書中から抽出する．

テキストマイニングのための要素技術

テキストマイニングで用いられる分析手法は単一ではなく，データマイニング

表2　テキストマイニングにおける知識発見手法

単語・概念抽出	同義語をまとめ，多義語を区別して概念を抽出する．
相関ルール導出	語や句，あるいはそれらの表す概念等の間の相関関係の導出
文書クラスタリング	カテゴリを決めずに文書群を類似度に従って分類
文書分類	新しい文書を既存のカテゴリに分類
類似文書検索	与えられた文書に類似する文書を探し出す．
各種統計量計算	単語類の頻度等を集計し，事象の増減傾向などを求める．

からの流れを汲むものや，情報検索や情報抽出の延長線上にあるものなど様々な手法の集まりである．利用者は各自の目的に合致するものを選択して使用する．代表的な手法を表2に示す．

適用事例（前述のもの以外）

　日報分析：営業日報から成功事例・機会損失事例を分析する．

　概念の可視化分析：文書群から得た情報を基に，企業間の連携や製品の関連性などを単語マップとして表示する．

　文書間関連分析：新聞記事集合に対し，続報記事などが容易にわかるグラフ構造を生成したり，論文間の参照関係を可視化したりする．

ツール

　Text Mining for Clementine：SPSS社のデータマイニングツールClementine用のプラグインソフトウェア

　IBM TAKUMI：IBM社のシステム．生命科学分野の文献に対する拡張もある．

参考文献

1) 津田　他 (2001) 特集「テキストマイニング」人工知能学会誌 16巻2号 191-238.
2) 那須川　他 (1999) 情報処理学会誌 40巻4号 358 – 364.

農業生産に関する情報化モデルのコンセプト

橋本　康

[SPA, 精密農業, 環境情報, 情報生理工学 (ネオ生理工学)]

ユビキタス社会の到来

「同時に，至る所に」を意味するラテン語のユビキタス（Eubiquitus）と高速アクセスを意味するブロードバンドによる情報インフラがもたらすユビキタス社会では，デジタル家電のネットワーク化が進展し，携帯電話との連携で新たな機能が創出される．近未来の現実であると言う．

農業生産に関わる情報利用

農業・農学の課題である「食糧安全保障」と「安心な食品の提供」に理工学的方法論で関与するのが農学・農業工学の役割である．ユビキタス社会においては，あらゆる面での情報化が進み，農業，農村いたるところでITが導入される．人，もの，情報が行き交うプラットホームを構築するのは当然であり，入り口も奥行きも広い実学の世界である．この重要性は今後増大するも減少することはない．

情報化モデルのコンセプト

情報化が進展すればするほど，情報化モデルに基づく農業生産に関わる基本的なコンセプトを追求することがさらに重要であるとの考えに到達するであろう．

情報化の歴史的展開をたどると，LAN（Local Area Network）で連結された分散型コンピュータが普及すると同時にFA（Factory Automation），OA（Office Automation）等が飛躍的に発達し，同時に情報コンセプトを大幅に進展せしめた．多数の分散型コンピュータが活躍できる対象システムが情報化を加速させた．

情報も単なるシグナルを媒体とするデータ伝送から，大容量の画像を媒体とするサイバーの世界に代わり，インターネットとその応用に視点が転換されると，上記FAやOAと言う限定的な対象ではなく，まさに社会全体を変革することになったことは皆様ご存知の通りである．情報化モデルのコンセプトは，まさに限定されたシステムから究極的には社会全体のシステムへと対象を拡大している．

ＳＰＡ―栽培プロセスを対象とするシステムの情報化コンセプト―

約25年程前，オランダ等で開発されたグリーンハウス栽培のシステムにおける情報化モデルのコンセプトが注目された．システム的なアプローチに植物生体の巨視的計測情報を活用するコンセプトでSPA（speaking plant approach to the environment control)と称した(別途紹介).情報処理面,AI (artificial intelligence)関連の知能処理面も導入され,栽培プロセスの情報科学的コンセプトの確立に貢献した.わが国で確立した植物工場のコンセプトもこの線上である.

精密農業

その後,栽培に関わる全プロセスを情報科学的にマネージメントするコンセプトが精密農業(Precision Agriculture, ～ Farming)としてクローズアップされてきた.GPS/GISを活用するマップベースのPFやセンサベースのPF等々,本書で別途詳しく紹介されるが,情報化モデルのコンセプトとして期待されている.

現在編集中のCIGR(国際農業工学会)ハンドブック(Vol.6-IT)では,精密農業を当初の狭義なGPS/GIS利用面に限定せず,SPAを含む広義のコンセプトとしてとらえられており,情報化モデルに立脚した俯瞰的視点で論議されている.

環境情報

環境情報は一口にいって,サテライトからのリモートセンシングから閉鎖的な生物生産に於ける画像情報まで多岐にわたり,扱う情報のレベルや規模にも大きな差が見られる.農業が環境破壊ではなく,我々の生存環境の保全と共生できるための情報モデル,例えば精密農業との俯瞰的視点に基づきその研究を学術的に推進するコンセプトを構築することは,今後の最重要課題の一つであろう.

情報生理工学(ネオ生理工学)

21世紀は情報・通信,環境,ナノテクそしてバイオが最も重用な科学技術の課題であると,わが国の総合科学技術会議では位置付けている.ナノテクは工業技術であるが分子生物学を駆使する方法論を示唆している.情報関連ではバイオインフォマティクス(Bio-informatics)への視点を包含する.

他方,AIの発達により,人間の頭脳のような柔軟で精密な入出力的情報処理が実現しつつあるが,ANN(Artificial neural network),GA(Genetic algorithm)等の生物機能由来のコンピュータソフトウェアのお陰である.さらに,植物のエネルギー変換機構である光合成のメカニズムをアルゴリズムに応用する学術はインパクトも絶大である.これらは認知・感性工学,福祉ロボット工学,感覚情報処理などの生理工学と称される分野も包含し,単なるバイオインフォマティクスを越える総合的な情報化モデルであり,コンセプトといっても過言ではない.情報生理工学(ネオ生理工学)とでも仮称し,大いに期待したい.

環境・生態情報

井上吉雄

[地球環境,生育環境,生態モデル,精密農業管理,リモートセンシング,GIS]

21世紀初頭の現在,温暖化・水資源の不安定化など地球規模の環境変化が農業生産に及ぼす負の影響が強く懸念されている.同時に,土壌劣化や大気・水質の化学汚染,温暖化ガスの放出など,農業活動の環境に対する負のインパクトも大きく顕在化してきた.したがって,農業研究はこれまでの生産技術開発の観点だけでなく,この惑星上の陸域食糧生産生態系としての生産・環境形成という二つの機能の観点から研究を進めることが不可欠となっている[1,6].特に農耕地・草地・林地などの生態系は地球表面に薄く広く展開し,かつ空間変異が大きいことから,環境・生態情報を,1枚の葉~圃場~地域~地球のさまざまな空間スケールで定量的にとらえることが必要となる[1,2].すなわち,この分野の主要な情報学的課題は,「陸域生産生態系の動植物の生育と収量,およびそれに関わる環境情報を空間的にとらえ,診断・監視・予測する方法を構築すること」である.そのための主要ツールはリモートセンシング画像計測と地理情報システムGISであり,これらを生態プロセスモデルと統合化するアプローチが特に重要となっている[6].すでに,可視・近赤外~熱赤外線~マイクロ波の各領域のリモートセンシングによって,植物のバイオマス,葉面積指数,クロロフィル濃度,水分,蒸散速度,光合成速度等の生態生理情報ならびに土壌水分や肥沃度などを計測評価できることがわかっている[1,2,3,5].一方,気象・土壌・地形等の環境データを総合的に集積・解析するためには微細なセルを単位とする空間的データベースを構築する方法が有用である.すでに全国の全農地を数haのセルとして表現し,セルごとに気象・地形・農業利用等のデータを集積したシステムを作成されつつある.エネルギー・水・炭素・窒素の動態や植物生長・収量は,土壌−植生─大気系のダイナミックな変化の中で決定される.したがって,そのメカニズムを解明しプロセスをモデル化し,これをリモートセンシング画像およびGISデータベースと統合化することによって,生態系諸変量を空間的かつダイナミックに評価予測する方法が有望である(図1)[3,6].

これらのアプローチは,生物と環境の診断・精密農業管理・収量予測・災害監視といった生産関連情報としてだけでなく,水質やCO_2・メタン・亜酸化窒素等

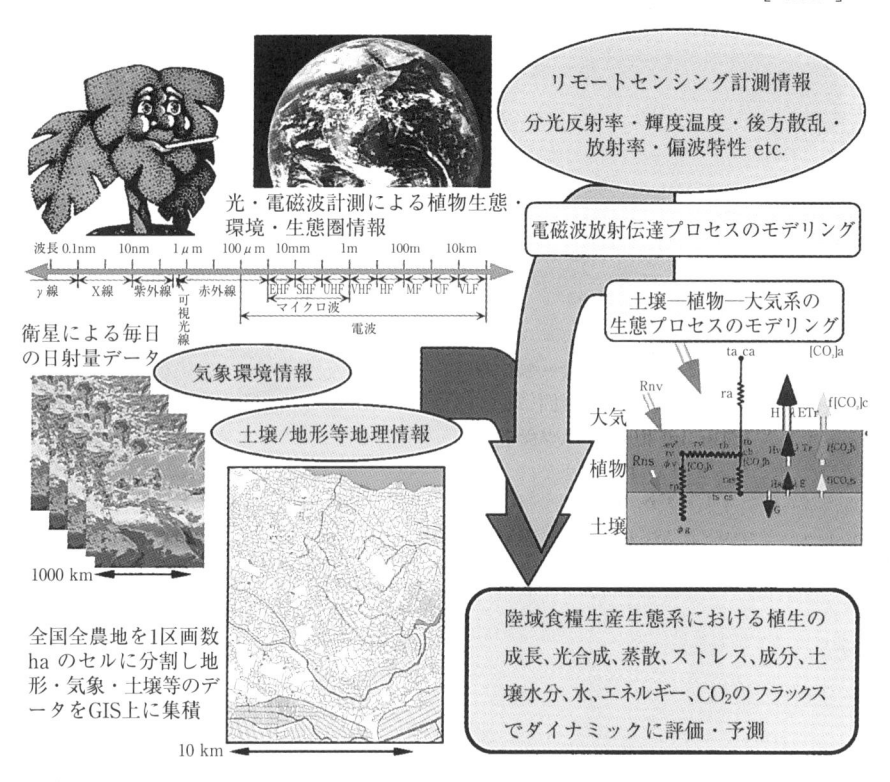

図1 環境・生態情報をダイナミックにとらえ予測するための統合化システムのスキーム

温室効果ガス等のポイント計測データを面評価に展開するためにも必須である．環境負荷・炭素循環などに関わる生物地球科学の基礎情報として重要な役割を果たすものである．

参考文献

1) 井上吉雄（1997）日本リモートセンシング学会誌 17 (4)：57-67.
2) 井上吉（1998）農業機械学会誌 60 (2)：139-146.
3) Inoue, Y., Moran, M.S., Horie, T. (1998) Plant Production Science 1：269-279.
4) Inoue, Y., Penuelus, J. (2001) International J. of Remote Sensing 22：3883-3888.
5) Inoue, Y. et al. (2002) Remote Sensing of Environment 81：194-204.
6) Inoue, Y. (2003) Plant Production Science 6：3-16.

自動選別

前田 弘

[光センサ・非破壊計測法・カラーカメラ・近赤外分光法]

　商品として青果物を販売するためには，大きさ別にL，M，S，また品質別に秀，優，良というように選別して大きさ，品質を整え，一定の量目に整えて出荷販売する必要がある．この大きさ・品質別に光センサ技術を用いてオンライン自動選別を行うのが現在の自動選別である．手作業による仕分けから始まった青果物の選別は，明治，大正年間に温州みかんの生産地の拡大が始まり，温州みかんを対象とした各種の簡単で小型の機械式選別機が発明され省力化が始まった．以来今日まで，北海道の馬鈴薯や玉葱等の施設から，沖縄の西瓜やマンゴー等の施設まで，作物，柑橘類，落葉果樹等，国内全域に各種青果物の多種多様の選別包装施設が建設されてきた．この背景には第二次大戦の終了後の一時期を除いて，農村よりの人口流出が継続的に進行し，生産地の高齢化と後継者の不足から青果物選別施設における省力化，自動化は不可欠となり，高速，高糖度光センサ技術が出荷製品の品質保証のため求められて来たことにある．そしてさらにこの10年間に各種青果物の選別包装施設の，統合・大型化が進む中で，特筆されるべきことは従来色付きと果形といった外観品質をサンプリング計測し内部品質を推定していた選別に，直接内部品質を自動計測する技術が新たに開発されたことである．この技術開発により，外部品質計測と近赤外線域（NIR）を用いた内部品質計測が同一ラインで同時にオンライン計測できるようになった．現在日本の測定機の計測速度は一般的に毎秒5果実以上の高速度であり，その画像処理精度，分光分析精度共にその測定技術，精度も世界のトップレベルに達している．

　自動選別の為の様々な光センサ（軟X線，可視域，近・中赤外域）を用いた光学的計測法の中で現在の青果物の自動選別中心的実施例として，カラーカメラによる画像処理計測法および近赤外分光法を用いた青果物の選別包装施設について簡単に説明する．青果物の選別は全て個人別に全数検査され，個人別データに基づいて代金清算されることを前程としてシステムが構築されている．選果包装施設の工程は，荷受・一時貯留，供給，前処理，階級選別，外観選別，内部品質選別，包装，箱詰，計量印字，封函・搬送，出荷であり，これらの工程は全てコンピュータによる制御，管理がなされている．

カラーカメラによる青果物の撮像とそのコンピュータ画像処理は，階級・外観測定の技術として用いられ，青果物の全周を自動計測するカメラにはR, G, BまたはR, G, NIRカラーカメラが用いられている．色は光の放射エネルギーにより生み出される心理現象である．人間が目で感じる放射エネルギーの範囲は380〜780nmであり可視域と呼ばれる．人間が感じる視細胞感度に近似するフィルターとセンサを用いることで，人の目に近い測定が可能となり，果実の傷の有無，種別や色付きの度合い，色の濃さ，果形の良否を計測することが可能となっている．青果物に青色が少ないことからBの代わりに傷害の抽出にNIRを用いることもある．

　この技術を発展させた青果物の内部品質計測に用いられている近赤外分光分析法は，搬送仕分する選別機と組合され測定する青果物に応じた計測システムが存在するが，基本的には対象物に入力したエネルギーと対象物に吸収されずに出力されたエネルギーの関係から理化学的特性に関する情報を統計解析法によって得る方法である．とくに近赤外分光分析法は，その使用するセンサの光波長帯に存在する吸収バンドを有する各種の成分を同時に定量・定性分析することが可能であり，優れた分析法である．青果物の成分は特定波長の光エネルギーを吸収する．この吸収により物質を透過した後の光は，透過する前の光とは異なったエネルギー状態を示す．この吸収スペクトルから成分の種類と吸光度との相関を求める．測定対象物質が青果物である場合，スペクトルは，多成分系即ち多重成分の重合であり，かつ大小の青果物中が混在することを余儀され，それに伴う透過光量の変化が生じる複雑系と重合したことを前程とするスペクトル分析が必要となる．この点では先述のカラーカメラを用いた画像分析も同様である．

　この光センサによる内部品質や外観品質計測の自動化により，選果人の省力と生産地全域の生産物の客観的評価，個人別評価データに基づく生産者への栽培データの提供，消費者に対する品質保証等が可能となった．今後の課題としては，青果物の各種微量成分を計測可能とする技術開発，あるいは貯蔵に関わる青果物の生命現象の把握などがある．さらに，消費者が高い関心を持つ食品の安全性（農薬，化学肥料，遺伝子組み替え食品）に対しても，この非破壊計測法を発展させた青果物の全数計測により生産者と消費者間で確実なデータの共有がはかられ，安価な輸入青果物との差別化も含めた安心した青果物の販売・購入できるシステム構築が期待できる．

品質評価

永田雅輝

[品質，内部評価，外部評価，近赤外線分光画像，紫外線画像]

　青果物の品質は，外部評価（果形，着色，擦り傷，病害虫痕，生理障害等），内部評価（糖度，酸度，硬度，熟度，果肉の質，果汁量，渋み，空洞等），安全評価（残留農薬，異物混入，変色，腐敗，カビ等）に大別される．品質を評価する手法には官能検査法，機器検査法，化学分析法があるが，近年のIT技術の発達で画像を用いた品質評価法が確立されてきた．

　画像を用いた評価法は，非破壊による品質評価ができることが特長で，外部評価項目には可視光線の画像，内部評価項目には近赤外線，紫外線，X線等の画像が利用される．各画像の特徴は次の通りである．

　① 可視光線画像：可視光領域（380 nm～780 nm）におけるカラー画像，濃淡画像を用いて品質評価を行う方法である．通常のカラーCCDカメラにより撮影した画像はR，G，Bに分析し，2値化等の画像処理後に，形状，着色，損傷等の外部品質を判定する．また，着色の程度から熟度，糖度の内部品質をも判定する[2,8,10]．

　② 近赤外線画像：近赤外線の領域（700 nm～1000 nm）は，生体中を最も透過しやすい電磁波とされていることを応用し，任意波長のバンドパスフィルターを取付けた赤外線カメラと赤外線照射器を用いて果実の近赤外線分光画像を取得し，その画像を処理・分析することで果実の外部損傷や内部損傷等を判定する[5,10]．

　③ 赤外線画像：物体は温度や放射率に応じた強さの電磁波（赤外線）を放射している．その赤外線を赤外線撮像装置（サーモグラフィー）で検出し，画像化（熱画像）することによって物体の温度情報を得ることができる．その熱画像を分析することによって果実の温度や成熟度等を判定する[1,3]．

　④ 紫外線画像：蛍光物質は紫外線を照射すると目に見える蛍光を発する．この現象を利用して，柑橘類の果皮損傷に紫外線を照射して，CCDカメラで油胞抽出の画像（蛍光画像）を取得する．また，物体に付着したカビを紫外線カメラで取得し，画像化（紫外線画像）する．これらの画像を分析することによって柑橘の果皮被害やカビの発生を判定する[18]．

　⑤ X線画像：食品の異物検査として軟X線を使った画像品質評価法がある．この方法はX線を細い線状ビーム（約1 mm）で連続照射させ，混入した異物と被検

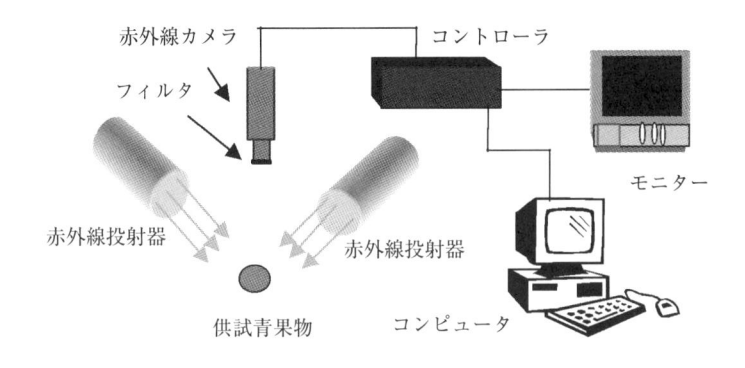

図1 近赤外線画像撮影システム[5]

査物との透過X線量(密度の差)を画像で解析する．同様な方法で，空洞等の内部構造検査の判定にも使用する[7,11]．

⑥ その他：青果物の内部品質をより詳細に評価する手段として，X線CT装置やMRI(核磁気共鳴診断)装置を用いて断層画像を取得し，その画像から果実の肉質や内部構造の詳細な情報を得て，非破壊で品質評価を行う方法がある．しかし，これらの装置は非常に高価であることから研究事例に留まっている[3,9]．

上記の画像取得システムは，CCDカメラ，コンピュータ(画像処理)，電磁波照射器(ランプ，赤外線，紫外線投射器)，解析用ソフト(市販，自作)から構成され，可視光線，近赤外線，紫外線等の画像撮影においても基本的構成は同じである．図1は，近赤外線による青果物の撮影システムの構成の一例を示す[5]．

参考文献

1) 江尻正員監修(1994)画像処理産業応用総覧(上巻)，635-639．
2) Guyer, H., Yang, X. (2000) Computers and Electronics in Agriculture (29), 179-194.
3) 亀岡孝治 他, http : / / agrinfo.narc.affrc.go.jp / fs / cdrom / 3syou / 307st / t07.htm
4) Laykim, S., Alchanatis, V., Fallik, E., Edan, Y (2002 ASAE 45 (3), 851-858.
5) NAGATA, T., SHRESTHA, B.P., GEJIMA, Y. (2002) SHITA 14 (1), 1-9.
6) 永田雅輝，曹其新他(1996)植物工場学会誌8(4)，219-227．
7) Shahin, M.A., Tollner, E.W., McClendon, R.W., (2002) ASAE45 (5), 1619-1627.
8) 四国農業試験研究推進会議事務局(2001) http : / / www.skk.affrc.go.jp / .
9) 瀬尾康夫(1987)農業機械学会関東支部，43-48．
10) 杉山純一(2001) 2001年版農産物流通技術年報，79-83．
11) 蔦田征浩, http : / / ishida.co.jp / katuyo / dounyu / xsen2 / xsen2.html．

ポリゴン

羽藤堅治

[距離画像, テクスチャー, レンジファインダー, ステレオ画像]

はじめに

コンピュータによる設計の支援システム（CAD）では，使用する部品を設計図通りに作成しデータベースに保存し，これらを組み合わせることによって，建物や構造物を作り上げている．植物工場の設計や植物の生育の立体モデルを作成する時，CAD の部品のように植物の部品をデータベース化する必要がある．一般にこれらの部品は，骨格をポリゴンで表し，表面にテクスチャーを貼り付けることにより作成される．テクスチャーの情報は，デジタルカメラなどの利用により比較的簡単に手に入れることができる．しかし，骨格であるポリゴンを正確に計測するためには，レンジファインダー（距離計）やステレオ画像を用いて計測した三次元のデータから，ポリゴンを作成する必要がある．三次元のデータは，物体の立体感をその凹凸を濃淡によって表現する距離画像を持って表現する．ここでは，ポリゴンの作成方法について解説する．

多面体近似

図1（a）に距離画像を示す．この距離画像を（b）に示すように，二次元平面上に投影し輪郭部分を得る．次に折線近似法を用いて輪郭部分を直線で近似し，二次元平面における輪郭の多角形を決定する．（c）に示すように，三次元空間における物体の表面を三角平面で近似する．この時近似した三角平面と物体との差の最大値がしきい値より大きいときは，差の最大部分と近似平面で新しい三角平面を作成し，すべての近似平面の誤差が設定値以下になるまで繰り返し行う．最後に同一平面上にある三角平面を結合し（d）に示す三次元形状のモデルを導く．

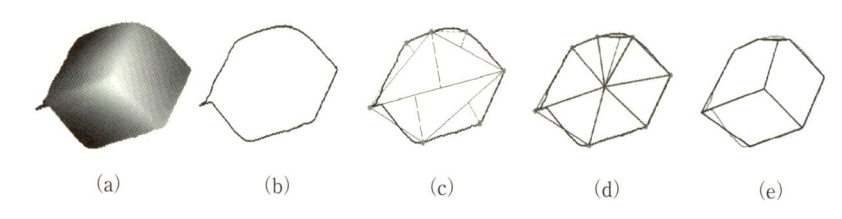

(a)　(b)　(c)　(d)　(e)

図1　多面体近似法

二次元平面における多角形の作成時と，三次元空間での三角平面の近似を行う際，あらかじめ設定したしきい値により，出力モデルの精度を決定する．

三角形による近似

複雑な形状の物体に対応できる汎用性のある特徴抽出の方法として，大きな三角形から複雑な部分を徐々に小さな三角形で近似する．図2にその手順を示す．(a) 計測データを対角線で二等分し，二つの三角形に分割する．一方の三角形のみに注目し，三角平面とその三角形に含まれる物体の計測データとの誤差の最大値をしきい値と比較する．誤差の最大値があらかじめ設定したしきい値より大きかった場合は三角形を二つに分割する．(b) すべての三角平面とパラメータ$1/L$との誤差がしきい値より小さくなるまで繰り返し分割する．(c) 残りの方の三角形も同様に分割する．(d) 背景部分が含まれる三角平面を取り除き，物体部分のみを残す．

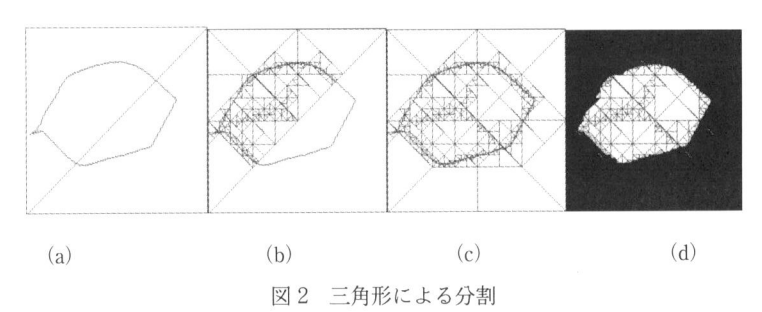

(a)　　　　　(b)　　　　　(c)　　　　　(d)

図2　三角形による分割

まとめ

三次元モデルの作成において，多面体近似を用いたモデリングでは，表面がなめらかな部分は実際の形状を効果的に表現することができる．しかし複雑な形状の部分はモデリングが困難である．三角形による分割を用いた方法では形状に影響されず特徴を抽出することができた．しかし多面体近似による方法と同程度の結果を得るにはパラメータにより分割数を上げる必要がある．

引用文献

1) 羽藤ら (1995) 植物工場学会誌 7：103-109.
2) Hatou, K., *et al.* (1995) 植物工場学会誌 7：110-115.
3) 羽藤ら (1999) Proc. of 14th IFAC world congress：K-4b-02-4.
4) 羽藤ら (1998) 植物工場学会誌 10：145-150

バイ오計測

清水　浩

[バイオセンサ，酵素，免疫，遺伝子，m－RNA]

　バイオ計測とは生物が持つ物質認識能を利用した計測手法のことであり，タンパク質や膜が特定の化合物を認識し，その結果として物質，色，熱，質量などの物理・化学的な変化が発生し，それを電極や様々な素子によって電気信号に変換して計測を行う（図1）．

　バイオ計測に用いられるセンサには，大きく分けて酵素センサ，微生物センサ，免疫センサ，電極センサなどがある．

　酵素センサは酸素を消費あるいは生成する反応や発光する反応などの酵素反応を利用しており，これらの酵素の変化を酸素電極や過酸化水素電極，pH電極，炭酸ガス電極などのトランスデューサで電気信号に変換している．検出可能な化合物としては，グルコース，尿素，コレステロール，中性脂肪，アミノ酸などがある．

　微生物センサは酵母や細菌などの菌体をポリマーなどに固定して菌体からの産物をトランスデューサで検出するもので，BOD，グルコース，アルコール，アン

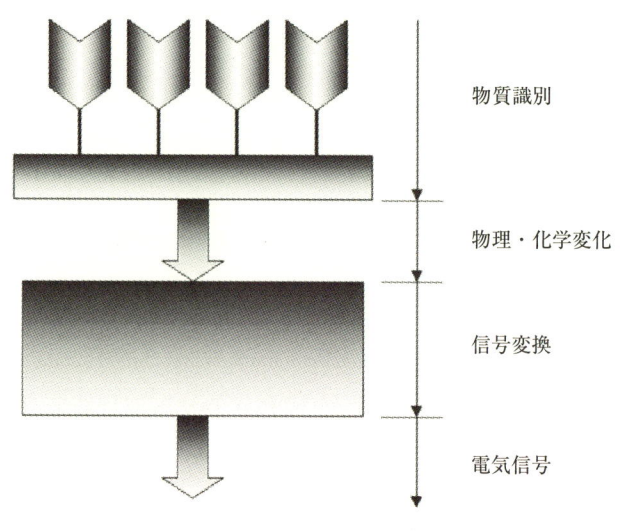

図1　バイオセンサの概要

モニア，二酸化炭素，アミノ酸，有機酸などの検出が可能である．

　免疫センサは抗原抗体反応を利用して抗体（または抗原）に抗原（あるいは抗体）を吸着させその際の質量変化を測定する．質量変化の度合いは非常に微小であるため，水晶振動子などに抗体（または抗原）を固定し振動周波数の変化を検出する．また，抗原抗体反応によって生成される凝集物を光の散乱で測定する手法もある．いずれにしても，酵素センサや微生物センサなどのような化学反応による生成物がないため信号の増幅が困難であり高感度な検出が難しい．これらのセンサはすでにリアルタイム連続計測用のセンサとして実用化されている．

　また，連続計測ではないがタンパク質の設計図である遺伝子レベルでの計測も精力的に研究されている．近年では，植物の成長をコントロールしているタンパク質を合成するためのm-RNAを定量化する技術もある程度ルーチン化されており，農業環境工学分野においても，この技術を利用して環境が植物に与える影響を遺伝子レベルの情報として抽出する研究も行われている．環境の刺激を植物体の受容体が感知し，DNAの情報がm-RNAに転写され，さらにタンパク質に翻訳される．合成されたタンパク質はホルモンや酵素として働き，その結果として植物の形質が変化する．今までの計測はこの流れのうち，タンパク質以降から個体レベルまでの最終的な形質の変化を捉える計測が行なわれていたが，遺伝子レベルのm-RNAへの転写量を調べることによって植物のより詳細な反応が明らかとなる．このような遺伝子発現の手法を用いて，後藤ら[1]はオゾンがイネの活性酸素消去系の酵素遺伝子およびRubisco遺伝子発現量に与える影響について調べた．また，神野ら[2]はm-RNAをもとにしたRT-PCRの応用技術であるDifferential Display法により，様々な光質条件下で栽培したなめこの形態的な相違に発現遺伝子がどのように関わっているのかを調べている．

　PCR（ポリメラーゼ連鎖反応法）などm-RNAの定量化技術は，今日では特別な技術ではなく一つのツールとして普及しつつあり，農業情報工学および農業環境工学の分野においても今後これらのツールを利用した研究が活発になると考えられる．

参考文献

1) 後藤英司ほか（2002）農業環境工学関連4学会2002年合同大会講演要旨：160
2) 神野克典ほか（2002）農業環境工学関連4学会2002年合同大会講演要旨：161

匂いセンサ

大下誠一

[匂い評価，電子の鼻，パターン認識]

エレクトロニック ノーズ

匂いの測定法は，ガスクロマトグラフィに代表される機器分析と人間の鼻による官能検査とに大別される．機器分析では，個々の匂い成分の情報が得られるが総体としての匂い評価ができないのに対し，人間の鼻では，総体としての匂いを識別できる．このため，匂い評価はこれまで官能検査に頼ってきた．しかし，人間の鼻は類似の匂い識別が不得手であり，また，識別精度が不安定であるなどの問題が指摘されている．一方，近年開発が進んでいる Electronic nose（電子の鼻）[1,2]は，匂い成分に対して異なる応答を示す多数のセンサ素子をアレイ化し，その応答を匂いのパターンとして識別することを特徴としており，品質評価や工程管理への応用が期待されている．以下に，その原理と応用例を紹介する．

センサの種類と原理

実用化されている匂い（ガス）センサ素子には，金属酸化物半導体（MOS），MOS電界効果トランジスタ（MOSFET），導電性高分子膜，水晶振動子などがある[3,4,5]．MOSは一般にはn型半導体で，表面で生じる還元性ガスとの酸化反応により電気伝導度が増すこと，また，MOSFETはゲート部に金属触媒の薄膜を配し，これが水素分子と反応すると電流が流れやすくなることを利用している．動作温度は，それぞれ，200〜500および200℃程度である．導電性高分子膜は，膜表面への匂い成分の吸脱着による電気伝導度の変化を，また，水晶振動子は，電極上の薄膜に匂い成分が吸着すると共振周波数が変化することを利用している．動作温度はいずれも室温である．MOS以外は，水素あるいは水分子に反応するので，水分の影響を強く受けることが問題でもある．

匂い測定の出力・応用

ある匂いを測定すると，センサ素子の数だけセンサ信号が得られる．このセンサ信号を成分とするベクトルを考えると，匂いが空間内の点としてプロットされる．空間における位置によって匂いが識別されるが，多次元空間では視認が難しい．そこで，主成分分析を行って測定点を二次元平面に投影（二つの主成分軸を用いる）し，匂いを識別する（柑橘やコーヒー[6,7]）などの方策が採られる．さらに，

ニューラルネットワークによる匂いのパターン認識の利用例（モモ，ナシ，リンゴ[8]）もある．また，多次元空間にプロットされた匂い測定点の相対的なユークリッド距離を保持して二次元平面に投影する方法（洋ナシ[9,10]）や主成分分析と組み合わせて視認性を高める報告（豚の堆肥[11]）もある．これらの処理に加えて，重回帰分析により官能評価値との対応付けを行う（コーヒー[12]）などの手法が試みられている．一方，匂いを記録・再生するシステム開発の試みもある．これは，匂いセンサを用いて対象とする匂いを再現するために，複数の匂い要素のブレンド比率を決定するシステムである[13]．また，遠隔地における匂いセンシングにより香気成分の構成比率を解析し，別の場所で匂いを合成するなどの検討も行われている[14]．このように，匂いセンサは，官能評価に代るだけでなく，人工現実感や娯楽を含めた広い領域での利用が期待されている．

引用文献

1) Neaves, P. I. and Hatfield, J. V. (1995) Sensors and Actuators B 26-27 : 223-231.
2) Talow, T. et al. (1996) Flavour Science Recent Developments, Ed. Taylor, A. J. and Mottram, D. S., The Royal Society of Chemistry (Cambridge) : 277-282.
3) 清山哲朗，他3名編（1982）化学センサー－その基礎と応用－，講談社サイエンティフィク．
4) 栗岡　豊，外池光雄編（1994）匂いの応用工学，朝倉書店，111-128，150-166．
5) 中本高道，森泉豊栄（1999）においセンサー，化学総説，No.40，215-222．
6) 田村啓敏，他2名（1994）ガスセンサーによる柑橘果皮揮発性成分の測定，日本食品工業学会誌，41(5)，341-346．
7) Pardo, M. et al. (2000) Sensors and Actuators B, 69 : 397-403.
8) Brezmes, J. et al. (2000) Sensors and Actuators B, 69 : 223-229.
9) Sammon, J.W. (1969) IEEE Transactions on computers, Vol. C-18 (5), 401-409.
10) Oshita, S. et al. (2000) Computers and Electronics in Agriculture, 26, 209-216.
11) Byun, H. G. et al. (1997) Computers and Electronics in Agriculture, 17, 233-247.
12) 荒瀬　寛（2003）匂いセンサによる食品の匂い評価に関する研究，東京大学大学院農学生命科学研究科修士論文．
13) Nakamoto, T. et al. (2001) Sensors and Actuators B, 76, 465-469.
14) 松下　温（2001）風と香りのインタフェース，平成13年度シンポジウム資料（農業機械学会主催），11-23．

味覚センサ

都甲 潔

[食品, 脂質膜, 味, デジタル化, 食譜]

味覚センサは脂質/高分子ブレンド膜を味物質の受容部分とし,複数の脂質膜からなる電位出力の応答パターンから味を識別・認識する[1～3].図1に示すように,脂質膜電極は塩化ビニルの中空棒にKCl溶液と銀線を入れ,その孔に脂質/高分子膜を貼りつけたものである.特性の異なる脂質/高分子膜を8つ準備し,脂質膜電極と参照電極との間の電位差を計測する.脂質の選択には任意性があるが,まずは生体膜の脂質の官能基を網羅する形で選ばれた.

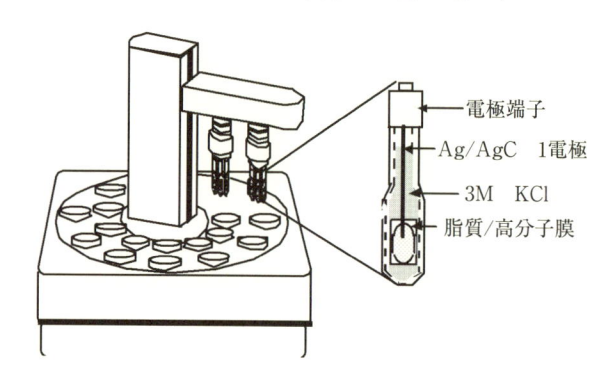

図1 味覚センサ(味認識装置 SA402B,(株)インセント製)と脂質/高分子膜電極

味覚センサの応答パターンの誤差は1%を切っているので,各味の識別が明瞭にできる.5つの味に対しては異なる応答パターンを示すのに対し,似た味では似たパターンを示す.例えばうま味を呈するグルタミン酸ナトリウム(**MSG**),イノシン酸ナトリウム(**IMP**),グアニル酸ナトリウム(**GMP**)では似たパターンを示し,酸味を呈する塩酸,酢酸,クエン酸でも似たパターンを出す.この事実は,味覚センサが個々の味物質ではなく味そのものに応答することを意味する.

図2は5種類のビールを測定した結果である.各種ビールが異なる電位応答パターンを示すことがよくわかる.あらかじめこのパターンを覚え込ませておくと,未知のビールを測定して銘柄を当てることも容易である.1ヶ月以上も前に取ったデータを用いてパターンマッチングすることも可能である.

センサ出力から,「濃厚な味」と「さわやかな味」,「シャープな味」と「まろやかな味」を表すテイストマップを作ることができる.さらに,アルコール濃度や

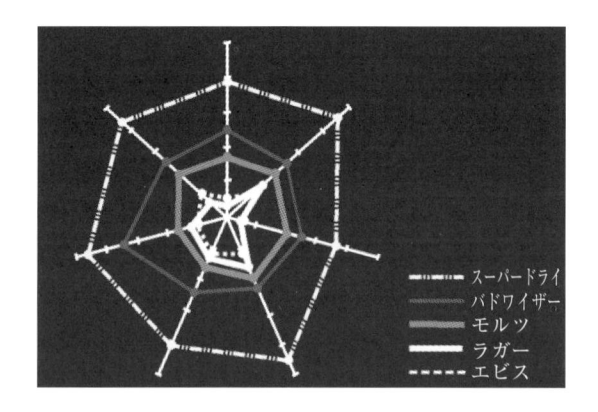

図2　5種類のビールに対する応答パターン．
7本の放射軸は，異なる脂質膜からの応答電位で，フルスケールは20mV．

pHや苦味価などの分析量とも高い相関を示した．味覚センサはビールのロット（製造年月日，工場）の違いを容易に識別できるほどの高い識別能を持つが，このように種々の分析値の測定や官能表現の定量化が行えるわけである．

近い将来，調理器に希望の料理を告げると，食品センターから必要なデータベースがインターネットで届き，望む味の料理をしてくれる日が来るであろう．情報家電機器の普及である．人類が宇宙に飛び出そうという現代，月基地や火星基地，宇宙に浮かぶスペースコロニーと「食譜」を共有することで，地球上と同じ食を楽しむこともできる．味覚情報を含む五感情報通信の時代の到来である．食譜があれば，今の食文化を後世につなぐことも可能となる．お袋の味，伝統の味の伝承である．

バイオ，IT（情報技術），ロボット，ナノテクノロジー，感性と，21世紀のキーワードは，私たちに未曾有のライフスタイルの変革を迫っている．生物は外界を認識するセンサ（五感）を有しているがゆえに，この地球上を謳歌した．しかし，人間は自分の五感ではもはや検知，制御できないほどの物質や力を得るに至り，今度はそれを認識，制御できる人を超えたセンサを必要としている．味覚センサ開発はその試みの一つに過ぎない．私たちは，長さや時間の尺度が発明されたあのエジプト時代にも相当する，新しい食文化の黎明期にいるのだ．

参考文献

1) 都甲　潔（2002）味覚を科学する，角川書店．
2) 都甲　潔編著（2001）感性バイオセンサ，朝倉書店．
3) K. Toko（2000）Biomimetic Sensor Technology, Cambridge University Press.

電気化学センサ

山崎浩樹

[電気化学センサ, ISE, イオン, 培養液, 分析器]

電気化学センサは試験紙タイプの光学的測定法と並び，小型，簡便・迅速な分析システムを構築するセンシング技術として優れている．特に電気化学センサの特徴は水溶液状のサンプルをセンサ部分に導入するだけで多種類の項目を同時に簡易な計測器により直接測定できることである．計測方法によってポテンショメトリーやアンペロメトリー等に分類できるが，ここではポテンショメトリーを測定原理として実用化した分析機器を例にして電気化学センサについて紹介する．具体例として植物栽培における培養液中のイオン成分（N, P, K, Ca, Mg等）を測定する分析器 CULTURYZER-mini（(株)テクノメディカ製）[1]を取り上げる（写真1）．CULTURYZER-miniはポテンショメトリックセンサの中でもイオン選択性電極（ISE）法を採用している．ISEとは目的のイオンを選択的に認識，捕捉するリガンド（感応物質）を用いて，目的イオンがリガンドに捕捉された時に生ずる電荷分離を電位差測定により測定する．典型的な測定系は図1の通りであり，参照電極と呼ばれる基準電極に対して測定極（作用極）で発生する電荷分離を電位差測定計にて測定する．その出力は，測定する目的イオン濃度の対数値との間で比例関係を示す．これはネルンストの式と呼ばれる理論式で成立する．[2] ここで，イオン選択性電極において最も重要なものにリガンドがあり，生体物質を始めとして化学合成物質等多くの種類が知られている．具体的には図2のようなイオン交換型[3]とニュートラルキャリア型[4]と呼ばれるものに代表される．バリノマイシン，クラウンエーテル等はニュートラルキャリア型のリガンドとして良く知られている．このリガンドの特性がイオン選択性電極の性能に大きく関与することになる．CULTURYZER-miniではセンサを写真2の構成として一連の測定を実現している．Ca^{2+}測定を例にすると次の様に測定してい

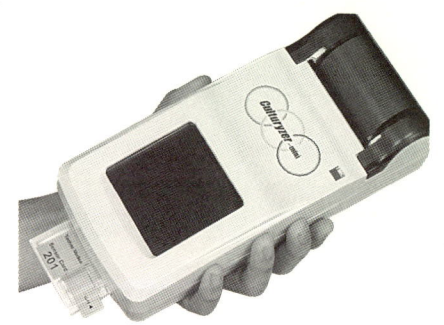

写真1　Culturyzer-mini 概観写真

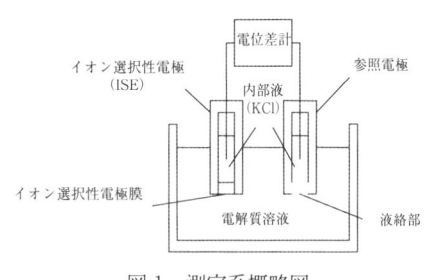

図1 測定系概略図

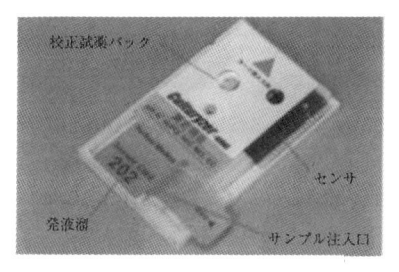

写真2 センサカード概観写真

る．センサカードの検体注入口から注入したサンプルが Ca^{2+} 電極部分に接触するとセンサ面に保持したリサンドが Ca^{2+} と特異的に反応し，その反応量に依存して参照電極に対して一定の電位差が発生する．この電位差をカルシウムイオン濃度に換算する．ここで，検体の注入に先だってセンサカードに内蔵された校正液でキャリブレーションを行うことにより測定の正確性を保証している．

以上，電気化学センサの一部であるが実用化した商品を例にして概説した．簡易な分析システムとして構築する上では優れた方法であるが，ポテンショメトリックセンサの場合にはリガンドの性能がセンサ性能を左右し，測定対象の適用範囲はそれに制限されることが欠点である．

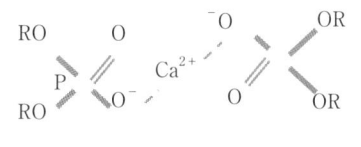

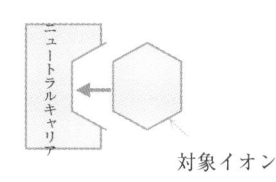

図2 リガンド例

参考文献

1) 井上 淳（2000）ハイドロポニックス，14 (1), 20.
2) F. Haber, Z. Klemensiewicz (1909) Z. Physik. Chem., (Leipzig), 67, 385.
3) J. W. Ross, Science (1967) 156, 1378.
4) Z. Stefanac, W. Simon, Chimia (1966) 20, 436.

近赤外（NIR）

尾崎幸洋

[スペクトロスコピー，食品，土壌，畜産，水産物，食味計]

通常，800 nm（= 12,500 cm^{-1}）から 2,500 nm（= 2.5 μm = 4,000 cm^{-1}）の領域を近赤外域と呼ぶ．一口に近赤外のスペクトロスコピーといっても吸収，反射，発光，蛍光などいろいろあるが，一般には吸収と拡散反射がよく用いられる．

近赤外スペクトルに観測されるバンドは，基準振動の結合音，第一倍音，第二倍音…などによるものである．近赤外バンドの特徴をまとめると次のようになる．① 中赤外吸収に比べはるかに微弱である，② 倍音や結合音による多数のバンドが重なったり，フェルミ共鳴によるバンドが数多く観測されるので，バンドの帰属は一般に容易でない，③ 水素を含む官能基（OH，CH，NH など）や，中赤外で比較的高波数域に吸収を与える官能基（C=O など）に関係するバンドが多い，④ 中赤外スペクトルの場合と同様に，水素結合や分子間の相互作用によって特定のバンドにシフトが起こるが，そのシフトの大きさは，中赤外バンドの場合に比べはるかに大きい．

次に近赤外分光法の優れた点を挙げよう．① 非破壊分析，*in situ* 分析に適している．② 非接触分析，あるいは光ファイバによる分析も可能である．オンライン分析に向いている．③ 水溶液での分析が容易である．④ 光路長をかなり自由に調節することができる．

近赤外分光法の実用的応用は 1960 年代にアメリカ農務省の K. Norris によって始められた．その後，食品，ポリマー，医薬品，化粧品，化学工業，医量分析，オンライン分析，環境分析などいろいろな分野に応用が拡がった．

農業分野の応用はかなり広範囲に及んでいる．穀類や青果物の品質検査への応用は，極めて活発である．最近は，スイカ，メロンのような大型の果物の検査，野菜のような高水分の作物分析も容易に行われるようになった．サトウキビの品質検査については公定法となっている．また圃場での生育検査にも近赤外分光法が用いられるようになってきた．コメ，ムギなどでは一粒分析も可能である．スーパーマーケットで甘さなどを測定できる装置も開発された．

近赤外を用いた土壌の診断や栽培管理も行われている．例えば，土壌の水分，仮比重，全炭素，全窒素などの同時定量が可能となった．作物の栽培管理を行うた

めに，イネでは葉鞘を，柑橘では樹体など組織の一部の成分分析が行われている．

　畜産分野への応用も活発である．生乳の品質検査から乳牛の乳房炎の検査に至るまで，近赤外分光法が用いられている．将来は近赤外分光法を用いて牛の健康状態をオンラインでモニターする技術へ発展する可能性がある．畜産物としては，チーズ，牛肉，豚肉，ミンチ，ハムなどの成分分析，ハムのpH，チーズの熟成度，牛肉のカロリー，牛肉の調理適性の判定などに応用されている．

　牧草の無機質の分析，種類の判別，カロリーの推定などにも近赤外法が応用されている．さらに配合飼料の成分分析への応用も活発である．

　木材の分野では組織構造を持つ試料内における近赤外光の挙動と拡散指向特性について詳細に調べられた．この研究から，木材の繊維走行，表面粗さ，節，割れなどの物理的特性や水分，セルロース，リグニン含量の定量分析，さらには樹種の判別分析まで可能であることが示された．

　コメの食味の問題は依然として議論のあるところであるが，近赤外分光法に基づく多くの食味計が市販されている．コムギの製パン特性の評価も近赤外分光法は有用である．

　水産物では，すり身の水分，タンパク質，脂質，塩分などの分析に近赤外分光法が用いられている．また，乾のりの評価にも使われている．

　飲料品ではビール，ワイン，日本酒などのアルコールの定量の他，ビール麦の発酵能と関連した定量分析，日本酒の酸度，アミノ酸，日本酒度，全糖の分析などがある．醤油，味噌などの成分分析にも近赤外分光法が用いられているが，特に醤油に関してはJAS格付検査の分析法となっている．その他の加工食品としてパン，シリアル食品，ケーキミックス，油脂，チョコレート，マヨネーズなどの成分分析に用いられている．

参考文献

1) 岩元睦夫, 河野澄夫, 魚住　純 (1995) "近赤外分光法入門", (幸書房).
2) 尾崎幸洋, 河田　聡 編 (1996) "近赤外分光法", (学会出版センター).
3) H. W. Siesler, Y. Ozaki, S. Kawata, and H. M. Heise (2002); "Near-Infrared Spectroscopy", (Wiley-VCH, Weinheim).

NMR

渡部徳子

[NMR, NMR imaging, affinity NMR, Molecular Imaging]

　NMRは，分子レベルでの非破壊計測法として他の手法にない様々な利点を備えていると同時に，原理的な欠点（低感度）がある．それを克服し，新しい情報を抽出するために，ハード・ソフト両面からの取り組みが続けられており，発見後50年以上経つ今でも成長しつつある計測技術と実感される．分子レベルでの構造や運動性，相互作用，化学変化に関する情報が得られるNMR技術は，特定の分野におけるニーズから迅速に開発された技術が全く異なる分野で必要な修正を加えて応用されるなど，農業情報工学も含めてすべての分野間で相互に共有され，最適化され得るものであり，今後の応用領域の拡大が期待される．

　NMRによる非破壊計測の代表はNMR imaging（医学分野ではMRIという）またはNMR spectroscopic imaging（MRSI）である．診断医学分野からの強いニーズに後押しされ，ハード面では空間分解能・時間分解能の向上，パルスシーケンスの改良，超高速撮像法による計測時間の短縮など，ソフト面では形態学的な画像から血管撮像，血流速計測，脳機能の解析，最近では分子イメージングによる特定酵素反応の検出[4]などが可能である．また，電子スピンのOverhauser効果を利用したMRI（PEDRI法[3]）によって生体内の不対電子をNMRで画像化する試みもなされている．MRIは生体内の水分子プロトン^{1}HのNMR信号を画像化してきたが，高磁場機種の出現による^{13}Cや^{31}P核のimagingや超偏極希ガス（^{3}He, ^{129}Xe）を用いた高感度imagingも行われている．食品分野では豚・穀物・果実・飲料水・冷凍食品等の品質管理または評価に^{1}HのNMRIが使われてはいるが，その実力を駆使しているとは言い難い．農業工学分野での今後の利用を期待したい．

　近年，ポストゲノム科学で注目されている様に，タンパク質の構造解析にNMRの果たす役割は大きい．高分子量の（生体）高分子のNMRは，多次元・多量子・多核種NMRを駆使して，800〜900 MHz対応の高磁場NMR装置を用いて行われている．特定の相互作用の抽出，運動性の違いによる分離，^{1}Hに比べて相対感度の低い核種の高感度検出などが可能になる．特定部位を同位体ラベルし（例えば^{2}D, ^{13}C, ^{15}N置換等）選択的に検出する技術は種々の系に有効である．双極−双極子相互作用を用いた核間距離の計測は，構造決定には欠かせない．

固体物質の持つ本来の存在状態や物性の研究には，固体高分解能 NMR の最近の発展も注目に値する．高速回転・高耐圧プローブの導入による高分解能化・高感度化が計られ，複雑なパルス系列を用いない固体高分子 ^{1}H 高分解能 NMR や高磁場 MQ（多量子）－ MAS（マジック角回転）四極子核高分解能 NMR も得られるようになった．一方，このような回転による平均化の結果，固体中での配向に依存するスピン相互作用の情報は失われてしまうので，双極子相互作用による距離の測定を可能にする REDOR（Rotational-Echo Double Resonance）法[2]のようなパルス系列が開発されている．膜タンパク質や巨大分子系の多い生体内物質の解析や固体材料への応用が期待できる．固体試料といっても硬さの程度（言い換えれば運動性の度合い）は，同じではない．ゲルのような物質には CP/MAS, DD/MAS 法などによるスペクトルの比較も動的挙動を含んだ物性研究に有効である．

時間を含む現象の検出（Dynamics 計測）は構造解析と並んで NMR の得意とするところである．緩和時間や拡散係数計測とその解析から，分子の回転・拡散のような mobility に関する知見や化学交換や構造転移などに関する知見が得られる．制限拡散の解析からは，拡散障壁の空間分布や透過性などの情報も得られる．最近，製薬分野で，多種の混合物溶液から目的物質を選択抽出する場合に，特定の生体物質と affinity のある化合物は運動性が変化することを利用した affinity NMR[1] という分離手法が注目されている．この手法は実用価値が高そうである．多数の混合物の分離同定には，クロマトグラフィーなど他の分離手法と一体化された装置が有用である．運動性を議論するときの遅い・速いの基準は測定周波数である．高磁場装置では NMR 的に遅い運動領域が相対的に増えることになるので，高磁場装置がよいというわけではない．

地球磁場，小型電磁石や表面コイルなど携帯用 NMR 装置が工夫されており，石油探査や樹木の生育状況などフィールドワークへの対応も期待できそうである．

参考文献

1) Chen A., and Shapiro, M. J. (1999) Anal. Chem. News & Feature, Oct. 1, 669A–675A.
2) Gullion, T., and Schaefer, J., (1989) J. Magn. Reson. 81, 196–200.
3) Lurie, D. J., Li, H., Petryakov, S., and Zweier, J. L., (2002) J. Magn. Reson. Med. 47, 181–186.
4) Weissleder R., and Marmood U., Radiology (2001) 316–333.

テラヘルツ

川瀬晃道

[テラヘルツ,分光,イメージング,指紋スペクトル,各種応用]

　テラヘルツ波(THz波)とは,およそ周波数が0.3 THz～10 THzの領域,波長に換算すると1000 μm～30 μmの領域を指し,光波と電波の境界,詳しくいうと遠赤外とミリ波の間に位置しており,技術面でも応用面でも開拓が遅れた『未開拓電磁周波数領域』とも呼ばれる.この周波数帯の電磁波の特徴をいかした分光,イメージング,各種検査,そしてバイオ,医学,農学への応用など,THz領域の研究は近年加速しており,今後ますます重要になることが予想される[1].

　THz波の特長は図1に示すように,電波の物質透過性を示す最短波長域であり,かつ光波の取り回し易さを示す最長波長という点である.すなわち,電波のように様々な物質を透過し,電波帯では最も高い空間分解能が得られ,かつ光波のようにレンズやミラーによる取り扱いが楽である,と言える.THz波は,半導体・プラスチック・紙・ゴム・ビニル・木材・繊維・セラミック・コンクリート・歯・骨・脂肪・生体粉末・生体組織標本,乾燥食品などを透過可能である.もちろん,各種材料の透過性および空間分解能の点ではX線に及ばないが,多少性能を犠牲にしてでも人体に安全な代替技術を望む声は根強い.もちろんX線の代替技術としてのみでなく,各種試料に発見されているTHz帯指紋スペクトルやTHz波固有の

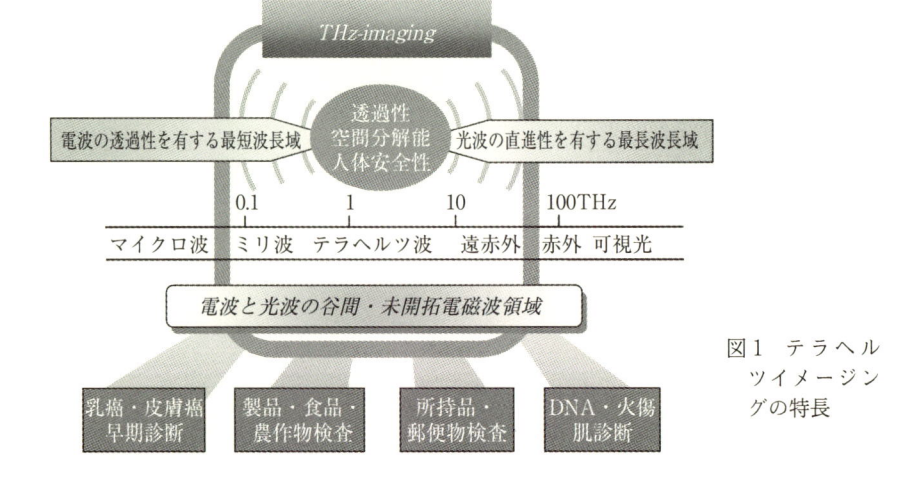

図1　テラヘルツイメージングの特長

性質を活かした応用も DNA 診断をはじめ見出されつつある．電波帯に共通する性質として，水分含有量や極性分子の割合などにより吸収ロスが極めて大きいが，それらが問題とならない応用可能性も多く提示されている．

　以下では，世界で報告されている THz 波の応用可能性を述べる．まず，THz 波の透過特性（複素誘電率）が DNA のハイブリッドあるいは変性の結合状態に明確に依存することから，蛍光体ラベル不要の DNA チップ診断が可能とドイツ RWTH が報告して以来，この方面の研究が加速している．さらに，アスピリンやサリチル酸など各種試薬，ビタミン，糖，農薬類などが THz 波帯に固有の吸収スペクトル（指紋スペクトル）を有することがこの 1 年足らずに間に次々判明し，広範な応用可能性が示唆されている．

　この指紋スペクトルに関して，我々理研グループは 10 年来開発を進めてきた広帯域波長可変 THz 光源（THz-wave Parametric Oscillator：TPO）を用い，世界初の THz 分光イメージングによる試薬類の成分解析に最近成功した．これは，パソコンにあらかじめ記録しておいた各種試薬の指紋スペクトルを用い，様々な物質が混在した測定対象の中から特定試薬の濃度分布のみを画像抽出する技術である．具体的には，複数の異なる THz 周波数で撮像した画像データに対し，抽出対象物質の指紋スペクトルを行列演算することにより，対象物質の濃度分布を画像化できる．この技術を用いて，封筒中に隠された覚醒剤の検査やケミカルマーカーによる組織サンプルの診断などに応用可能と考え，現在研究を進めている．

　他方，東芝ケンブリッジ研究所（現 TeraView 社）や英国 Leeds 大学は，癌組織と正常組織の THz 波に対する吸収に差があり皮膚癌の早期診断が THz イメージングにより可能と報告している．また，反射型トモグラフィーによるフロッピーディスクなどの断層像や，火傷の深さ診断が米国 Rice 大学から報告されている．この他，IC パッケージや IC カード，半導体ウェハー，虫歯，超伝導体等の THz イメージングも報告されており，各種診断，製品検査，偽造防止，所持品検査，郵便物検査などへの実用化が模索されている．さらに，THz 波の水に対する吸収が大きいことと，波長が長いため散乱が小さいことを生かして，葉の水分含有量のリアルタイム計測も可能である．同様の原理で，紙，木，繊維，粉末，乾燥食品，などの水分含有量検査なども提案されている．

参考文献

1) 川瀬晃道, 伊藤弘昌 (2002), 応用物理 71 : 167-172.

産業用無人ヘリコプタ

野口 伸

[精密農業，リモートセンシング，飛行安定制御，衛星画像]

　産業用無人ヘリコプタの農業利用は現在主に防除作業があり，大規模農家，コントラクタなどに普及しつつある．その作業効率は1フライト20分ほどで2 haの農薬散布が可能で，1日5時間稼動すれば，20～30 ha散布することができる．また，ヘリコプタのダウンウォッシュによって薬剤が分散し，植物に均一に付着することで高い散布精度を実現しており，従来法である地上散布と同等の精度になることもわかっている．このように産業用無人ヘリコプタは防除作業において高い能率を有している．しかし，ヘリコプタのコストを考えると，1年の農作業を通して農薬散布時期のみの使用では効率的利用とはいえず，より多目的，多機能化が求められている．そこで，近年産業用無人ヘリコプタを精密農業（Precision Farming；PF）に導入し，植物情報センシングのプラットフォームとしての新しい利用法が提案されている．

　PF技術は大きく分けて，センシング，診断と意思決定，可変投入の三つのカテゴリに分類できる．この中でヘリコプタは特にセンシングに有効である．これまでにPF技術におけるセンシング手法として，衛星画像を用いたもの，車両に搭載させたセンサを用いたものなどが挙げられるが，衛星画像は空間分解能が低く，雲がある場合可視領域のデータ取得が不可能となる．さらに，センシングした情報を取得するまでに大きな時差があり，即時性が要求される圃場管理に障害となる．一方，車両搭載型センサを用いた場合，圃場の状態，特に雨上がりのぬかるんだ時やトウモロコシなど草丈の高い植物におけるセンシングは困難である．ここでヘリコプタによる低空センシングを考えると，これらの欠点を克服することができ，極めて有効な手段といえる．

　しかし，ヘリコプタを使用しても1圃場レベルの観測が限界であるため，観測スケールがシームレスな農地・農村環境のモニタリングシステムへの拡張も重要な研究課題である．近年，イコノスやQuickBirdのような超高解像度衛星画像が実用化し，食料生産のためのセンシングデバイスとして期待は大きい．R-G-B-NIRの4チャンネルのマルチスペクトル画像でさえ4 mの空間分解能を有し，その解像度は圃場レベルの生産技術にも適用できる．したがって，最近この高解像

度衛星画像を地球規模の環境問題，土地利用調査にとどまらず，圃場レベルの精密管理にも役立てる試みがなされている．しかし，画像取得のタイムリネスに欠けるため，営農に衛星画像を利用するにはいまだ障害は多い．しかし，高解像度衛星画像と低空リモートセンシングを併用することで，観測空間がシームレスでタイムリーな圃場環境の超精密モニタリングシステムの構築が可能とな

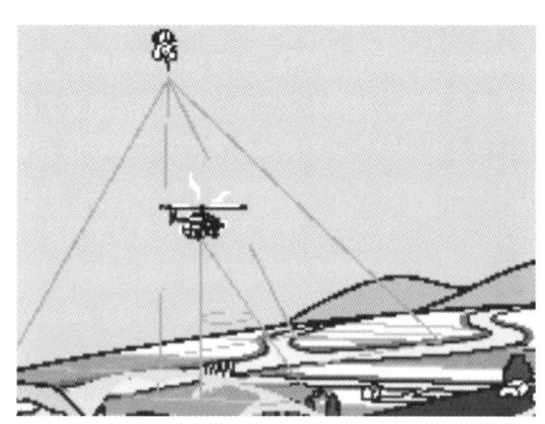

図1　衛星画像と低空リモートセンシングをシームレスに結合した圃場環境モニタリングシステム

る．広域から圃場レベルまで植生や生育状態はもちろんのこと栄養状態，病害虫の発生状態も広域から狭域まで同一スケールでモニタリングできるシステムとなる．たとえば，収量予測や病害虫の発生予察などは広域をカバーできる衛星画像が望ましい．しかし，衛星画像では，圃場管理作業で必要となる即時性の高いデータを取得することは困難である．一方，低空や地上ベースのリモートセンシングの場合，即時性・空間分解能の観点から衛星画像を凌ぐ性能を発揮する．しかし，マクロとミクロの両面から生産環境を評価することが，精密な圃場管理を行ううえで不可欠であることは自明である．たとえば，広域レベルで病害虫の発生を予察し，個々の圃場でその情報をもとに防除作業を行う現行の作業体系をみても精密な圃場管理には，マクロ・ミクロ両面からのモニタリングとその結果に基づいた正確な意思決定が必須であることがわかる．いずれにしても，メリット・デメリットが相反する2種類のリモートセンシングを融合し，数値情報を統一的に扱えるメリットははかり知れない．

　一方，無人ヘリコプタをリモートセンシングに適用する場合，一般に200～300mの高い高度でヘリコプタをホバーリング制御する必要がある．しかし，この操作は熟練オペレータでも容易でない．このような理由から，ヘリコプタベースセンシングシステムの場合，飛行の自動化，特に高い高度下の飛行安定制御も重要な研究課題である．

超音波・農産物性・気体計測

西津貴久

[超音波，縦波，音速，弾性率，組織内ガス]

　金属，高分子材料などの工業用材料では，内部のボイド・亀裂などの構造的欠陥の無侵襲探索や，各種弾性率の非破壊計測に超音波が利用されている．対象を農産物に置き換えれば，前者は空洞果や，鬆（す）入り果の検出に，後者は熟度と相関のある果肉硬さの計測に相当する．

　農産物の超音波計測では，センサの入手が容易で，透過しやすい周波数 40 kHz ～100 kHz 程度の縦波モード計測がもっぱら行われ，超音波による空洞果の検出，音速と硬さの関係についての検討結果が数多く報告されてきた．空洞果については，透過波の減衰の大きさである程度検出できることが多い．また，一般に，

$$音速＝（波動変形に関係する弾性率/密度） \tag{1}$$

という関係が音速-弾性率間に成立するが，農産物の軟化による弾性率の低下に伴い音速も減少するのではないかという期待から，縦波音速と硬さの相関が検討されることが多い．しかし実際には，縦波音速は農産物の種類により 200～1,000 m/s 程度の範囲に分布する[1]ものの，両者に相関はほとんどみられない．最近，これは細胞間隙中に存在するガスに原因があることが明らかになってきた[1]．

　植物組織一般に，呼吸活動のための通気組織として細胞間隙がある．この細胞間隙には呼吸活動やその他の生理活動の結果生じ，取り残されたガスが存在している．図1はダイコン柔組織の顕微鏡写真であるが，細胞間隙部分はガスの存在で光が散乱し，みかけ上透過光量が下がるため，黒く写っている．こうした組織内ガスが柔組織に占める割合は，地下茎などでは体積分率にして数 %（v/v），地上部になる果菜類果肉ではさらに大きく，例えばリンゴでは 25 %（v/v）程度であり，多いものではナスのように 40 %（v/v）近くに及ぶものもある[1]．

　果肉中での超音波波長は農産物のサイズよりも小さいため，無限媒体近似が成立すると仮定すると，縦波音速は次式で表される．

$$c = [\{K + (4/3) G\} / \rho]^{1/2} \tag{2}$$

　音速 c に関わるパラメータは，密度 ρ，体積弾性率 K，剛性率 G の三つ．密度は，農産物全体でおおよそ 700～1,200 kg/m^3 の範囲で分布しているが，他のパラメータを固定して密度をこの範囲で振ってみた場合，上式によると，音速の変動

はせいぜい30％程度であり，200～1,000 m/sもの音速変動をもたらす主因とは考えにくい．果菜類果肉の約80％以上が水から構成され，また細胞壁が柔軟であるため，細胞間隙を除く細胞実質部の体積弾性率は水の体積弾性率（約2.2 GPa）に近い値をとる．一方，剛性率・ヤング率はせいぜい数十MPaで，体積弾性率よりもはるかに小さい．したがって，音速は体積弾性率支配と言うことができる．硬さは，その定義からヤング率や剛性率に代表されるものであり，本来，体積弾性率とは異なる概念である．これが硬さとの相関がみられない要因であると考えられる．

体積弾性率は，与えた圧力変動に対する体積変動の比で定義される圧縮率の逆数であるため，圧縮性の組織内ガスが多いとみかけの体積弾性率を大きく減少させてしまい，音速の低下を招く．図2は組織内ガス体積分率と音速の関係を示すが，高含水率の果菜類では種類を問わず，組織内ガスがゼロに近いほど，その音速は水の音速1,480 m/sに近く，組織内ガス量が増すほど，その縦波音速は低くなり，空気の音速340m/sをも下回る様子がみてとれる．農産物果肉は水と分散ガスからなっているといってもよく，組織内ガス体積分率と密度には高い相関がみられる．したがって，縦波超音波音速からはわれわれが望む硬さ情報を得ることはできず，むしろ組織内ガス量，あるいは密度に関する情報が得られると言えよう．

図1　ダイコン柔組織の顕微鏡写真

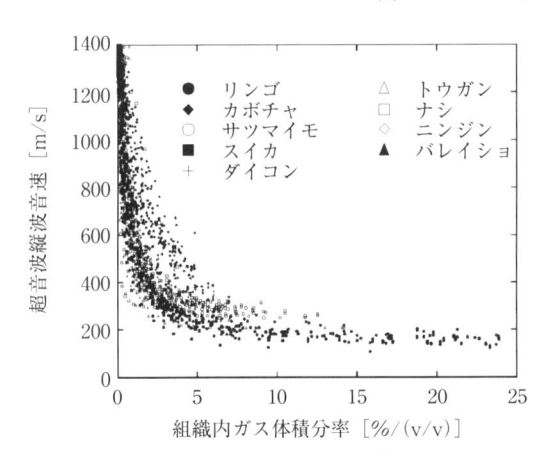

図2　大気圧下・加圧下の農産物果肉の組織内ガス分率と縦波音速

参考文献

1) 西津貴久，池田善郎（2001）農業機械学会誌 63（3）：74-83.

スペクトロスコピー

豊田浄彦

[分光法，周波数応答，振動刺激，農産物，物性，励起現象]

スペクトロスコピー（spectroscopy）は，本来「分光法（学）」を意味するが，「超音波[4]」，「インピーダンス[7]」等のスペクトロスコピーに見られるように，電磁波をはじめ音波や熱などを含む振動エネルギーの周波数応答に基づく計測法として広く用いられている．スペクトロスコピーは，基本的には外部エネルギーの吸収に伴う励起や透過，反射，散乱等を測定し，対象物の「構造」に関する情報を得る方法と見なされる．

図1に示す様に多様なスペクトロスコピーがあるが，印加信号の波長が短くなると励起現象の空間スケールは小さく，時間スケールは短くなる．農産物は空間スケールに個体-組織-細胞という階層構造を有するため，波長の異なるスペクトロスコピーを併用することで，対象を多面的に捉えることができる．

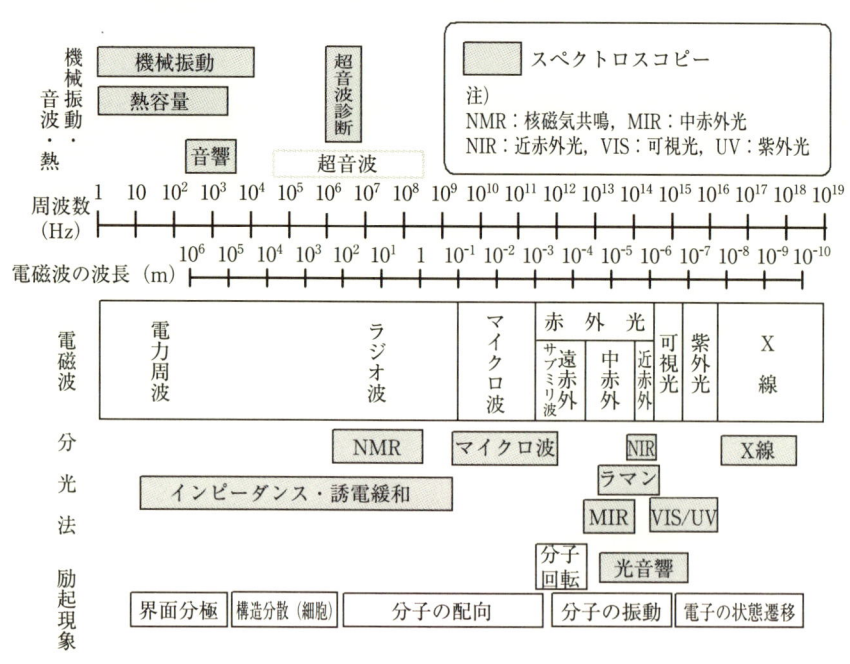

図1 各種スペクトロスコピー（周波数，励起現象）[5,6,10]

表1 各種スペクトロスコピーにおける獲得情報と測定例[26,17,32,9]

スペクトロスコピー	周波数/波長	励起現象，獲得情報	測定例
機械振動	数 mHz〜10 kHz	力学特性	果実の硬さ[2]
熱容量（HCS）	0.2 Hz〜2 kHz	複素熱容量[1]	ガラス転移
音響	200 Hz〜3500 Hz	音響共鳴	ボイド，果実の硬さ[3]
超音波	20 kHz〜100 MHz	伝播速度，減衰係数[4]	食品中の気泡[6]
インピーダンス・誘電緩和	数 mHz〜100 MHz	複素インピーダンス，複素誘電率	微生物代謝[9]
マイクロ波	1〜10 mm	誘電定数・損失	加水量測定
核磁気共鳴（NMR）	10-40, 100-650 MHz	原子・分子の構造，易動性	肉の保水性
ESR/EPR	マイクロ波帯	フリーラジカル・金属転移	油脂の酸化安定性
ラマン	NIR, VIS, UV	ラマン散乱	油のヨウ素価[8]
遠赤外（FIR）	25 μm〜1 mm	分子の回転，振動	輻射熱測定
中赤外（MIR）	2.5〜25 μm	O-H, C-H, C-O, N-H等の基準振動	糖濃度測定[5]
近赤外（NIR）	750 nm-2500 nm	分子基準振動の倍音，結合音	成分分析
可視光/紫外光	170〜750 nm	外殻電子の状態遷移	色彩選別，蛍光分析
光音響	MIR, NIR, VIS	気体膨張音	バイオフィルム計測
X線	0.01〜100A	透過率	内部構造の可視化

各種スペクトロスコピーによる測定例（表1）の多くは非破壊，非侵襲，非接触での測定が可能である．

文　献

1) Baur, H. *et al.* (1998) J. Therm Anal Calorim, 54 (2) : 437-465,
2) Chen, H. *et al.* (1995) J Agr Eng Res 61 (4) : 283- 290,
3) De Belie, N. *et al.* (2000) Postharvest Biol Tec, 18 (1) : 1-8,
4) Gunasekaran, S. (ed.) (2001) Nondestructive Food Evaluation, Marcel Dekker, New York, 217-241
5) 亀岡ほか (1998) 日本食科工誌，43 (3) : 192-198,
6) Kulmyrzaev A. *et al.* (2000) J Food Eng 46 : 235-241,
7) Macdonald, J. R. (1987) Impedance spectroscopy, Wiley, New York,
8) Mossoba, M. M. ed. (1999) Spectral Methods in Food Analysis, Marcel Dekker, New York, 427-462,
9) Silley, P. *et al.* (1996) J. Appl Bacteriol, 80 : 233-243,
10) Whiffen, D.H. (1971) Spectroscopy, 2nd ed. Longman London, 14-15

蛍　光

斉藤保典

[植物，生体情報，光エネルギー，光合成，色素]

　植物が他の生物と大きく異なりその存在意義を見出すものの一つに，光合成による生産活動を挙げることができる．つまり植物は基本的に光に対して敏感な特性を持っていることになる．そこで，植物の生体情報の計測に，植物と光の相互作用特性を利用することが考えられる．一般に物質と光との相互作用には散乱，吸収，発光があるが，ここでは発光としての蛍光を取り上げ，植物非破壊計測への応用を目的として，基礎概念，方法論，システム構成，計測例について述べる．

　蛍光とは，物質がエネルギー（ここでは光）を得て分子エネルギーの基底状態から高次の励起状態に遷移し，無輻射遷移や内部転換などを通じて最低励起状態に移り，再び基底状態に戻る際に放射される光のことである．物質自から発する蛍光を対象として，その物質に関する情報を直接的に求めるものと，特定分子に選択的に結合する蛍光剤などを用いて，間接的にその分子に関する情報を得る方法とに分けられる．ここでは前者の方法を取り上げる．その理由として，化学的な前処理が不要であること，そのため物質の状態が維持されること，環境に配慮した方法であること，フィールド観測へ対応が可能なこと，などを挙げておく．

　蛍光計測における植物生体情報は，蛍光スペクトルの形状変化あるいは蛍光強度の時間変化から得られる．植物生体内には，クロロフィル，カロテノイド，フェルラ酸，NADPH，などといった蛍光性の色素分子が数多く存在する．クロロフィル蛍光に関しては[1]，その他の植物生体内色素の蛍光については[2]に詳しい．色素分子の濃度や構成要素は植物の生育状況や生長過程に応じて変わるため，蛍光のスペクトルや強度に反映される．したがって計測した蛍光スペクトルを解析することにより，生体情報へ結びつけることが可能になる．また，蛍光強度の時間変化は，光合成における酸化還元反応に伴う電子伝達に関する情報を与える．障害発生による電子伝達の不完全さなどは，蛍光寿命や蛍光誘導期現象の計測結果より知ることができる．

　通常，蛍光の波長は，誘起に用いた光の波長よりも内部緩和で失ったエネルギー分だけ長波長側に観測される．したがって，より広波長範囲の蛍光スペクトルを得るためには，紫外光を誘起光源として使用するのが良い．Xeランプなどの光か

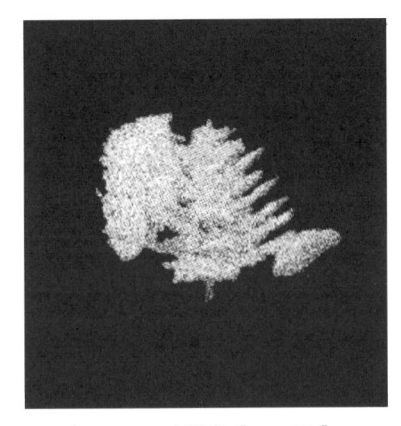

クロロフィル濃度 [μmol/g]

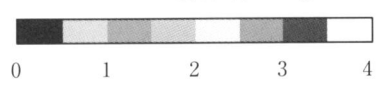

0　　1　　2　　3　　4

ら紫外光を取り出して使用したり，最近では青色から紫色にかけた発光ダイオードや半導体レーザを用いることも多くなってきた．強い光源が必要な場合や時間分解蛍光寿命を計測したい場合には，パルスレーザが用いられる．光合成に関わる光吸収による励起，内部緩和状態などの光反応にからむ電子の動きを実時間で捉えることができる．検出には，光電子増倍管を使ったフォトンカウンティングを利用すれば，極微弱な蛍光の検出が可能である．分光器とCCDアレイ検出器を組み合わせると，500 nm以上に渡る波長領域を一度に計測することができ，蛍光スペクトル形状の検出・計測には威力を発揮する．分光器とストリークスコープを組み合わせると，ほぼ全可視領域の蛍光強度の時間変化を15ピコ秒以下程度の時間分解能で計測することができる．

蛍光計測の例として，レーザ誘起蛍光（LIF：laser-induced Fluorescece）法と画像技術を組み合わせた結果を取り上げる．LIF法では，レーザ波長を希望する反応系（波長）に合わせた効率の良い蛍光発生が可能である．レーザの良好なエネルギー伝播特性を利用すれば，圃場内での農作物生育診断や森林生育状況などを，リモートセンシング的に計測することも可能になる．図に，LIFスペクトル画像より得られたイチョウ樹木（図中央）のクロロフィル濃度画像分布を示す[3]．計測システムとイチョウ樹木は約60 m離れている．LIF画像計測技術を駆使することによって，非破壊かつリモートセンシング的手法で，自然のままの状態にある植物生理状態に関する情報分布を得ることができた．今後，このような計測手法の需要は益々高まるものと期待される．

参考文献

1) Lichtenthaler, H. K. Ed. (1988) Application of Chlorophyll Fluorescence, Kluwer Academic Publishers (Dordrecht, The Netherlands).
2) Cerovic, Z. G. et al., (1999) Argonomie 19 : 543-578.
3) Saito, Y. et al., (2002) Optical Review 9 : 37-39.

e－Learning

田村武志

[遠隔教育，インターネット利用教育，Web技術，WBT，LMS]

e－learningとは

e-learningとは，インターネットのTCP/IPやHTTP，Browserなどの技術を利用した学習システムのことである．e-learningは，Web技術を使うことからWBT（Web Based Training）とも言われている．WBTは，あらかじめWebサーバに学習教材を蓄積しておき，学習者がいつでも，どこからでも，ネットワークを経由してサーバにアクセスすれば個別学習ができるという学習システムである．ホームページを見る感覚で学習できる．それだけでなく，講師に質問したり，学習者どうしで情報交換や協調学習をしながら学習することもできる．

WBTシステムの構成と機能

WBTシステムは，図1に示すように，学習管理を行うLMS（Learning Management System）と教材制作のためのオーサリングツールから構成される．LMSは，学習者の登録や成績管理，学習の進捗状況の把握，教材管理，テスト，ア

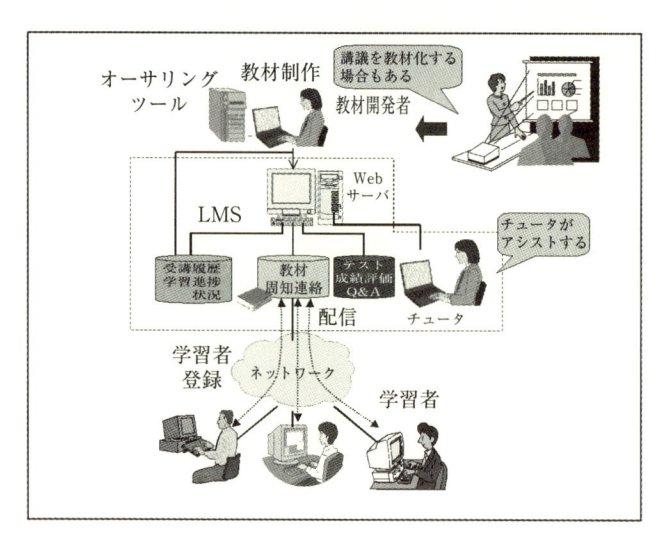

図1 WBTシステムの構成

ンケート情報の収集などを行う．WBTでは，講師は，あらかじめオーサリングツールで制作した教材をWebサーバにアップロードしておく．学習者はサーバにアクセスして教材の指示にしたがって学習する．教材の随所に問題が提示されるので学習者はこれに回答する．学習の途中でチュータがアシストする場合もある．このように，WBTは個別学習が主体ではあるが，双方向性が確保されており，講師と学習者，あるいは学習者同士がコミュニケーションしながら学習を進めることが出来る．教材はテキスト，グラフィックス，アニュメーションだけでなく，ビデオ（動画）や音声など，マルチメディアを駆使した教材も利用できる．e-learningの学習形態には，オンデマンド型，ストリーミング型，ライブ型およびそれらをすべて統合化したハイブリッド型がある．

WBTシステムの特徴

　WBTは，教材の更新がサーバ側で一元的にできるという点が大きな特徴である．すなわち，常に新しい教材がタイムリーに供給でき，CD-ROMやテキストを配布する従来の方法に比べ，教材のデリバリーのスピードが早い．また，集合教育に比べてコストパフォーマンスにも優れ，投資対効果（ROI：Return On Investment）が大きい．そのため，特に企業では広く使われている．一方，大学でも学生の予習や復習，各種資格取得のための受験準備などに使われている．

　WBTはキャンパス内の大講義室で一方通行的に行われている現在の講義とは本質的に異なる．またインタラクティブ性に乏しいCD-ROMやビデオ教材，放送メディアによる学習とも異なり，学習効果が期待できる．

まとめ

　現在，一般家庭でもADSLや光ファイバーケーブル（FTTH）が比較的安価に利用できるようになった．常時接続による高速ブロードバンド時代を迎えている．ブロードバンド時代では動画や音声など，マルチメディアが豊富に利用できるので，e-Learningが益々盛んになるであろう．例えば，大学での講義をリアルタイムに家庭に配信したり，メンタリング機能により，講師がアドバイスしたり，シミュレーション機能によって操作などのスキルが取得できる疑似体験の場も提供できる．e-Learningによって，今後，学習スタイルは大きく変わるであろう．

デジタル・デバイド（digital・divide）

塩　光輝

[情報格差，情報化社会，地域格差，情報リテラシー，中山間地域]

　情報格差．デジタル・デバイドは，所得，地域，年齢，性別，身体的制約など様々な要因によって生じる．情報化社会の進展に伴い，様々なサービスの提供を受けることが，高度なコンピュータと情報通信機器を使用することが前提となってきたため，デジタル・デバイドの所在は社会的に無視できない重要な課題となってきている．2001年1月に制定された日本政府のe-JAPAN戦略においても，「すべての国民が情報リテラシーを備え，地理的，身体的，経済的制約にとらわれずに，自由かつ安全に豊富な知識と情報を交流し得ること等」を基本戦略の目標に掲げている．

　この中でも地域格差の問題は行政との関わりが最も深く，いわば行政側の責任ともいえる問題であるため社会的に放置できない課題である．とくに農村地域においては，その地理的に不利な条件や社会的な条件（過疎化や高齢化の著しい進展，情報発信の主役である若者や担い手層の不足，民間の情報通信インフラが入り難い等）によって，都市部に比べて情報通信インフラが遅れている等の理由からデジタル・デバイドが発生している．

　平成8年度に実施された日本農村情報システム協会の調査においても，地域類型別にみた情報通信の基盤整備率は表1のような結果となっており，基盤整備だけをとってみても都市と農村における情報格差の存在は明らかである．

　また，平成12年度に行われた21世紀村づくり塾によるアンケート調査結果からは，次のような中山間地域の情報化に対する課題が浮き彫りにされた．

表1　都市と農村の情報格差
— 農村地域類型別にみた情報通信の基盤整備率（%）

	都市			農村
	都市的地域	中間農業地域	山間農業地域	
INS	99	93	85	90
CATV	42	10	4	8
インターネット	90	68	60	65
移動体通信	100	89	38	53

資料：平成8年度報告書「都市と農村との情報格差」（社）日本農村情報システム協会

　調査対象の中山間地域の自治体として力を入れている施策は，「保健福祉医療の向上」と「農林水産業の振興」，「生活環境の整備」の3施策であるが，情報化については，中山間地域ではほと

んどの自治体で情報化計画が未策定であり，情報化を検討する組織のある自治体も少ない．

情報インフラについては，インターネットのアクセスポイント数を除いて，ほとんどの項目について整備状況は5割以下であり，都市部とのデジタル・デバイドが明らかである．とくにコミュニティFMやCATV，光ファイバー，コンビニにおける情報化では1割〜2割程度の整備状況である．

一方，情報通信技術を使った情報サービスでは，約4割の自治体で「防災・環境関連サービス」が導入されており，「文化教育関連サービス」や「行政情報関連サービス」，「医療福祉関連サービス」が約2割，「農林水産関連サービス」や「窓口業務関連サービス」は約1割台の実施状況である．そして，情報サービスが一つもないと答えた自治体が3割を超えている状況がある．

今後の情報の必要性については，約8割の市町村が必要だと回答し，とくに高齢化社会を反映して地域内の医療福祉や防災情報に対する期待が大きく，90％を超える市町村が生活情報の必要度を強調している．しかし，一方で人口の少ない市町村ではIT革命へ対応するのが難しいとする回答もみられる．

このように，中山間地域の市町村においては，一般に市町村独自の財政規模が小さく，情報化はしたくてもその負担が大きく，情報化よりも身近な生活環境整備の方が優先されている．また，中山間地域の特徴として，距離的に分散した居住地域の存在や山間地の地理的制約のため，インフラ整備には膨大な費用がかかることが指摘されている．さらに，投資効率等の面から民間主導では情報化が進みにくく，高度な情報化を推進できる人材も少ない．

このようなデジタル・デバイドを解消するためには農村地域への積極的な情報インフラ投資が必要であるが，最大の課題は，インターネット等最新の情報機器を使いこなすことのできる人材をいかに育てることができるかにかかっている．すなわち，高齢者を含む情報リテラシー教育とそれを支える指導者，そして高度なネットワークの情報管理者が必要であり，それらを国として育成する体制を整備することが重要である．

農山漁村情報インフラ

町田武美

[MPIS，農村メディア，GRID，フィールドサーバ]

　情報化社会は知識資産の開発や共有が大きな意味をもち，知識管理を効率化し経営に反映させる知識管理型社会に移行しつつある．その実現には知識の伝達と集積速度が大きな要素であり，情報通信インフラに依存している．ブロードバンドを享受できる情報利用環境になった時に本格的な情報ベース（Information base）の農山漁村になる．

　農山漁村メディアは広い意味でアナログ型からデジタル型への移行段階にある．情報インフラや各種メディアもアナログ・デジタル混用の時代であるがインターネットの普及はシステムを急速にデジタル化，Web化し情報共有や分散コンピューティングなど知識集積・利用の新しい仕組みが農山漁村に着実に浸透し，情報利用環境を新しいものに変えつつある．

情報利用基盤

　高速ネットワークに支えられた知識管理社会では様々な技術やノウハウが補完融合し合いながら短期間に新技術やビジネスを誕生させる特徴がある．産業システムやビジネスの全てにおいてスピードが大きな価値となり，情報を利用した早い対応や組織のグローバリゼーション化が競争を勝ち抜く重要な要件になっている．

　高度情報化社会は知識の集積とその利用が大きな産業力となるが農山漁村も例外ではなく，知識管理は他産業以上に大きな発展要素となる．農山漁村情報インフラを構成する主な要素は農業の情報システムであり，それを支える農業関連DBやコンテンツおよび農山漁村の情報通信ネットワークが基本インフラである．ネットワークを利用したGRIDシステムや分散協調型生産システム，データの自動収集やマイニングシステムなどもシステムの進展と高度化に伴い重要なインフラとなっている．農山漁村インフラ整備の目標は ① 高速情報通信網の普及 ② 情報・知識共有システムや知識管理の強化 ③ 他産業なみの電子商取引環境の整備 ④ 情報基盤対応した組織や生産システムの整備 ⑤ ネットワークを利用した知識共有型農業の確立 ⑥ Information Base の農村新生活圏の創造などである．

農山漁村地域社会メディア

　農村メディアにはインターネット，ファクシミリ，CATV，オフトーク，有線放

送電話，防災行政無線（同報無線），衛星通信などがある．都市近郊以外の農山漁村の通信インフラは大部分がテレマティックメディア（電話回線を利用した通信端末）であり通信速度は INS 128 Kbps 以下であり，普及台数からみればファクシミリ端末が最も普及している．

農村 MPIS（農村多元情報システム）は CATV を利用してテレビ放送の再放送，自主放送，音声告知放送，ファクスによる文書電送，コンピュータ通信，在宅健康管理，水位観測，気象・市況情報伝送のサービスを行うもので全国 130 ヶ所程度導入されている．イントラネットを利用したた農協の Web 会計や Web 共同施設管理のように農業用 Web 型ソフトの採用はデータの集中管理と情報の共有を可能にし，さらに個別農家の設備投資を軽減しコスト削減と管理平準化，労働負担の軽減なども併せて可能にている．

無線 LAN によるネットワーク構築は農山漁村地域で有効な通信手段あり，インフラ整備の遅れている中山間地域の地域イントラネット構築やフィールドサーバなどによる農村地域メッシュ型ネットも新しいメディアとして期待されている．

農山漁村ビジネスとメディア

ネットワーク型コミュニケーションの機能・範囲，多元性などはこれまでに無いものであり，人間の創造活動や知識の再生産を飛躍的に加速している．携帯電話や PDA などの農業現場での活用は新しい型の情報交換を可能にし，複雑化する生産環境の基で個別経営体の経営管理や意思決定支援にメディアの重要度が増している．電子商取引，電子認証などの標準化，法整備などが急速に進んでおり，本格的なネットビジネスの時代を迎えようとしている．急速に拡大する E-コマースやネットマーケティングは，生産から消費までのサプライチェーン上で知識の共有化がなされることを前提としており，ネットビジネスに対応できる農村地域のネットワークインフラの整備が重要であることは明らかである．

食の安全・安心は生産現場の信頼性あるデータ保存であり情報収集と蓄積開示は生産者義務でありトレーサビリティ確保の基本でもある．ビジネスインフラを整備運用する上でも地域や組織での情報共有が重要となり運用管理を含めた情報インフラが不可欠である．情報利用環境基盤の可能性は無限であり，農業現場への適応はこれまでにない大きな可能性を示している．積極的な情報利用環境を基盤とする農業を目標とすることが重要である．

トレーサビリティシステム

杉山純一

[遡及可能性，インターネット，ID付与，二次元バーコード，ICタグ]

トレーサビリティとは

日本において，食品のトレーサビリティという言葉が使われ始めたのは，平成12年の某乳業メーカーの食中毒事件をきっかけとして，農水省が安全・安心情報高度化事業（日本版トレーサビリティシステムの開発）として概算要求に用いたのが最初である．「日本版」とあるのは，BSE（牛海綿状脳症）対策として先行していたヨーロッパの牛および牛肉のトレーサビリティに由来しており，それを牛肉ではなく，広く食品に適用しようというものに由来する．皮肉にも，この事業が始まった年（平成13年）に，日本でもBSEが発生し，トレーサビリティが一挙にクローズアップされることになる．そもそも，トレーサビリティとは，Trace＋abilityから来ており，「もとをたどること（遡及）ができる」ということである．

農産物への応用に向けて

まず，何のためにトレーサビリティが農産物で必要か目的をはっきりさせることが大切である．これは，大きく分けて，①事故発生時の追跡や回収を容易にする，②生産情報等を提供して消費者と「顔の見える関係」を築く，といった2点に集約される．言い換えれば，前者は事故が起きた時の「保険」であり，後者は事故が起きる前の「情報開示」あるいは「説明責任（アカウンタビリティ）」である．特に後者の場合は，情報内容によっては，付加価値を付けて有利販売するといった役割も担える．前者が重要視される典型的な例は牛肉であり，後者は，青果物等が掲げられる．このように，対象により両者の比重が異なることは，システム構築にも十分に反映される必要がある．いずれにしても，トレーサビリティは，これらの目的達成のための一手段であって，「生産から流通，消費に至る全ての情報を記録し，消費者側から閲覧できることがトレーサビリテイである」といった理想的なシステムは，現実的には無駄が多すぎて実用化は困難である．例えば自宅の体重計がどのように国際キログラム原器に結びつくかの一連の情報を記録し開示するとなると相当の手間とコストがかかるが，実際には同一になるような仕組みと万一異なっていた場合の校正法を提供することで問題の解決が図られている．農産物や食品では，ある意味では品質管理の一部として取り組むのが現

実的な方法といえる．すでに，一部の量販店や各企業での取り組みがみられるが，次項のような問題点の解決を図りながら，いずれも試行段階といったところが現状である．

今後の課題

情報を蓄積して伝達する技術[1]は，ID付与，バーコード，二次元コード，ICタグ，インターネット，携帯情報端末等，様々なものがあり，コストと手間さえかければ，どんな方法でもトレーサビリティは実現できる．しかし，消費者を対象とした調査では，これらの情報に対して払える金額は40％が0円，38％が10円以下といった

図1 青果ネットカタログ「SEICA」
http://seica.info
トレーサビリティだけを目的としたものでは無いが，ラベルのコスト負担だけで消費者への生産履歴の情報発信が可能になる

結果であり，価格の安い農産物に対して過大なコスト転嫁はできないのが現状である．加えて，圃場や流通現場で発生する農産物の情報を誰がどのように入力するか，常に①「コスト」と②「情報入力の手間」を念頭にシステムを開発する必要がある．また日本の農産物流通の特徴である卸市場・仲卸を経由した農産物は最終的にどこで販売されるのかは最後までわからない．したがって，どこでも使えるような③「導入の容易な機器」が必要となる．その上で，システムの④「運用・維持・管理」をどこがどのように行うかを考え，生産者・流通業者・消費者のいずれもがメリットを感じられるような仕組みにしないと永続きはせず，単なる実験で終わってしまう可能性が大きいといえる．

参考文献

1) 杉山純一監修（2003）トレーサビリティって何？，日本食品出版

産地直販

田上隆一

[直売所，電子取引，契約取引，作付栽培データベース，栽培履歴]

産地直売の形態

近年の消費者ニーズの変化やITの進展により産地直販（いわゆる市場外流通）が台頭してきた．産地直販についての明確な定義はないが，本項では「生産者または生産者団体が卸売市場流通に頼らずに，独自の販路を持つか，または仲介者を通して販売店や実需者および消費者等に販売すること」と定義する．産地直売にはいくつかの形態があり，①直売所販売（産地の直売所で消費者に直接販売），②予約相対取引（農協と量販店の売買契約等で行う直売流通販売），③電子取引BtoC（Webなどで消費者と直接行う通信販売），④電子取引BtoB（Eマーケットプレイスで行う販売者との取引），⑤契約取引（仲介者を通じて実需者などと一定の契約を交わして行う販売）の5つに分類することができる．

産地直売は，卸売市場流通に比べ生産者から消費者までの中間流通者の数が少ないため，商品流通時間と中間コストが削減される．その結果，①消費者に安価で新鮮な商品を届けることができる，②生産者の手取りが増加する，などのメリットがあると考えられる．その他，卸売市場流通ではセリによる価格決定のために生産者は販売に関与できないこと，一般に共同販売によるプール計算のため価格が生産者にわかり難いことなど，情報開示の透明性に欠けているが，産地直売では売り先が分かっており，生産者の判断で価格を決定，または相手と商談することができる．さらに，消費者の食品安全性の要求に対しては，既存の卸売市場流通では，トレーサビリティ（商品のトレースバックおよびトレースフォワード）の確保がほとんど困難であるが，産地直売では，中間流通者が少なく取引経路が明確であることから，トレーサビリティシステムが導入しやすいと考えられる．

産地直売でのIT活用事例

①直売所販売の情報システム：愛媛県内子町の直売所（http://www.islands.ne.jp/uchiko/karari/index.html）では，生産者が自宅の電話から出荷予約を行うと，直売所でラベル（氏名，商品名，価格）を出力，個々の商品に貼付される．販売された商品はPOSレジからホストコンピュータに送信され，売上情報が1時間毎に更新されるので，生産者は時間ごとの販売情報をチェックできる．

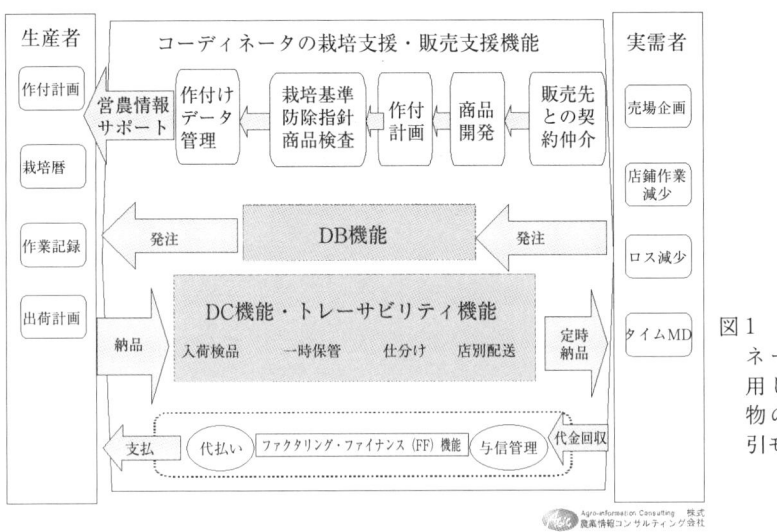

図1 コーディネータを活用した農産物の契約取引モデル

②予約相対取引の情報システム：群馬県のJA甘楽富岡（http：// www.jakantomi.com/ index.htm）では，生産者ごとの栽培計画をコンピュータに登録し，作物別出荷予測データを作成して量販店との商談を行う．データベースの活用により，少量で多種・多様な商品の情報管理を効率的に行うことが可能となり，出荷・販売管理システムとあわせて，産地主導の予約相対取引を成功させている．

③電子取引 BtoC の情報システム：ホームページに農産物と栽培の独自性や安全性などを掲載しながらネット販売を実施する生産者は非常に多くなっている．商用のバーチャルモールも数多くあり，いずれも宅配を使った流通形態である．

④電子取引 BtoB の情報システム：食品電子商取引の FOODS Info Mart（http：// www.infomart.co.jp/）は，一般的なバーチャルモール機能に「自動取引マッチングシステム」や「ASP受発注システム」機能を付加することで，eコマース事業を充実させている．

⑤契約取引の情報システム：愛媛県経済連NBU事業部（http：// nk.e-mikan.ne.jp/）は，生産者と実需者との間に介在し農産物の契約取引をコーディネート（図1）している．商材，価格，ロジスティクス計画を契約内容とし，該当する生産者の栽培計画をデータベース化して営農支援するとともに，栽培履歴データをインターネットで情報開示することで物流・販売管理を行っている．

ネットワークカメラ応用技術

二宮正士

[Webカメラ，遠隔監視，画像データベース，ビデオ会議システム，カメラ付携帯電話]

ネットワークカメラの進展

ネットワークカメラとは直接 IP 接続ないしは IP 接続されたコンピュータに接続され，ネットワークからアクセス可能なカメラをさす．遠隔監視や定点観測，テレビ会議・電話等多くの目的に利用できるが，従来このような機能の実現に必要だった高価な専用回線が不要で，汎用の IP ネットワークさえあれば利用できる点に特徴がある．農業目的では FieldEye[2] の取り組みが先駆的で，カメラ方向の遠隔操作や無線 LAN による接続も実現していた．

当初のネットワークカメラはコンピュータ接続型で，しかもアナログのビデオ信号をビデオキャプチャーしてデジタル化し静止画で提供するというものであった．その後デジタルカメラの発達などに伴い，USB 等を介して直接コンピュータに取り込むものが主流となり動画の提供も可能となっている．また，カメラを直接ネットワークに接続するだけで画像配信が可能な Web サーバ機能をもったカメラも低価格で販売され，その簡便さから広く受け入れられている．

どちらにしても，ネットワークカメラは急速に低価格になり，一般公開されたライブカメラは珍しくなく，ブロードバンドに接続された自宅の遠隔監視などもごく普通の光景となりつつある．この他，カメラ付携帯電話の普及も著しく，最近は携帯電話からの動画配信も可能になっている．

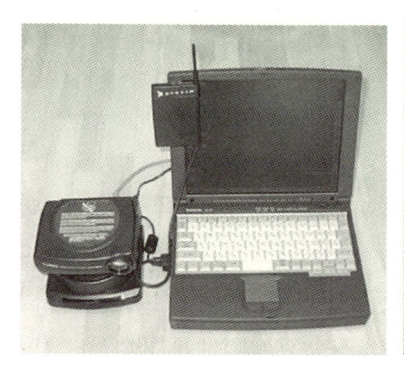

図1　日本第一号の農業向けネットワークカメラシステム[3]

農業とネットワークカメラ

　FieldEyeの発表をうけ,その技術を応用した農業向けシステムが提案された.例えば,ネットワークカメラを温室に設置して遠隔監視や生育画像のデータベース化に加え,気象ロボットや農作業記録も統合化して栽培支援に役立てる試みが行われた.この取り組みは収集画像の三次元計測による生育量把握という形で進展している.また,農家がメロンを苗の段階で販売し,購入者に対して苗の生育状況をネットワークカメラで常時中継することや,時には遠隔散水もできるというサービスも試みられた.その後,上で述べたようなネットワークカメラの発展と常時接続ネットワークの普及により,農業現場への普及が急速に広まっている.遠隔監視や成長記録はもとより,観光農園のライブカメラによる紹介等消費者へのPRやトレーサビリティの一環としての使い方も提案されている.また,カメラ付携帯を活用して圃場における農作業日誌入力支援や遠隔意思決定支援に役立てようという試みもある.関連して,無線LAN中継機能を持つ安価な環境モニタリング装置フィールドサーバ[1]とネットワークカメラを組み合わせたシステムも農村ユビキタスモニタリングの方向を示す物として注目されている.

ビデオ会議システム

　ネットワークカメラの一つの使い方としてビデオ会議が急成長している.従来ビデオ会議ないしはテレビ会議と呼ばれる物は高価な専用線を必要とし一部の大企業などの専有物であった.しかし,Polycom (http://www.polycom.co.jp/) に代表されるような比較的安価で128 Kbps程度でも高品質の画像や音声電送が可能な機器類の発達で状況は大きく変わっている.画質や音声にこだわらなければ,Microsoft Netmeetingに代表されるようなソフトウエアでもそのようなビデオ会議システムに参加することができる.また,それらのソフトウエアだけでも簡易テレビ会議は可能である.なお,最近グリッド研究の一環として,超高速回線を活用した高品質多点ビデオ会議システム AccessGrid (http://www-fp.mcs.anl.gov/fl/accessgrid/) による会議室や研究室の仮想統合化も提案されている.

参考文献

1) Hirafuji M, T. Fukatsu (2002) Proc. of the Third Asian Conference for Information Technology in Agriculture : 405-409
2) 二宮正士・木浦卓治・江渡浩一郎・南石晃明・上田正和(1997)植物工場学会誌 9 : 12-19.

営農支援システム

永木正和

[営農情報，決定，最適計画，データ入力法，利用者インタフェース]

　発展指向型の企業者マインドと具体的な経営者機能を защиту した農業経営者が期待されているが，営農支援システムは，この経営者機能を補完する役割を担う．経営者機能を経営活動の段階からみると，① 状況判断，経営目的や立地条件等に適した利用可能な技術や関係法制度の習得⇒② 投資と経営組織編成，経営改善案を反映した経営計画⇒③ 経営活動⇒④ 活動過程のモニターと制御⇒⑤ 結果の評価，改善点の抽出，である．持続的な経営発展は，経営者のこの連続的な判断と決定の適切さにかかっており，営農情報はそれにどれだけ有効かで評価されるべきである．

　この経営段階に対応して営農情報を類別すると，以下のようである．

① 的確な状況判断，経営目的・経営形態，立地条件等に適合した利用可能技術の見極めと習得，関係法制度の習得に活用する情報（市況，消費情報，気象，農政時事，関係法制度・補助事業，各種資材の商品名・効能・使用方法等，種牡家畜情報，中古資材や素牛の売買情報，圃場別土壌特性，新技術情報，先進経営事例等）

② 最適な経営組織と経営計画（経営改善を含む）立案に関する情報（顧客管理台帳，期首資産台帳，圃場台帳や家畜個体台帳等，地域営農標準，作付け計画，製品化計画，収穫・貯蔵・出荷計画，販売計画，資材購入計画，拡大・新経営部門創設・更新の投資計画，作業計画，施設・機械の運転計画等，期首財務諸表と収支計画，資金運用計画等）

③ 経営活動の遂行そのものと，活動過程のモニターや制御に活用する情報（圃場別作業記録，家畜個体管理記録，次の知的作業デバイス：a) 圃場灌漑水制御や作業機レベリング制御システム，b) ハウス・定温庫空調システム，c) 養液栽培システム，d) 飼料自動給与・搾乳ロボット等）

④ 経営活動の結果を評価，改善点を抽出するのに活用する情報（期末の資産台帳・圃場台帳・家畜個体台帳，期末財務諸表，税務申告書，経営診断分析等）

　他の類型法もある．情報の収集・提供主体，発生場所，入手方法，情報性質（個人情報か共有情報か），利用頻度，入手した情報の取扱い法（さらに二次加工が必

要か,解釈や経験を加味した総合判断を要するか等),からも分類できる.そのように営農情報を分類整理することで,営農情報システム化への示唆が得られる.実に多種多様であるが,どのような営農情報が整備不十分かもわかる.

　農業経営での情報利用が進展しないのは,そもそも企業的経営体の少なさによるが,その Location Specific & Time Specific Features,そして作物・家畜や環境系の生態情報が微弱で取得困難なことにも起因している.その意味で,さらなる開発研究にかかっているが,その方向は,① 多様な現場に耐える頑健,汎用アプリの開発,② データ収集方法の開発とデータ蓄積,③ 情報弱者に配慮した利用者インタフェースの開発である.

　第1と第2の点で,安価で操作簡便な GPS, GIS, 圃場図作成支援 Mapping Soft や営農関連の基礎的 DB の整備,経営診断結果を技術レベルに遡及して問題解決の処方箋を得る主体的な思惟,すなわち探索的方法を間接的ながらも支援する「事例ベース」の実用化に期待がかかる.

　第2,第3のデータ入力負担・データ信頼性や,利用者インタフェースの観点では,まず農作業記録の圃場入力端末として測位機能を内蔵した Wearable Computer や PDA の利用方法が開発されているが,現段階では既に広く普及しており,操作も簡便な i-mode 携帯電話に分がある.すでに,ポータル・サイトを設けて携帯電話から農作業や売買の記録を入力する全農長野県本部の JANIS やソリマチの AGRI8 が本格稼動している（(株)ソリマチ, http://www.agri8.jp/).一方,地域標準の営農データを前もって DB 化しておき,ユーザ農家は個別の実情に合わせてデータ修正して利用する方法で入力負担を軽減できる.異なるデータ形式で分散して存在するデータを取り込む仲介ソフトがあると既存データを有効活用できる.中央農業総合研究センターが開発している FAPS (南石晃明, http://misa.ac.affrc.go.jp/faps/) や MetBroker (二宮正士, MatthewLaurenson, http://www.agmodel.net/MetBroker/) がそれである.

　最後に,生産性と環境保全の両立を目指した精密農業 (Precision Farming) 研究の,営農支援システムとしての実用化に期待がかかっている.

参考文献

1) 長谷部・永木・松原 共編著(1996) 農業情報の理論と実際,農林統計協会.

遠隔診断システム

羽藤堅治

[スピーキングプラント(SPA), ネットワーク, 画像, データベース, 推論]

はじめに

　遠隔診断システムは,多くの研究者によって研究開発が行われている.コンピュータとネットワークの発達の影響を受け大きく進歩を続けている.遠隔診断は,医療の分野で注目され,高度な技術を有するため専門家の少ない分野,僻地などの医者が不足している場合において,実験的に行われ成果をあげている.同様に農業情報分野においても,遠隔診断の研究はインターネットの普及以前から行われており,初期にはパソコン通信を使った遠隔診断システムも開発されており,現在では,インターネットの普及に伴い通信機器も普及したおかげで,様々な形態の遠隔診断システムが研究されている[1〜5].

植物の診断のための計測

　植物の診断を行う場合,SPA(スピーキングプラント)に基づく計測を行う[2].例えば,制御化温室における水耕栽培を行っている場合,温室の内外の気温・湿度・日射量・炭酸ガス濃度や水耕設備の養液の温度・EC・pH・各イオン濃度等の施設や設備に関する情報を計測する.さらに植物体の情報が必要である.例えば,葉温・光合成速度・蒸散量である.さらに植物の診断には,画像データが重要であり,画像を処理し利用することにより,確率の高い診断を行うことができる[5].

診断方法

　緊急性がある診断を行う場合,最も一般的な方法は専門家に電話をかけて問い合わせるという方法であると思う.ここでは,専門家(エキスパート)に相当するシステムをコンピュータを用いて作成し診断を実行させる方法について解説する.診断を行うということは,診断の対象となる作物のモデルを作成しその動きを予測する必要があり,それに対する対処方法を導き出す必要がある[1].

　① エキスパートシステム:経験に基づく専門家の知識を使って診断する場合は,ルールベース推論を用いる.ルールベース推論は,文章形式のデータを扱い計算を行う推論エンジンと,文字形式のデータから作成される知識ベースから構成される.推論には,前向き推論と後ろ向き推論があり,与えられたデータから試行錯誤を繰り返し,結論を導き出す.ルールベース推論では,知らない(ルールにな

い) 現象については, 推論を行うことができないが, 未知の物に対しても推論ができるよう成功した事例を取り出し, これを次の推論に用いる事例ベース推論がある[3]。

② 画像診断：植物の茎や葉の生長や果実の成熟度を, 非破壊で自動的に定量化することは困難であったが, 画像を利用することで, これらの情報を計測することが容易になった. 画像をデータベースに蓄積しておくことで, 生長や病害虫の自動診断が, 可能となった[4]。

システムの診断

制御温室において植物を育てる場合, 計測システムや制御装置が正常に動作していなければいけない. そこで, 各計測データを照合しシステムが正常であることを診断するシステムが必要である. 植物の診断システムが優秀でも診断に使うデータに間違いがあったり, 制御システムに故障があれば, 植物はストレスを受け正常に育つことが困難となる. そこで, 遠隔診断を行う場合は, システムの診断システムを組み込む必要がある[3]。

まとめ

遠隔診断の実現には, 高速度な通信のインフラの整備が必要である. しかし, 農村部の多い中山間地や, 瀬戸内海の島々に代表される島しょ部においては, これらの情報インフラの整備という課題が残っている. 情報インフラの問題の解決策として, 最近では, ADSL (asymmetric digital subscriber line) や FTTH (fiber to the home) 等の有線を使ったネットワークと無線 LAN の組み合わせによる通信手段の確保の研究も多く行われており, 発展が期待できる.

参考文献

1) Hatou, K., *et al.* (1991) Proc. of 9th IFAC / IFORS symposium 616-621.
2) Hatou, K., *et al.* (1992) Proc. of 4th ICCTA 160-163.
3) 羽藤ら (1992) 生物環境調節 30 : 185-191.
4) 羽藤ら (1999) 植物工場学会誌 11 : 267-273
5) 星ら (1995) 植物工場学会誌 7 : 1-6.

農地環境モニタリング

清水 庸

[アメダス,気象観測ロボット,小型モニタリングロボット,精密農業,環境影響評価]

いかなる地点において,いかなる対象物に関し,いかなる物量を,いかなる時期に計測し,いかなる頻度で監視し,いかなる方法で評価・公表するか,が環境モニタリングの内容とされる[3]. この考え方を農地環境に応用するならば,農地環境モニタリングとは,農地やその周辺環境を対象範囲として,営農に関わる環境情報や作業情報を観測・計測することであり,計測の方法・時期・頻度および利用者へのデータ配布の方法は,営農形態や情報の利用目的に応じて決められる.

広域を対象として,すべての農地における情報を計測することは,現時点において困難である. したがって,情報を必要とする農地の近隣において測定されたデータが利用されている. 気象データについては,最寄りのアメダスの観測値をメッシュ化したものが利用可能である. 気温データの場合を説明すると,気象庁により作成された月別気温平年値メッシュデータ(メッシュ単位:第三次地域区画,約 $1 km^2$)を基礎データとして,対象とする「メッシュ」の周りに存在するいくつかのアメダス観測点の気温実況値と平年値との差を求め,これを距離の逆数で重み付けを行い,対象メッシュの実況値を推定している. メッシュデータは気温のみでなく,降水量や日射量データも作成されている[4]. しかしながら,アメダスの観測値のみでは,観測点が少なく,ローカルな気象状態の把握には不十分であることから,農林水産省が 1996 年度から始めた「気象情報地域農業高度利用対策」により,以前から導入が進められていた気象観測ロボットの本格的な整備が行われている[6]. 気象観測ロボットでは,アメダスの4要素(気温,日照,降水量,風向・風速)に加えて,相対湿度,日射量の6要素を標準的な観測対象としており,測定データやデータを加工して作成されたメッシュデータが,CATV,PC,FAX により,農家に供給され,気象実況の監視や作物の栽培管理に利用されている[6].

近隣の測定データの利用ではなく,実際に農地環境の情報を測定する手段として,最近では,温湿度,日射量,土壌水分などのさまざまなセンサやその情報を送信する無線 LAN,そして Web ブラウザにてデータのやりとりを可能とする Web サーバをモジュール化した小型モニタリングロボット「フィールドサーバ」が開発されている[1]. また複数の装置にて測定を行う場合,これらの分散モニタリン

グデータを画一的に扱うためのシステムも同時に開発されており，利用者はWebを通じて，データ収集・閲覧が可能となる[2]．これらのシステムでは，作物の生育状態や害虫の発生などの画像情報の取得も可能であり，様々な農業情報の取得に有効な手段と考えられている．

現在，注目されている精密農業においては，収量，土壌，管理の状態など，圃場における「空間的なバラツキ」や数年～十年のデータ蓄積に基づいて示される「時間的なバラツキ」，そして気象・生育予測の不確実性などの「予測のバラツキ」に関する情報収集が不可欠とされる[5]．農地環境モニタリングの役割は，「空間的なバラツキ」に関する情報の収集，および取得した空間データや気象データを管理・解析することによる「時間的バラツキ」のための情報収集が挙げられ，これらにはリモートセンシングやGISの利用が適している．精密農業は，肥料や農薬の最適な施用等を通じて，周辺環境への農業の影響を配慮した営農形態を可能にすると考えられる．今後の農地環境モニタリングの役割は，作物生産の面のみでなく，農業の周辺環境に対する影響評価の面にも，拡張していく必要があり，例えば農地からの河川・地下水への窒素流出など，農業に端を発する汚染物質のモニタリングも，農地環境モニタリングの範疇になると考えられる．

参考文献

1) 深津時広・平藤雅之（2002）農業環境工学関連四学会2002年合同大会講演要旨, 214.
2) 深津時広・平藤雅之（2002）農業環境工学関連四学会2002年合同大会講演要旨, 221.
3) 不破敬一郎・森田昌敏 編著（2002）地球環境ハンドブック第2版．朝倉書店, pp. 1129.
4) 清野 豁（1993）農業気象, 48（4）, 379 – 383.
5) 澁澤 栄（2002）日本学術会議シンポジウム農業情報工学 要旨集, 39-49.
6) 高谷 悟・能登正之（1998）農業気象, 54（3）, 283-287.

遺伝子解析・ゲノム解析

岩城俊雄

［ショットガン配列決定法，アセンブル，アノテーション，EST ライブラリー，機能ゲノム学］

　これまで分子遺伝学や分子生物学における遺伝子の機能解析は，特定の過程で働く遺伝子やその翻訳産物であるタンパク質の機能解明がメインであった．例えば，遺伝子の cDNA 取得と配列決定，プロモータなどの遺伝子発現を制御する領域の解析，さらには転写産物の発現とその性質の決定などがある．現在では，遺伝子解析の技術的進歩やコンピュータの処理能力向上によって，遺伝子単独というより，遺伝子間あるいはタンパク質間の相互作用にまでおよぶゲノムレベルの解析が可能になってきている．ゲノム解析の重要性は論ずるまでもないが，ある生物の全ゲノムを解析しデータベース化することは，個々の遺伝子の機能解析に比べて非常に膨大な作業を必要とする．

　ゲノム解析はまず配列情報の取得から始まる．対象となる生物のゲノムサイズによって手法は異なるが，基本的にはショットガン配列決定法が使われる．まず，ゲノム DNA を数万塩基対に断片化し BAC ベクター（細菌人工染色体ベクター）あるいは YAC ベクター（酵母人工染色体）にクローン化する．断片化には制限酵素と呼ばれる特定の DNA 塩基配列を認識し切断する反応を触媒する酵素を用いる．さらに挿入断片を数百塩基対にまで細分化した後，プラスミドベクターに再クローン化したのち，挿入配列について自動 DNA シーケンサーで配列の解析を行う．得られた大量の配列データは，コンピュータ中に蓄積され，各配列の末端部分の重なりを目安にもとの染色体 DNA 配列へとつなぎ合わされる（アセンブル）．しかし，真核生物ゲノムにはセントロメアやテロメア領域の反復配列，染色体上に分散して存在するミニサテライトやマイクロサテライト，さらにはトランスポゾンなどの転移性因子による反復配列を多く含むため，配列のアセンブルには，断片のつなぎ目部分の再シーケンシングやデータベース検索などをあわせて行う必要があり膨大な作業となる．次に，配列に対するアノテーション（遺伝子予測）が行われる．真核生物ゲノムには遺伝子を分断する配列，すなわちイントロンが存在するので，遺伝子の予測は原核生物よりも複雑である．アノテーションとは，タンパク質やリボゾーム RNA などをコードしている遺伝子の染色体上での位置や

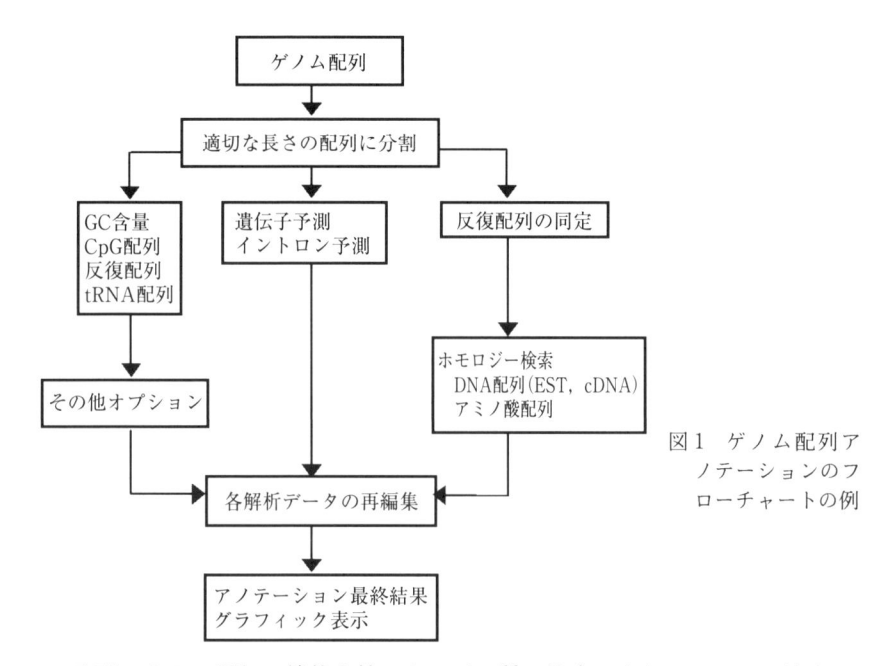

```
                    ┌──────────────┐
                    │  ゲノム配列  │
                    └──────┬───────┘
                           ↓
                ┌────────────────────────┐
                │ 適切な長さの配列に分割 │
                └──┬──────────┬──────────┬┘
                   ↓          ↓          ↓
         ┌──────────┐  ┌──────────┐  ┌──────────────┐
         │ GC含量   │  │遺伝子予測│  │反復配列の同定│
         │ CpG配列  │  │イントロン│  └──────┬───────┘
         │ 反復配列 │  │  予測    │         ↓
         │ tRNA配列 │  └──────────┘  ┌──────────────┐
         └────┬─────┘                │ホモロジー検索│
              ↓                      │DNA配列(EST,  │
      ┌──────────────┐               │       cDNA)  │
      │その他オプション│             │アミノ酸配列  │
      └──────┬───────┘               └──────┬───────┘
             └─────────┐   ┌───────────────┘
                       ↓   ↓
              ┌──────────────────────┐
              │ 各解析データの再編集 │
              └──────────┬───────────┘
                         ↓
              ┌──────────────────────┐
              │アノテーション最終結果│
              │  グラフィック表示    │
              └──────────────────────┘
```

図1 ゲノム配列アノテーションのフローチャートの例

その配列,さらに既知の機能を持つタンパク質の検索つまりホモロジー検索によって,遺伝子産物の機能予測を行うことなどである(図1および次頁アルゴリズムの項参照).

　ゲノムデータベース作成には正確なアノテーションが要求されることはいうまでもない.そのために,ゲノムライブラリーとは独立に作製された,cDNAライブラリーやESTライブラリーの配列とそれらのアノテーション情報が利用可能であればより正確なアノテーションを行うことができる.cDNAとは,遺伝子の転写産物であるmRNAを細胞から調整し,それを鋳型に逆転写酵素を用いて合成された相補DNAのことである.したがって,その集合体であるcDNAライブラリーには,mRNAが調製された細胞内で発現している全遺伝子が理論的には含まれていることになる.しかし,実際には完全なcDNAライブラリーを取得するのは困難であり時間もかかるため,タグと呼ばれる短い既知の配列をcDNAの終端側につけたEST(Expressed sequence tag)ライブラリーの配列情報がアノテーションによく用いられている.しかし最近では,cDNA作製技術の向上により,完全長cDNAライブラリーがマウスや線虫そしてヒトなどから作製されている.

アルゴリズム

和田野　晃

[HMM，アライメント，相同性検索，ゲノム配列，構造予測]

　アルゴリズムは，対象がはっきりしている問題を解く一連の手順であるが，バイオインフォマティクスにおける問題は主にゲノムもしくはタンパク質の情報を記述している文字列の比較である．そのアルゴリズムは，提示された比較問題に解をできるだけ短時間に提供することを目的とする．バイオインフォマティクスにおけるアルゴリズムの開発は，相同性検索やゲノム配列のマルチプルアラインメント，相同性に基づく遺伝子構造予測など，ゲノム配列やアミノ酸配列の比較解析のために重要な意味を持っている．さらに，ヒトゲノム，シロイヌナズナゲノムなど種々のゲノムシークエンス決定において重要な役割を果たしているDNA断片のアセンブル，DNAの物理的地図作製，系統樹作成なども，文字列の比較問題に帰結する．これらの問題解決には動的計画法による最適化を用いたパターン認識を用いるプログラムが用いられている．

　バイオインフォマティクスにおいてもっとも頻繁に用いられている，相同性検索やゲノム配列のマルチプルアラインメント，相同性に基づく遺伝子構造予測などに共通している基本問題は，二つの文字列の比較である．単純な二つの遺伝子の相同性を検討する場合に，何が問題になるかを考えてみる．元来は同じ遺伝子から発展した二つの遺伝子であったとしても，進化の過程で，一部が欠失したり，長くなったり（挿入される）することはよく知られている．その欠失や挿入を考慮して，比較するためには，経験的な方法や，ニューラルネット法，隠れマルコフモデル（HMM：Hidden Markov Model）法などが使われる．最近では遺伝子発見や相同性検索などにもHMMが広く利用されている．遺伝子発見のアルゴリズムには転写産物（cDNA）やアミノ酸配列との相同性をゲノム配列のなかに求める方法が一番単純で，よく用いられている．*Ab initio* 遺伝子発見では，遺伝子配列の統計的な特徴と構造的制約を検索の基準とし，ゲノム配列にその基準を満たす部分があればその領域は遺伝子を構成すると考える．ゲノムの比較でも遺伝子は発見することができる．二つの生物種のゲノム配列の相同性を検討し，よく似た配列領域に着目する．これら3種の遺伝子発見アルゴリズムは，いずれの方法においても相同性をどの様に定量化するかが問題になる．隠れマルコフモデルによる相

表1 バイオインフォマティクス（生命情報学）の研究内容

区分	データベース	データ解析	アルゴリズム
分子	分子の構造データベース ・塩基配列（GenBank, EMBL, DDBJ） ・アミノ酸配列（SwissProt, PIR, PRF） ・立体構造（PDB） 分子の機能データベース ・核酸モチーフ（EPD, Transfac） ・タンパク質モチーフ（Prosite, Pfam） ・遺伝子アノテーション（KEGG, GO）	配列/立体構造解析 ・配列比較 ・立体構造比較 ・立体構造予測 機能部位解析 ・モチーフ抽出 ・モチーフ検索 ・機能予測	最適化アルゴリズム ・ダイナミックプログラミング（DP） ・シミュレーテッドアニーリング（SA） ・遺伝的アルゴリズム（GA） パターン認識・学習アルゴリズム ・ニューラルネットワーク（ANN） ・隠れマルコフモデル（HMM） ・サポートベクターマシン（SVM）
ゲノム （分子の集合）	ゲノムの機能データベース ・オーソロググループ（KEGG, COG） ・発現プロフィール ・遺伝子多型	比較ゲノム解析 トランスクリプトーム解析 プロテオーム解析 多型情報解析	クラスタリングアルゴリズム ・階層的クラスター解析 ・コホーネンネットワーク
相互作用	分子間相互作用データベース ・タンパク質間相互作用 ・二項関係（BRITE） 化学情報データベース ・化合物/化学反応（LIGAND）	ネットワーク解析 ・パス計算 ・ネットワーク比較 ・ネットワーク予測 ・細胞シミュレーション	グラフ比較アルゴリズム ・同型グラフ（クリーク） ・相関クラスター グラフ特徴抽出アルゴリズム ・準完全サブグラフ
ネットワーク （相互作用の集合）	パスウェイデータベース ・代謝系/制御系（KEGG）	・パスウェイ工学 ・演繹データベース	・ハブ, オーソリティ グラフ計算アルゴリズム

京都大学理学部・理論分子生物学・講義資料（www.genome.ad.jp/ Japanese/ PGI/ bioinfo.html）より引用

同性の定量化では，遺伝子領域がゲノム配列上に連続して存在する原核生物では90％以上の精度で予測可能であるが，真核生物では遺伝子内にイントロンがありその予測精度は70％台に下がる．

タンパク解析

和田野　晃

[βシート構造，αヘリックス，コドン，一次構造，プロテオーム]

　タンパクを解析するとは一体何を意味するのか？周知のようにタンパク質は，20種のアミノ酸がペプチド結合で連なったものである．そのアミノ酸の並びを一次構造，アミノ酸の側鎖間の水素結合やイオン結合などにより構成されるβプリーティドシート構造やαヘリックスを二次構造，さらにそれらが相互作用し立体的に組み上がった構造を三次構造，複数のペプチド鎖が相互作用して出来上がる構造を四次構造と呼ぶ．タンパク質解析には一次構造から二次，三次，四次構造を予測し，複数のタンパク質間の類似性や相同性などを論じる側面と，構造解析の結果を踏まえて機能を論じる側面がある．

　遺伝子からの直接情報に基づく構造は，アミノ酸の並びである一次構造である．3塩基（トリプレット＝コドン）で一種類のアミノ酸を規定（コーディング）する．しかし，一般に異なるトリプレットが同一のアミノ酸に対応している（例えばセリン，スレオニン，プロリン，ロイシンには4種類のコドンが知られている）ので，遺伝子の相同性とタンパク質の相同性は異なる．DNA鎖上では一塩基が異なっている二組の遺伝子でも，全く同じタンパク質（もしくはペプチド鎖）をコーディングしている場合はあり得る．

　一次構造の中にも，膜との相互関係や高次構造に係わる情報も含まれている．ハイドロパシーと呼ばれる性質は，膜脂質との相互関係を表すために用いられる．疎水性アミノ酸の並びと親水性アミノ酸の並びが交互に現れる場合は，膜を貫通している領域として取り扱われる場合が多い（ハイドロパシープロット）．

　二次構造としては，βプリーティドシート構造やαヘリックス以外の構造も考え得るが，安定性を考慮するとヘリックス構造としてはα型がほとんどである．βプリーティドシート構造としては，逆平行と平行βプリーティドシート構造がある．これら3種の構造の一次構造からの予測は現在では比較的簡単である．

　三次構造の予測は，一次，二次構造の予測に比して難しい．同じ二次構造を取っていてもその組み立ては，サンドウィッチ状であったり，樽状（バレルと呼ばれています）であったりし，二つの状態の可能性を理論的にはどちらかに決することは現在のところ不可能である．したがって，現在は三次構造データベース構築が

進められており，階層ごとに構造を分類し，その組み立てで構造予測を行う試みがなされている．一方，Protein Data Bank（PDB）の三次構造データベースファイルは年々増加しており，それを用いた三次構造の予測も，よく似たタンパク質の構造が明らかになっている場合は，可能になっている．

図1は最近我々の研究室で明らかになった酵素の遺伝子配列からアミノ酸配列すなわち一次構造を予測し，さらに三次構造を予測したもので，そのアミノ酸側鎖の位置関係の違いから，この酵素の化学的性質を論じることができた．

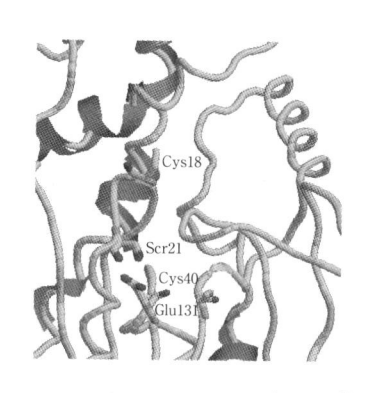

図1 ラン藻の光合成に関与する酵素ホスホリブロキナーゼの三次構造予測図
光合成バクテリアから単離された同じ酵素の三次構造に基づいて SWISS-PROT により予測し，アミノ酸側鎖の位置関係を検討した[1]．

個々のタンパク質の構造・機能が明らかになりデータベースとして蓄積されると同時に，ゲノム上の全遺伝子の働きを同時に検証する技術が発展するにつれその遺伝子の産物であるタンパク質の集合（プロテオーム）を網羅的に扱う必要が生じてきた．二次元電気泳動，質量分析，多次元液体クロマトグラフィーにより同時に多くのタンパク質の動向を定量的に扱う技術が発展しつつある．これらはプロテオミクスと呼ばれ，個々のタンパク質の構造・機能のデータベースとは異なる領域を形成しつつある．

参考文献

1) Daisuke Kobayashi, Masahiro Tamoi, Toshio Iwaki, Shigeru Shigeoka and Akira Wadano (2003) Plant Cell Physiology 44 : 269-276.

クラスタリング

岩城俊雄

[マイクロアレイ，スポッター，Cy3-Cy5，DNAチップ，SNPs]

　これまでは，遺伝子制御，代謝制御，あるいは情報伝達などを対象に研究を行う場合，それらに含まれる個々の遺伝子の発現を解析し，それらの情報を蓄積することによって，経路に含まれる未知の遺伝子を探し，パスウェイの詳細を構築していくという手法が一般的であった．しかし最近では，ゲノムプロジェクトの進展によって，細胞や組織全体の遺伝子発現を網羅的，つまりゲノムワイドに解析する手法の一つであるDNAマイクロアレイが一般的になっている．後述のようにDNAマイクロアレイ実験により得られるデータは，大量の遺伝子発現プロファイルであり，適切に処理することによって，多くの生体システム構造に関する情報を抽出することができる．このような情報処理に最も使われているのがクラスタリング法であるが，ここではまずDNAマイクロアレイについて説明する．

　DNAマイクロアレイとは，顕微鏡に使われるスライドガラス様の薄いガラス板をシラン等で表面処理し，そこにスポッターと呼ばれる細いピンを備えたXYZ制御機械を用いて，サンプルDNAをスポットし，固定化したものである．通常は，直径 0.1 mm のスポットを 0.1 mm 間隔で並べることによって，スライドガラス 1 枚あたり（$4\,cm^2$ に相当）におよそ 1 万個のスポットをのせることができる．現在では，スポッターの改良により全ゲノムが明らかになっているシロイヌナズナの約 25,000 の全遺伝子がスポットされたものも利用されている．さらには，インクジェットプリンターの原理を利用したより高密度なマイクロアレイも作製されている．

　DNAマイクロアレイ実験の原理は二蛍光標識によるディファレンシャル・ディスプレイ法に基づいている．蛍光色素には，励起・蛍光波長の重なりがほとんどなく，同一スポット上で競合する変化を見るのに都合が良い Cy3 と Cy5 の組み合わせが最も良く使われる．実験には，目的とする異なった条件下で調製された各 mRNA プールから cDNA プールを合成し，それぞれ Cy3 あるいは Cy5 で標識した後，一つのマイクロアレイ上で競合的ハイブリダイゼーションを行う．そして，二つの蛍光プローブに基づく蛍光強度をアレイ専用の検出器で同時に測定し，比較することによって遺伝子発現量の差を解析するものである．例えば，酵母の出

芽に関し，時間を追って蛍光標識された cDNA を調製し 0 時間における cDNA プールと競合させることによって，各遺伝子転写量の変化を時間軸に沿ってプロファイル化する．得られたデータを下に述べるクラスタリングにより分析することによって，出芽に関わる遺伝子群の詳細なダイナミズムが明らかになる[1]．以上述べたマイクロアレイの作製および実験技術については，DNA マイクロアレイの開発者である Brown 研究室の Web ページが詳しい（http://cmgm.stanford.edu/pbrown/）．このほか，半導体製造技術と固相 DNA 合成技術により，ガラス基板上に長さ 25 塩基程度のオリゴヌクレオチドを合成・固定化した DNA チップと呼ばれるものが市販されており，1.28×1.28 cm の基板上に約 30 万のオリゴヌクレオチドが配置されている．このような DNA チップでは，各スポットの塩基配列を正確に設計することができるので，ヒト遺伝子の一塩基多型（SNPs）解析などに最適で，病気の存在や薬剤効果との関連について研究が進められている．

　クラスタリングには，人工知能研究の一分野である機械学習の分野や，統計推定の分野で開発された手法を多く使用するが，マイクロアレイ解析では階層的クラスタリングと非階層的クラスタリングが主に使われる．これらは類似した転写調節を受ける遺伝子群は何らかの関連した生物学的意味を持つという仮定によっている．階層的クラスタリングは，得られた全対象を個々のクラスターとして出発し，各々について最短距離にある二つのクラスターを一つのクラスターへと結合していき，その処理を反復することで大きなクラスター集団へとまとめていく手法[1]である．この手法では，クラスター分類が段階的に体系づけることが容易であるため，樹形図で表示しやすいという利点がある．一方，非階層的クラスタリングは最初にクラスターの数を決めて，個々の対象を設定した基準に従って配分していく方法である．代表的なものには，K-means 法[2] や SOM（Self-Organizing Maps）法[3] などがある．

　分子生物学研究では，ここで述べたマイクロアレイ解析以外にも，BLAST（次頁ホモロジーを参照）を使った配列類似性や非類似性に関するクラスタリング解析がよく行われている．

参考文献
1) Eisen, M. B., *et al.* (1998) Proc. Natl. Acad. Sci. USA 95: 14863–14868.
2) Wen, X., *et al.* (1998) Proc. Natl. Acad. Sci. USA 95: 334–339.
3) Tamayo, P., *et al.* (1999) Proc. Natl. Acad. Sci. USA 96: 2907–2912.

ホモロジー

岩城俊雄

[ホモロジー検索, BLAST, FASTA, PSI−BLAST, ホモロジーモデリング]

　ホモロジー（相同）とは,共通祖先に由来する子孫間の類似性を指すが,特にバイオインフォマティクス領域においては,目的とする複数の遺伝子に関してそれらのDNA配列やその翻訳産物であるタンパク質のアミノ酸配列,さらには局所的高次構造を統計処理によって比較し,それらの類似性について評価することを意味する.遺伝子の配列や立体構造データの蓄積は,近年のゲノムプロジェクトや構造ゲノム科学の推進によって爆発的に増大しており,現在では,これらのデータベースに対して,調べたい配列に一致するものあるいは類似の配列が存在しているかを解析するホモロジー検索は不可欠のものとなっている.

配列のホモロジー検索プログラム

　調べたい機能未知のDNA配列またはアミノ酸配列が与えられたとき,この配列を問い合わせ配列としてデータベース検索を行い,既知のデータとの相同性を見いだすことができれば,問い合わせ配列の機能や構造が推測できる.このような検索プログラムとして,広く一般的に使われるものにFASTAとBLASTがある.FASTAは,1985年にLipmanとPearsonによって開発されたFASTPとFASTNが統合されたものである[1].一方,BLASTは1990年にAltschulらによって開発されたものであるが,その後,遺伝子配列の挿入/欠失などから生じる配列上のギャップを乗り越えるアライメントが可能になるなどの改良が加えられ,今日ではDNA配列だけではなくアミノ酸配列の検索においてもBLAST[2]が使われるようになった.BLASTはWebブラウザから,米国NCBI (National Center for Biotechnology Information, http://www.ncbi.nlm.nih.gov/)のBLASTサーバに接続することによって簡便に使用することができる（図1）.さらに,NCBIだけではなく,日本や欧州などの公的機関においてもBLASTをはじめ種々のホモロジー検索サービスが提供されている.BLASTやFASTAを用いた場合,非常に高速に検索結果を得ることができる反面,検索精度が低いので検索漏れが生じる可能性が高い.したがって,高感度の検索プログラムも広く使われるようになっている.例えば,PSI-BLASTでは,BLAST検索によって得られた配列群を整列させたマルチプルアライメントからプロファイルを生成し,「多対一」でデータベー

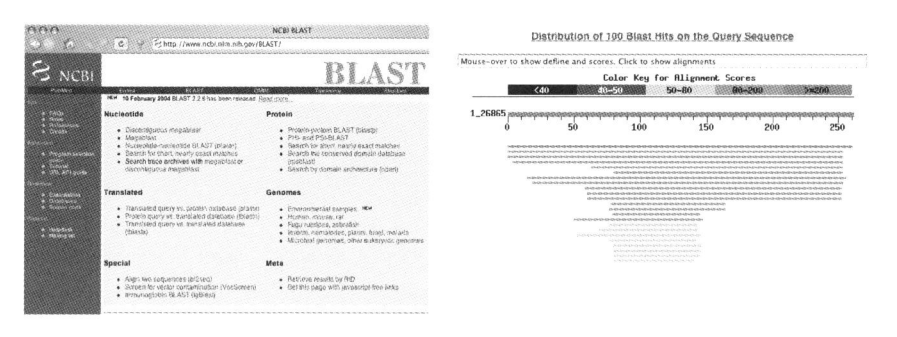

図1 NCBI BLASTサーバーを利用したホモロジー検索の実行例
(左) BLASTのページ (右) 検索結果の一部

ス検索を行うことによって,より高い検出感度を実現することができる.

　　　　　　　　　　ホモロジーモデリング
　タンパク質の立体構造予測にはさまざまな方法があるが,構造ゲノム科学プロジェクトの進展によって急速に発展している立体構造データベースを積極的に利用する方法としてホモロジーモデリングがある.これは,立体構造は進化的に保存されやすいという原理を利用して,アミノ酸配列のみがわかっているタンパク質の立体構造解析予測を行うものである.つまり,与えられた配列についてPSI-BLASTや隠れマルコフモデル法などを用いて,既知の立体構造データとの類似性を推定し,おおまかな構造の予測を行う.さらに必要に応じて,アミノ酸側鎖の配向などを計算によって求める.最近ではこのような立体構造予測がゲノムレベルで行われるようになり,ゲノム上の推定遺伝子産物のほぼ50％について構造予測が可能であるといわれている.

1) Pearon, W. R. & Lipman, D. J. (1988) Proc. Natl. Acad Sci. USA, 85 : 2444-2448.
2) Altschul, S. F. & Koonin, E. V. (1998) Trends Biochem. Sci., 23 : 444-447.

オントロジー

和田野 晃

[本体学，語彙，体系的記述，遺伝子オントロジー，辞書構築]

哲学用語で「本体学」もしくは「存在学」と訳されており「存在」そのものを対象にしている学問領域であり，「認識」を対象とする「認識論」と対比されることがあると，哲学小辞典には記されている．しかし，バイオインフォマティクス分野ではかなり狭義で「オントロジー」という言葉は使われており，「バイオ・オントロジー」もしくは「生命科学のためのオントロジー」がバイオインフォマティクス領域では「オントロジー」として取り扱われている．なぜ哲学用語「オントロジー：存在学」という概念が持ち出されたかは必ずしも明確ではないが，バイオインフォマティクス分野で語彙の不統一を整理し，体系的に記述することを

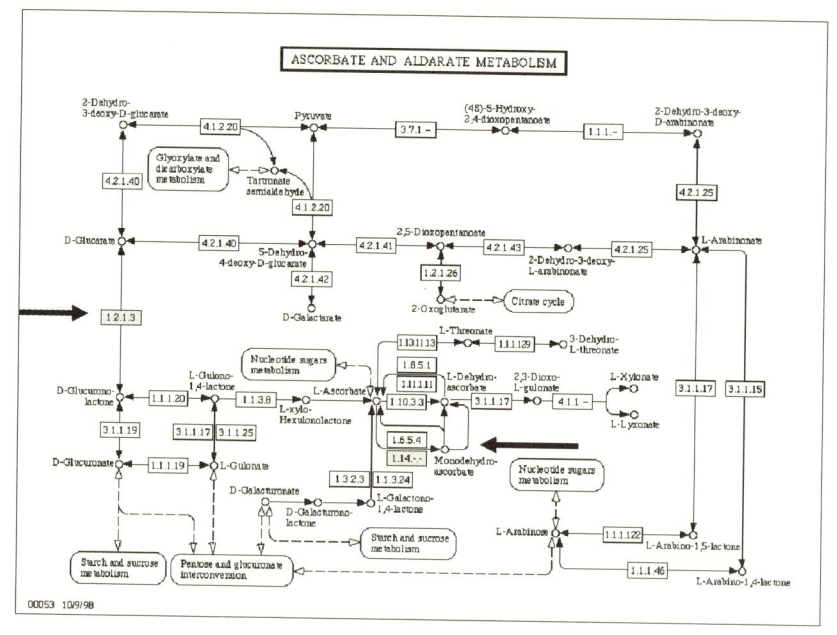

図1 KEGG (Kyoto Encyclopedia of Genes and Genomes) のパスウェイ情報データベースと遺伝子のオーソログテーブルと結合

このサイトではオントロジーという表現はしていないが，実用的に運用されている数少ない公開オントロジー URL である．矢印はラン藻で同定されているアスコルビン酸合成系の酵素を示している．実際のサイトでは生物を指定すると，同定されている酵素のカラーが変化する．

そのように呼んでいる．近年のゲノムに関わる情報の蓄積とデータベースの進化は，遺伝子やタンパク質などの概念に統一的な用語と定義を与える必要性を増加させている．「巨大化したデータベース」間の相互運用をするためや，データベースの情報を効率よく検索するためには，語彙の統一やデータの体系的記述は必須である．生物分野では過去に経験したことのない「データベースの巨大化」が，バイオインフォマティクスを創生し，さらにオントロジーの必要性を高めている．このオントロジーは，さらに細分化され，遺伝子を対象とした遺伝子オントロジー，シグナル伝達系の体系的記述をするシグナルオントロジーなど研究分野でのオントロジーの構築が試みられている．具体的には，統一的な語彙で記述された生物機能の階層性と分類，さらに遺伝子やタンパク質を記述する辞書も含まれる．たとえばタンパク質名の辞書構築に関しては，高木による解説がありプログラムも公開されている．（蛋白質，核酸，酵素 2001 年 12 月号増刊 Vol. 46 No. 16 2526-2531 テキストからの情報抽出と辞書構築　機能データベースとオントロジーの構築に向けて）．

　KEGG（Kyoto Encyclopedia of Genes and Genomes）には，パスウェイ情報データベースがあり，多くの生物種で保存されている遺伝子のオーソログテーブルとリンクされている．図1はアスコルビン酸（いわゆるビタミンC）の代謝マップであるが，ラン藻の一種が持っている酵素のみをカラーで表示させることもできる．ここでは大きな矢印で示した部分がラン藻で存在が確認されている酵素である．

コンカレント・エンジニアリング concurrent engineering

堀尾尚志

[並列処理，経営，人，農法，作物系]

　工業経営学や industrial engineering の分野で使われてきた概念用語で，ここでいうエンジニアリングは，工学ではなく「巧みな処理」という意味で使われている．アメリカの Defense Advanced Research Projects Agency（DARPA）が 1987 年に使った用語 simultaneous engineering を，並列処理という概念がより適切に表されるよう言い直したものである．1988 秋に発売されたローバーのディスカバリーは，この概念と手法を取り入れて開発期間の短縮と消費者ニーズに合った製品を市場に出すことに成功した例として注目を浴びた[1]．それ以降，この方式が乗用車や家電製品に適用されてきた．同じような発想でヘンリー・フォードが T 型車の開発・製造に用いた手法が思い出される．また，日本の乗用車や家電製造業界ではこの用語が成立する以前から，並列的に進められる「巧みな処理」を実践してきたのであるが，日本の製品に対抗するための経営戦略を立てるため，概念の再構築がなされた結果とも言えよう．

　コンカレントな展開に対置されるのは，シーケンシャルな進行である．社内の人的や情報資源として，マーケッティング，開発・設計，生産技術，試験・評価，購買・販売などのグループがあろう．ひとつの製品が市場に出されるまでの流れは，基本的な仕様策定に始まりコンセプトの絞り込み，細部決定，新規開発・設計，試作，試験，生産そして発売という各過程があろう．シーケンシャルな進行では，過程ごとに関係するグループと情報や評価を交換し，それを終えたうえで次の過程に進める．一方，コンカレントでは，隣り合う過程あるいはさらに次の過程もが同時にあるいは時期を重複させながら発売に向けて進んでいく．そして，それを可能にするために人的や情報資源のグループをどのように関与させ管理するかをエンジニアリングするわけである．

　このような概念と手法を拡張的にとらえ新しい設計に十分に，理解されている従来のコンポーネントを使用すること，技術知識の再構築そして組織内の文化的改変をとおして，人間を中心に据えた製造体制（ロボットによる全自動化は限られた事象であるという考えに立っている）の構築に適用した事例が報告されている[2]．これは，人間工学を機械工学的な手法との関わりから拡張しようとするもの

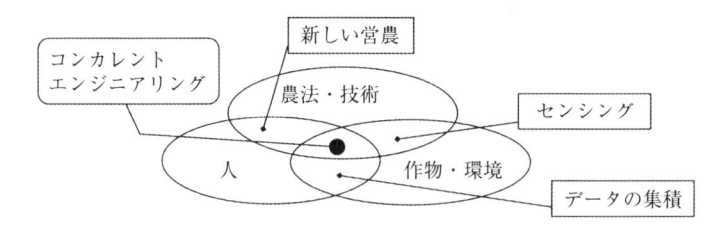

図1 コンカレント・エンジニアリング

である．企業経営における合理性追求から，製造環境の心的深層とでもいうべきところに対象を移した発想とも理解できる．

農業機械の場合，製品の開発から発売までの過程に続き普及の過程がある．栽培システムの置き換えを伴った田植機の場合，新技術を受容する側の意識構造[3]をも並列的に考察する必要があったことが思い出される．農業の担い手として女性の役割が論じられているが，女性の機械苦手意識に関して人間工学的な設計だけでなく認知科学や農村社会学的な事象などを並列的に考察していく必要があろう．

農業そして農業情報工学のとの関わりを包括的に示すために，プロセス，人そしてシステム相互のかかわりを示した図[4]を援用して作成したものを上に示す．

参考文献

1) Backhouse, C. J. (1996) Concurrent Engineering, Gower, USA
2) Siemieniuch, C. E. and Sinclair, M. A. (1993) J. of Design and Manufacturing 3 (3), 189-200
3) 堀尾尚志 (1994) 新田義弘 他 編，現代思想13巻，岩波書店，239-260
4) Medhat, S. (ed) (1997) Concurrent Engineering, John Wiley & Sons

ナノ・マイクロマシン

鳥居　徹

［フォトリソグラフィ，MEMS，エッチング，蒸着，機械加工］

マイクロマシンとは，主として半導体の製造技術であるシリコンの加工プロセスを用いて製作した機械要素やアクチュエータを組み込んだ装置の総称であり，MEMS (Micro Electro Mechanical Systems) とも呼ばれている．最初はシリコンを用いたデバイスが多かったが用途や材料の多様化により，ガラスやプラスチックなどを用いたシステムも作られている．本項では，標準的なマイクロマシンの製造技術について概略を述べ，いくつかの応用例を示す．近年はそのサイズもμmからサブミクロンサイズの研究もあり，ナノ・マイクロマシンと呼ぶようになった（図1）．

① 加工法（図2）：シリコン基板上に溝と電極を形成する場合を例にとって説明する．シリコン基板上に，光感光性材料であるフォトレジストをスピンコータにより塗布する．スピンコータとは，材料を遠心力にて均一かつ薄く塗布する装置である．フォトマスクを通して光を照射して，加工したい部分だけを感光させる．感光したレジストを除去した後，微小溝を作成する場合はエッチング液に入れて溝加工を行う．電極を作成

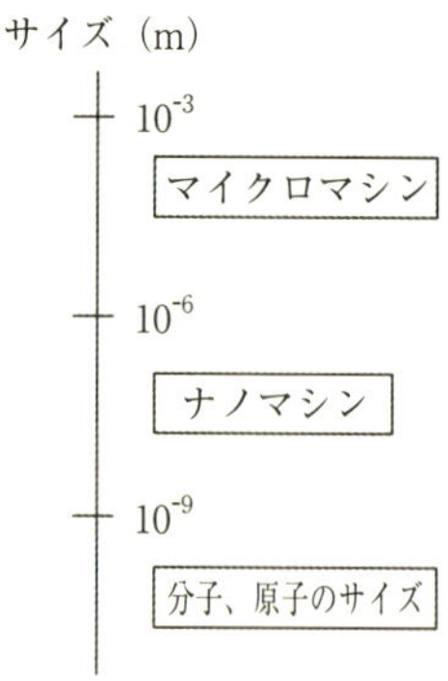

図1　ナノ・マイクロマシン

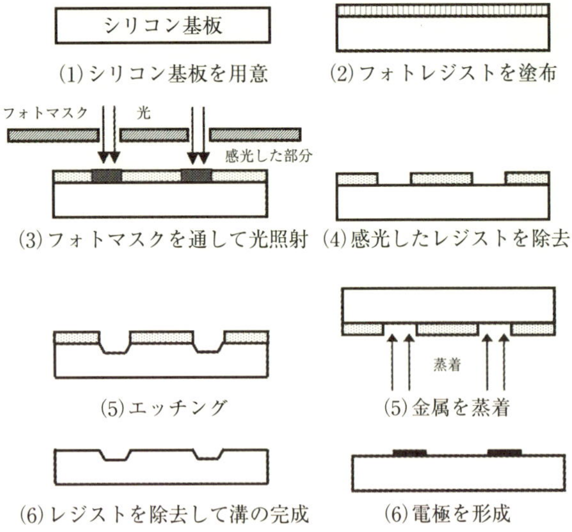

(a) 微小溝の加工　　(b) 微小電極の形成

図2　マイクロマシニングプロセス

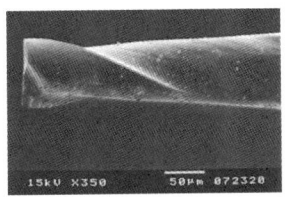

図3 微小エンドミル

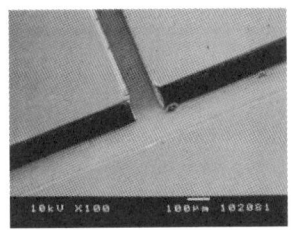

図4 エンドミルで加工したT字型マイクロチャンネル

するときは,基板を上下逆さまにして蒸着を行い,電極を形成する.このようにして,微小溝,微小電極の加工を行うことができる.本プロセスでは,数十μm程度であれば容易に加工でき,また,同じものを複数製作する場合に向いている.チャンピオンデータとして,1μm以下のマイクロチャンネルの特性を調べた研究がある.エッチングによる加工では数工程要するのとフォトマスク製作にコストがかかる.一方,単品で100μmまでの溝加工の場合は,機械加工の方がコストが低く簡便である.図3は,微小エンドミルで,図4は同ツールにより機械加工して製作したT字型マイクロチャンネルである.機械加工による単なる穴加工では50μm程度まで実施可能である.溝加工であればレーザを用いることも可能で,特にエキシマレーザのようにエネルギーが高いレーザによるアブレーション加工では,仕上げ面がきれいに仕上がる.

②応用例:マイクロマシンを活用した応用例としては,インクジェットプリンターヘッドや加速度センサがある.MEMSの研究分野は,光MEMSのような情報・通信デバイス,BioMEMSといってDNAの分析や細胞操作などへ応用デバイスがあり,近年特にBioMEMS関連の研究が増えている.最後に,農業分野に関連する微小流体デバイスとして,マイクロチャンネルの交差部において液滴を生じるデバイスを用いたバイオディーゼル燃料の生成がある[1].バイオディーゼル燃料を合成するために,植物油をメタノールによりメチルエステル化を行い,エステル化に成功した.BioMEMS関連でも数多くの用途が考えられるので,今後ますます当該分野にて発展するものと期待される.

参考文献

1) 鳥居 徹他 (2003), 第62回農業機械学会年次大会講演要旨, 353-354

Lab on a Chip

鳥居　徹

[DNA，微小分析装置，電気泳動，マイクロ化学リアクター，バイオチップ]

　Lab on a Chip とは，化学反応や生化学反応を微小な Chip 上で行わせて検出するデバイスの総称である．DNA の分析に DNA マイクロアレイがよく使われるが，これは Lab on a Chip に含めないことが多い．

　DNA マイクロアレイは DNA の簡便な分析法として用いることが多い．これは，ガラス上に数百から数万種類のオリゴ DNA を 100 μm 程度のスポットとして固定してあり，蛍光標識した目的のサンプルと対照のサンプル（たとえば病気のサンプルと健康のサンプル）とを一緒にガラス上に滴下する．標識として，赤色と緑色のものを用いるとする．アレイ上のオリゴが片方だけのサンプルにしか含まれていない場合は，赤色または緑色となるが，両方のサンプルに含まれていると合成された黄色になる．マイクロアレイ上には多数のスポットがあるため，解析は統計解析を元としたデータマイニングが行われる．

　Lab on a Chip に必要な要素技術として，送液系，反応系，検出系がある．送液系では，マイクロチャンネル内に送液するためのマイクロポンプやマイクロバルブが挙げられる．反応系では，液の混合，加熱などの熱操作があり，検出系ではキャピラリ電気泳動，電気化学的検出，蛍光検出が挙げられる．検出系として，十字型キャピラリ電気泳動装置が広く研究されている．このデバイスの原型は，Jed Harrison らが開発したものであり[1]，すでに数社から市販されている．これは，サンプルを滴下後に，左右に印加するとサンプルがキャピラリ中に導入される．次に，上下に印加すると上下のキャピラリ中で分離が行われる（図1）．

　一般的な Lab on a Chip デバイスの概念図を図2に示す．サンプルや試薬はマイクロポンプ，バルブを用いてマイクロチャンネルを通って供給される．したがって，1 μl のサンプ

図1　十字型キャピラリ電気泳動

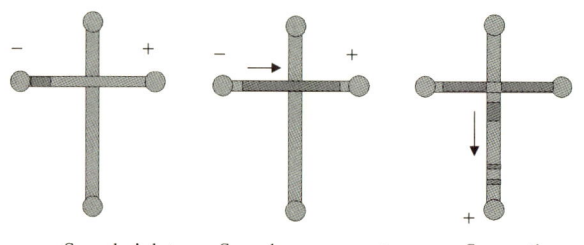

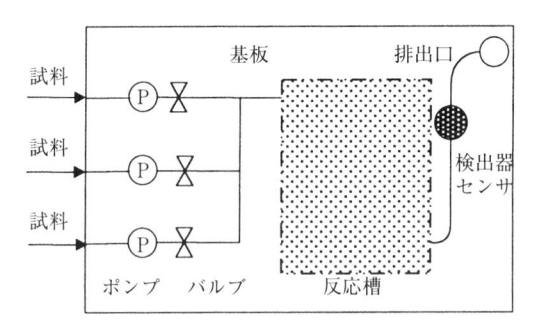

図2 一般のLab on a Chipデバイス

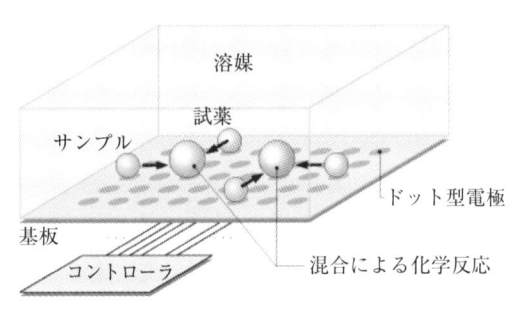

図3 静電マイクロマニピュレーションによるマイクロ化学リアクターの概念図

ルと試薬を混合する定量分析を行うことを考えると，それぞれ，マイクロポンプおよびバルブが必要となり構造が複雑となる．

筆者らが提案している静電マイクロマニピュレーションによる，Lab on a Chipデバイスを紹介する[2]（図3）．本デバイスは，試料や試薬を液滴として扱い，これらを化学的に不活性な溶媒（たとえばフロリナートやシリコンオイル）中に用意する．液滴は，底面にある電極（図中の底面にある点状のもの）電圧を印加することにより液滴を移動させる．液滴は，シリコンオイル中にあるため熱操作を行っても蒸発することはない．したがって，液滴が微小になってもPCRなどの加熱操作による蒸発を防ぐことができる．本デバイスでは，液滴の体積が既知であるため，定量分析ができる点に特徴がある．また，試料，試薬を液滴としてあるため，微量で済む．一般に生体試料は微量しか得られない場合が多いので有用な特徴である．現在，本デバイスを，DNA増幅，DNAマイクロアレイに代る液滴アレイ化，タンパクの結晶化を行うためのコンビナトリアルデバイス，抗原抗体反応を検出するデバイスなど幅広い応用を目指して開発を進めている．

参考文献
1) D.J. Harrison, *et al*, (1993) Science, 261, 895-89.
2) Tomohiro Taniguchi, Toru Torii, Toshiro Higuchi, (2002) Lab on a Chip, 2, 19-23.

園芸活動

林 典生

[生体計測, 知的情報処理技術, QOL, EBP]

　最近では, 医療・保健・福祉・生涯学習の現場で園芸を用いた活動が行われている. これは参加者に身体的・心理的および社会的効果を導くことで, 参加者の生活の質 (QOL: Quality Of Life) の向上につながる効果が期待されている. しかし, このような「園芸活動」というプログラムへの科学的アプローチの中に工学的視野に立った研究は見当たらない.「園芸活動」を応用した園芸療法は社会福祉士等の試験範囲[1]に入っているにもかかわらずその普及に困難が伴っている. その理由の一つとして, これまで参加者の主観的・体験的な評価をとおして園芸活動は良いと言われ, そのプログラムも勘と経験の中で蓄積されたものでしかなかった.

　社会福祉の分野においても, EBP (Evidence Based Practice 根拠に基づく実践)[2]が叫ばれており参加者だけではなく, 社会的にも説明可能な客観的評価に基づく園芸活動のプログラムを実践する必要が生じてきている. そこで, 情報技術や計測技術などを広く扱った工学的視野からの研究と実践活用に向けての技術開発を行う必要が生じてきている.

　農業が持つ多面的機能[3]が認識される中で, 既にアメニティ分野に関して農業情報工学的な取り組みが行われており, この「園芸活動」も同様に今後農業情報工学の範疇で扱われる課題である. 農業情報工学で重要な課題である生物を対象とした計測についての研究開発はこの「園芸活動」にも関係が深い. 例えば,「園芸活動」では植物を扱うという観点のみならず, 植物生育のモニタリングシステムなどの高度な生体計測の技術とも関連する. 人のストレス状態を唾液中にある免疫抗体量や大脳前頭葉部分での血液中酸素動態の変化[4]でモニタリングするなどの新技術が開発されつつあるが, それに加え, 被験者に苦痛を与えない計測方法として画像処理や音声処理の技術を含む非侵襲計測の研究開発を進める必要があるとされる. さらに, これまで研究や実践の蓄積がある知的情報処理の応用が考えられている. これまでは「園芸活動」も含めて, 現場での余暇活動全体において単に効果の評価に終始している研究[5]が多く見られるものの,「園芸活動」を支援するためのシステム構築など基盤的研究に対する試みは少ない.

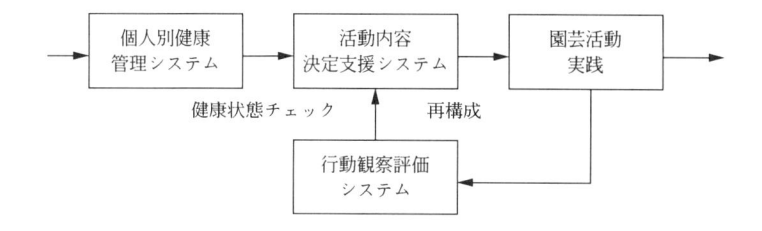

図1 科学的園芸活動実践支援システム（HQCP）の流れ

　その中で障害があっても生活の質の向上を図るプログラムや効果的な園芸活動の実践を可能にするためのプログラム開発などにおいて知的情報処理技術の応用が提唱されている．その例として，図1に示すような三つの構成要素からなるモデルを構築しHQCP（High Quality Care Program）システムも筆者らによって提案されている[4]．まず，参加者の年齢や性別および介護度に代表される客観的なデータおよび嗜好や満足度に代表される主観的なデータを融合して，その参加者のストレスのない状態を基準として実際の計測時との差からストレス状態を予測する．次に，ストレス状態を解消するために最適な植物の種類や活動時間に代表される活動内容を提示することで，参加者に適した園芸活動のプログラムを構成する．さらに，最終段階で，設計した園芸活動に参加した者にどのような影響があったかを行動や発言の変化から評価することにより，そのプログラムの成功度を評価し，参加者にとってよりストレス状態を解消することができる活動内容を再構成することが可能になるという進化型のシステムが考えられている．

引用文献

1) 社会福祉試験・研修センター（2002）『第15回社会福祉士・介護福祉士・精神保健福祉士国家試験合格基準・出題基準』
2) 芝野松次郎（2002）『社会福祉実践モデルの開発の理論と実践』：有斐閣：18
3) 近畿農政局（2001）農業の多面的機能に関する報告書
4) Hayashi, N. Murakami, K. Murase, H（2003）System approach to identification of horticultural activities in nursing home：Proc. of JSAM annual meeting：62：284-285
5) 鈴木みずえ 他（2001）障害高齢者に対する音楽療法の神経行動・内分泌学的評価手法に関する研究：平成13年度日本サウンド協会報告書

フィールドロボティクス

梅田幹雄

[GPS, ジャイロ, 地磁気方位センサ, 視覚センサ, GIS]

　ロボットは, ボディ (体), センス (感覚) とインテリジェンス (知能) からなる総合技術である. カーネギメロン大学ロボット工学研究所の金出武雄は「20世紀はコンピュータの時代, 21世紀はロボットの時代である.」という. 農業面で見ると20世紀は機械化の時代で, これにより労働時間の短縮と軽労化が達成された. 21世紀には, ロボットにより農作業のさらなる改善が期待されている.

　1980年代初めにマイクロコンピュータが普及し始め, ロボット開発が各方面で着手された. 農業ロボット研究もほぼ同時期に開始された. 当初はマニピュレータとハンドを有して, それまで機械化が困難であったトマト, オレンジ等の収穫を行うロボットが研究され, 実現が期待された. しかし当時の技術では実用化は困難で, マニピュレータ型ロボットの研究は1990年代初めには下火になった.

　これに替わって, 自動車, ヘリコプタ等を自律走行させるものがロボットと呼ばれるようになった. フィールドロボットとは文字通り, 屋外で活躍するロボットの総称である. カーネギメロン大学にフィールドロボティクスセンターが設立されてこの名称が一般化した. 農業分野では機械化の進んだトラクタ, 田植機, コンバインの自律走行が研究され, ロボットトラクタ, 田植ロボット等と称されるようになった.

　自律走行のためには, ロボットの位置と向きの検出が必要である. 位置の検出にはGPSあるいは光波距離計が用いられ, 向きの検出には光ファイバジャイロ (FOG, Fiber Optical Gyroscope), あるいは地磁気方位センサが用いられる. これらのセンサを組み合わせて, 位置と向きを検出する. ドップラレーダ速度計にて移動距離を計測し, ジャイロによる向きの検出と組み合わせて, 位置を検出する方法も用いられる.

　カメラと画像処理による視覚センサは, 文字通り目の役割を果たすものであり, 色彩やパターンマッチングにより, 収穫対象物であるキャベツ, スイカ等を検出すること, あるいは人間を識別して危険を避けること, 道路の端部や交差点の識別が可能である等利用範囲が広く, 多様な可能性を有している. このため, 単独あるいは他のセンサと組み合わせて広く使用される. また, 関節角度やモータの

位置検出には，ロータリエンコーダやポテンショメータがよく使用される．対象物や障害物の検知には，超音波センサ，赤外線センサもよく用いられる．超音波センサは，超音波の伝達時間を計測することで距離が測定できる．さらに，安価で対象物を広く捕らえることができる．一方，赤外線センサは，人間の発する赤外線を検知することで人間と物体を区別できる．また，指向性が強いためトリガ信号としても使用できる．

図1 ロボットトラクタ
（北海道大学農学車両システム工学分野）

図2 自動直進田植機
（生研機構　農業機械化研究所）

耕うんや田植作業を行うためには，圃場の大きさと形状をロボットに予め与えることが必要である．圃場の大きさや形状をコンピュータにインプットする方法としては，一度人が圃場の最外周の農作業を行って，大きさや作業方向を教示するティーチング法，GPSで圃場の四隅の位置を計測してコンピュータにインプットする方法，地理情報システム（GIS, Geographic Information System）を用いて，目標とする点列ごとに，操舵，変速機の変速段を与える方法等が研究されている．

図1はGPSとFOGを組み合わせたロボットトラクタである．この他，光波距離計，地磁気方位センサや傾斜センサを組み合わせて，位置を認識する耕うんロボットも開発されている．図2は自動直進田植機で苗を補給するときのみ自動直進モードに切り替える．これにより大幅にコストを低減することができる．また，GPSとFOGを使った全自動田植機も開発されている．

引用文献
1) 農業機械学会（2002）農業ロボット・自動化フォーラム講演論文集

施設園芸用ロボット

藤浦建史

[ロボット，自動化，省力化]

　施設園芸のロボット化の研究は，収穫，誘引，摘葉，防除，移植，接ぎ木，挿し木，鉢上げ，植物の組織培養などを対象に行われている．研究途上のものが多いが，接ぎ木，鉢上げロボットは実用化されているものがある．施設園芸用ロボットの研究では，イチゴ，トマト，キュウリ，ナスなど果菜類の収穫ロボットの研究が多い．果菜類の収穫作業では，茎葉や支柱が障害になって収穫しにくいことや果実が茎葉に隠れて見えないこともある．このため近年では，ロボット化に適した作目や栽培様式の果実を対象とした研究や，作物の三次元画像処理により障害物も認識し回避して収穫する研究，障害物に隠れた果実は別の視点から走査して収穫する研究も行われている．以下にいくつかの研究例を述べる．

イチゴ収穫ロボット

　イチゴ収穫ロボットでは，①畝の法面側に果実を成らせる外成り栽培，②二条植えの条間に果実を成らせる内成り栽培，③高設栽培を対象とした研究が行われている．①の栽培様式では，イチゴの株の根本から畝の肩，法面までを覆うシートを敷設し，その上に実らせたイチゴを収穫する研究が行われている[1]．収穫時には，車両に設けられたシートリフタによりシートを持ち上げ，イチゴを同一平面上に置く．カラービデオカメラを用いて赤い果実を認識している．②の栽培様式では，果実が条間に分布する特徴をいかしてロボット収穫する研究が行われている[2,3]．果実の認識にはカラービデオカメラを用い，エンドエフェクタは吸引力を利用するもの，フックで果柄を引っかけるもの，果柄を把持してナイフで切断するものなどが試みられている．③の栽培様式を対象としたロボットは，高さ約1mの架台上に栽培ベッドを置き，栽培ベッドからぶら下がったイチゴを収穫するものである[4]．カラービデオカメラで果実を認識し，吸引式エンドエフェクタで収穫する．

キュウリ収穫ロボット

　キュウリは葉が大きいため，現行の栽培様式では果実が葉に隠れることが多い．このため，傾斜棚栽培を対象とした収穫ロボットの研究が行われている[5]．この栽培様式は，キュウリを畝溝側に傾けて栽培するもので，果実の自重で茎葉と果実

図1 ミニトマト収穫ロボット

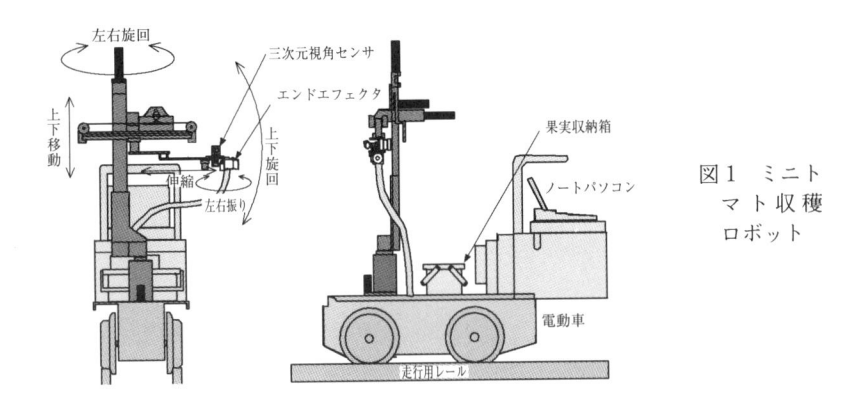

が分離しやすい特長がある．果実の認識は，波長550 nmの可視光の画像と波長850 nmの近赤外画像を用い，分光反射特性の特徴を利用して行っている．エンドエフェクタは，果実の上端付近を把持し，果柄を切断して収穫する．

ミニトマト収穫ロボット

ミニトマトの収穫では，ビデオカメラの代りに三次元視覚センサを用いたロボットの研究が行われている[6]．波長830 nmの近赤外線と波長685 nmの赤色レーザビームを1本に重ね合わせて走査し，対象物からの反射光をPSD（位置検出素子）で受けて三次元画像を得る．近赤外線と赤色のレーザを異なる周波数で点灯させることで両波長の受光電流を別々に取り出し，それらの大きさを比べることにより赤い果実の検出を行う．エンドエフェクタは左右に振れる構造になっており，三次元画像から得られた情報により，障害物を避けて収穫する．三次元視覚センサはマニピュレータの先端近くに取り付けてあり，手前からの走査以外に茎葉のすき間からも走査できる．これによって，隠れた果実を収穫することも試みられている．

参考文献

1) 佐藤，他（1996）第55回農業機械学会講演要旨：243-244
2) 近藤，他（2000）植物工場学会誌，12（1）：23-29
3) 永田，他（2001）第60回農業機械学会講演要旨：235-238
4) 有馬，他（2001）植物工場学会誌13（3）：159-166
5) Arima, S. et al. (1999) Journal of Robotics and Mechatronics 11 (3)：208-212
6) 韓，外（2000）農業機械学会誌62（2）：118-126

植物工場

高辻正基

[太陽光利用型，完全制御型，無農薬野菜，LED，経営技術情報]

　植物工場[1,2]とは，野菜や苗を中心とした作物を施設内で光，温湿度，二酸化炭素濃度，培養液などの環境条件を人工的に制御し，季節に関係なく自動的に連続生産するシステムをいう．この場合，生産コストが露地物などに比べて一般に高くなるので，無農薬，新鮮，高栄養価などの特長を強調する必要がある．植物工場には太陽光利用型と，もっぱら人工光による完全制御型の2種類がある．太陽光利用型は一般的であるが，レタスやホウレンソウ，ハーブを始めとする葉菜類生産の今後の本命は完全制御型であると考えられる．

　完全制御型植物工場では高品質の野菜を安定供給することができるが，コストの壁をクリアすることが常に問題になってきた．それでも最近，実用化寸前のところまで近づいた理由の一つは，栽培光源の本命が従来の高圧ナトリウムランプから蛍光灯や可視発光ダイオード (LED) にシフトしてきた点にある．高圧ナトリウムランプは植物に必要な赤色と青色の比率が少ないことと，大量の熱線を発生するため植物との距離を十分に取る必要があるという欠点がある．一方，蛍光灯とLEDは熱をあまり発生しないので植物に近接させて照明することができ，照明効率を大幅にアップできる利点がある．蛍光灯は何といっても安価で取扱いが簡単であるが，LEDには別の利点がいくつかある．赤色 (660 nm) と青色 (450 nm 近辺) のLEDは偶然ではあるが，発光スペクトルがクロロフィルの吸収ピークにほぼ一致している．そのため植物による光の吸収効率が高くなり，比較的弱い光でも健全に生育させることができる．また小型・低電圧駆動，パルス照射が可能などの利点が加わる．

　すでに完全制御型ではキューピーが，また太陽光利用型では川鉄ライフがいくつかの本格的植物工場を商用化させてきた．これから有望と思われる蛍光灯植物工場については，E.T.ハーベストがつくったラプランタ植物工場が神奈川にある．また植物栽培研究所はいくつかの小型工場を製造してきた．LED植物工場については，コスモプラントの赤色LED使用の植物工場が静岡・千葉・和歌山で稼働している．生産物はリーフレタス・エンダイブ・コリアンダー・パセリであるが，生産が需要に追いつかないという．太陽光利用型は水耕栽培の延長として一般的で

あるが，最近ではカゴメの大型トマト生産工場などが注目されている．

経営に必要な情報

　植物工場では限られた資源のもとに植物を効率的に生産し，生産物を売って利益をあげる必要がある．したがって他の製品の場合と同様に，生産システム，製品，市場に関する各種情報を集めると同時に，製品のメリットを消費者に知らせなければならない．コンピュータシステムの役割が大切なことは何ら工業製品の場合と変わらない．ただ植物工場の場合には強調点の置き方が多少ことなる．まず生産物が生物であるから，栽培に関する情報が必要になる．コスト上いちばん大切な情報は，与えられたシステムと品目の中でもっとも早く生育する品種と早く生育させる方法である．例えば光源に太陽光を利用するか，蛍光灯か LED かによって，同じレタスでも最適な品種や光の反射板の材質はことなる．これを求めるには栽培ノウハウの蓄積と試行錯誤以外にない．

　次に品目と品種の選択であるが，現在は作りやすさと需要の大きさから，完全制御型では主にサラダナなどリーフレタス類が選ばれている．完全制御型で今後有力になるのはハーブとホウレンソウを中心にした他の葉菜類である．また赤色 LED は安価なので，LED 植物工場では赤色のみで育つレッドファイヤー（レタスの一種），コマツナ，ルッコラなどのハーブが有力になろう．太陽光利用型では代表的な葉菜，果菜，花きが作られているが，今後は完全制御型を含めて比較的高価な野菜を試みる必要があろう．その点，ロメインレタス，アンディーブ，モロッコインゲン，万願寺トウガラシ，キニラ（葉もの），オリンダ（実もの）などは注目すべきだと思われる．

　最後に流通情報だが，生産物をしかるべき流通経路に乗せ，確実に販売しなければならない．これまではスーパーと契約して直接卸している場合が多かったが，最近は植物工場生産物の品質が認識されてきたせいか，一般の卸売市場でも品質（無農薬，外観，持ち）がよければ高価に取引されるようになりつつある．

引用文献

1) 高辻正基 (1996) 植物工場の基礎と実際，裳華房
2) 高辻正基 編 (1997) 植物工場ハンドブック，東海大学出版会

細胞加工

工藤謙一

[マイクロマニピュレーション，顕微受精，核移植，マイクロマニピュレータ，圧電素子]

近年，哺乳動物を用いた生命工学（バイオテクノロジー）の研究が盛んに行われている．生命工学の発達は，哺乳動物の卵細胞の核移植や分離胚による人工的な双子の生産などの産業的応用，また不妊治療の一つである顕微授精などの医学的応用に結びつき，今後ますますの発展が期待されている．哺乳動物の細胞は，種類により，また同じ種類でも個体によって若干異なるが，おおよそ20〜30 μm，大きいものでも，卵細胞が70〜180 μmである．この程度のサイズだと，人の手で直接操作することは不可能であり，その操作には顕微鏡に取り付けられたマイクロマニピュレータと呼ばれる微細作業装置が用いられる．現在，生命工学の研究や不妊治療の臨床応用において用いられているマイクロマニピュレータは，一部に機械式，モータ駆動式などがあるが，大多数の研究者が用いている装置は，油圧や水圧などの液圧によってオペレータの手の動きを縮小しているだけであり，マイクロマニピュレータを用いたマイクロマニピュレーションの作業効率は，作業者の熟練度合いに依存する微細な手作業である．したがって，マイクロマニピュレーションを自動化する装置の開発によって，その効率があがり，さらには生命工学の研究そのものも加速度的に発展して行くと思われる．

生物学の分野で顕微鏡視野内でのマイクロマニピュレーション用として開発されたマイクロマニピュレータの歴史は古く，100年以上も遡ることができる[3]．

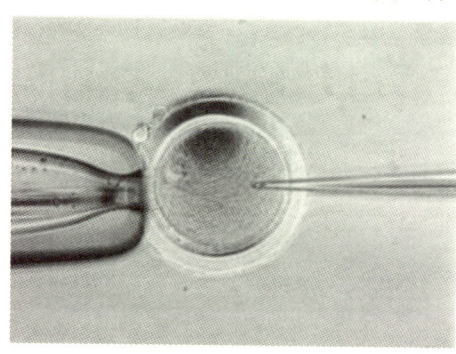

図1 細胞操作中のウサギの卵細胞

初期の物は，ラック・ピニオン等の組み合わせで，上下，左右，前後3方向の機械式の微動装置であった．操作レバーの動きをマニピュレータに伝達する伝達比が可変なものとして，機械的な機構を採用した Leitz 社のマイクロマニピュレータが有名である．(株)成茂科学機器研究所は，さらに改良，発展させた．操作レバーとマイクロマニピュレータ本体とを分離し，基本的

には，油圧，水圧を用いた液圧伝動によって操作レバーの動きをマイクロマニピュレータに伝えている．

（株）島津製作所は電動タイプのマイクロマニピュレータを実用化している．同社の MMS シリーズは，微動・粗動を電気的に制御することによって，従来のマイクロマニピュレータにない機能を搭載し，操作の一部の自動化を目指したシステムである．システム構成は，微動部，粗動部，インジェクタ，倒立顕微鏡，ビデオインタフェースで構成されている．微動部の操作は，ジョイスティックで行うほか，コンピュータからの位置設定命令で動きを行うこともできる．駿河精機（株）は，コンピュータ制御で自動化を目指したマイクロマニピュレータを開発している．自動化にあたりマイクロマニピュレータの各移動軸は，モータにより電動化されている．モータにはステッピングモータが用いられることが多く，モータ付ステージを3軸組み合わせて3自由度のマニピュレータとしている．これにドライバー，コントローラを取付け，ジョイスティックや PC マウスなどによりオペレートする形となっている．その他，機能として，メモリしたポジションへの復帰機能やシャーレの移動時，ピペットを退避させるといった機能を付加し，繰り返し作業の簡略化をしている[2]．

筆者は，圧電素子の急速変形を利用した微小駆動機構（圧電インパクト駆動機構）を用いたマイクロマニピュレータを開発した[1]．圧電素子の急速変形を利用したピエゾマイクロマニピュレータは，電気的制御で移動・停止を遠隔操作可能なので，非熟練者でも手ぶれなどの影響がなく，超微動域においても確実な動作が可能である．また，駆動に圧電素子の急速変形に伴う慣性力を利用しているので，弾性のある細胞膜などに微細器具をスムーズの挿入できる利点が有る．ピエゾマイクロマニピュレータを用いて世界で初めてハワイ大学でクローンマウスを誕生させた．以後，哺乳動物のクローニングに欠かせない装置となっている．

参考文献

1) 樋口，渡辺，工藤（1998）：圧電素子の急速変形を利用した超精密位置決め機構，精密工学会誌，54，11，2107-2112．
2) 工藤，樋口（2003）：細胞操作用マイクロマニピュレータ，現代医療社，現代医療2003 Vol. 35, No. 3, 86-93．
3) 日本不妊学会（1996）：新しい生殖医療技術のガイドライン，金原出版株式会社．

ヒューマンインタフェース

山本晃生

[力覚,触覚,皮膚感覚,手触り,触感]

　ヒューマンインタフェース(以下,HIと略記)は,人と機械との接続部を意味し[1],近年は特にコンピュータの発展に伴い,主としてコンピュータとユーザ間を接続する要素を示す言葉として用いられている.HIは様々な側面を持ち,認知科学や人間工学といったソフトウェア的側面のみならず,メカトロニクス技術を駆使したデバイス開発といったハードウェア的側面も研究開発の重要な一面を担っている.

　従来のHIでは,視覚と聴覚が主要な情報伝達チャネルとして用いられてきたが,近年では,力覚・触覚(あわせて力触覚と呼ぶ)を用いることで,より多彩な情報伝達を実現しようとする動きが盛んである.それにより,これまで見ること・聞くことしかできなかったコンピュータ内の対象物に対し触れて感じることが可能となるため,より親しみやすいインタフェースが実現できると考えられている.

　力覚と触覚は一般には混同されて理解されていることが多いが,HI研究においては,生理学的な分類に基づいて両者を次のように区別している.力覚とは筋肉や関節といった深部に存在する感覚受容器による知覚であり,触覚は皮膚表面付近に分布する感覚受容器による知覚とされている[2].例えば,物体表面を指で押した際に,指の押し込み量と反力から物体の硬さを知ることができるが,これは,筋肉の発生力と関節角度の情報から認識されるものであり,上記の分類からは力覚による知覚とみなされる.一方,物体表面を触れたりなぞったりした際に得られる表面性状(代表的な例としては面粗さ感)は触覚により得られるものである.すなわち,触覚による知覚は,触感や手触りといった言葉で置き換えて考えるとわかりやすい.

　力触覚のうち,力覚の利用は比較的実用化が進んでいる.研究用としてはSensAble Technologies社のPHANToMが広く知られているが,身近な場所でも,例えばゲームセンターにあるレーシングゲームのハンドルなどに力覚提示の例を見ることができる.一方の触覚への情報提示に関しては,人間の触覚機能そのものに関する理解が不足していることも手伝って,未だ研究開発の段階を抜け出せていない.しかし,人間は触覚を通して多くの情報を得ていると考えられ,触覚

への情報提示に対する期待は大きい．

触覚への情報提示を主たる目的とするデバイスは，触覚ディスプレイと呼ばれており，その源流を盲人者用点字ディスプレイに辿ることができる．点字ディスプレイが点字相当の粗いテクスチャしか表現できないのに対し，触覚ディスプレイとして研究されているものは，指先の振動分布を制御して皮膚表面近傍の各感覚受容器を選択刺激する[3]，指のなぞり動作に対応づけて刺激を微細に制御する[4]，あるいは電気的に感覚受容器を刺激する[5]などといった手法により，より微細で複雑な触感を演出するようになっている．また，視覚と触覚のディスプレイを組み合わせることで，画面上に表現されたテクスチャの触感が得られるようなデバイスも開発されている[6]．現状の触覚ディスプレイでは，未だ限られた触感しか提示することができないが，将来的には，物体のリアルな触感を遠隔地で再現するといったことも実現可能になると期待される．

図1　見て，触って感じるディスプレイ

参考文献

1) 田村 (1998)，「ヒューマンインタフェース」，オーム社
2) 大地 (1992)，「生理学テキスト」，文光堂
3) Asamura. N (1998), IEEE Computer Graphics and Applications, Nov/Dec 1998, pp. 32-27
4) Minsky. M (1990), Computer Graphics, 24-2, pp. 235-243
5) 梶本 (2001)，電子情報通信学会論文誌，J84-D-II, 1, pp. 120-128
6) 山本 (2002)，SICE SI2002講演論文集，2, pp. 401-402

テレロボティクス

野口 伸

[遠隔操作,バーチャルリアリティ,マスタースレーブ]

　遠隔操作によってロボットを制御する技術(テレロボティクス)は,いろいろな分野で応用が期待されている.原子力発電所内や宇宙のように人が近づき難い環境や,月や惑星などのように距離が遠く離れた環境,超巨大・極微小などスケール的に人と整合しない環境,整備されていない環境で作業を実施するロボットなど,極限環境における利用のための研究・開発が行われている[1].テレロボティクスは臨機応変に状況判断できる人間と協調して,ロボットの作業環境が未整備なところで使用すると効果を発揮する.すなわち,今日数多く研究されている完全自動化を目指した自律ロボットとは技術コンセプトが異なる.一般に双方向通信による通信遅れと人間の操作性の向上が重要な要素である.原始的な遠隔操作ロボットにマスタースレーブシステムがあるが,マスタースレーブの場合,操作者のアーム操作がスレーブアームに忠実に伝えられ作業する.しかしこのようなシステムの場合,操作者は作業環境とロボットの動作を想像しながら操作を行わなければならず,操縦に伴う人間の負担が過大になるのが欠点である.このような理由から,オペレータが遠隔に存在するロボットをあたかも遠隔の環境にいるような感覚で作業を行うことが重要な技術課題となる.この点で,バーチャルリアリティ(VR)分野やネットワーク技術が大きな影響を与えている.操作者がより高い臨場感を持って,インタラクションが行えるよう力覚フィードバックなどにVR技術が用いられる.また,ネットワーク技術の発達によって,超遠隔での操作やこれまで一部の専門家しか使うことのできなかったロボットを誰もが簡単に使えるようになるなど,ロボットの活躍する場がより広がる可能性を有している.

　近年ロボットを遠隔操作する場合,オブジェクト指向の考え方に基づく状態指令型のテレオペレーションシステムが主流である.テレオペレーションにオブジェクトを用いることによって,従来連続的に送っていたスレーブロボットの位置・姿勢の座標値に代わって,複数のコマンドから構成された具体的なミッションをオブジェクトとしてロボットに送ることができる.本来のテレオペレーションシステムでは操作者に知識と熟練が要求されるという問題点の解決手段として有望である.

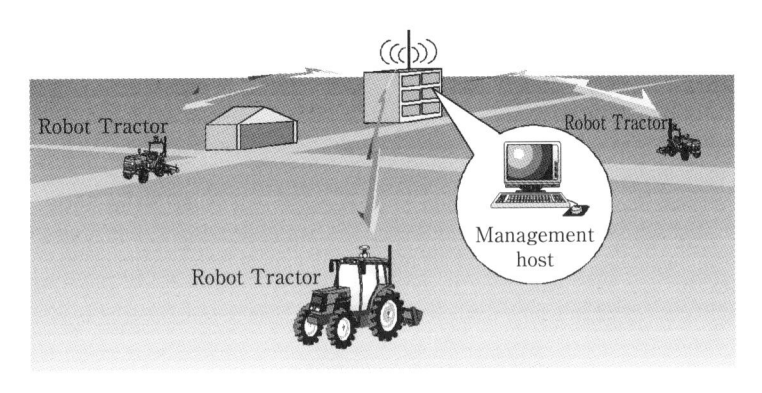

図1 圃場作業テレロボティクス

　従来のテレオペレーションシステムの多くは，何らかの通信経路を介して，特定のロボットを特定のオペレータサイトから操作する1対1型のシステムであった．しかし一方，インターネットを通信手段に使用した場合，一つのサーバを不特定多数のユーザが任意のインターネットサイトから利用可能とある．すなわち，「いつでも，どこでも，誰でも」使えるシステムになることが特徴である[2]．このようなインターネットをベースにしたロボットを特に『ネットワークロボティクス』と呼ぶ．これは，インターネットブラウザが動画像や三次元グラフィックスの表示機能，音提示機能を備えており，ロボットのヒューマンインターフェイスの要件をほとんど満たしていることが理由である．しかし，通信帯域が限定され予測できない遅延時間がインターネット利用の場合に問題となる．その影響を低減するためには，ロボットの自律性強化とともに，人間とロボットの効率的な役割分担の決定，および，Webブラウザや通信プロトコルの拡張を行い，クライアント・サーバ間の時間遅れ保証が可能な通信プロトコルの導入が必要である．しかし，インターネット技術とロボットの知能化技術を組み合わせることで，遠隔で複数のロボットに作業指示を出したり，その作業状態を監視することが特殊なシステムを使用しないで実現できることになる．

引用文献

1) 舘　暲(1993)テレロボティクスの世界．日本ロボット学会誌 11(6)：770-772.
2) 比留川博久(1999)テレロボティクスからネットワークロボティクスへ．日本ロボット学会誌 17(4)：458-461.

マルチエージェント

野口 伸

[自律分散システム,強化学習法,自己組織化,黒板モデル]

マルチエージェントシステムは,近年コンピュータシステムの高度化に伴い,並列・分散環境における計算や知的情報処理の理論が求められてきたことに起因して,その理論的発展と応用分野が広がりつつある[1].エージェントとは,もともと「代理人」という意味で,個々の要素がある結果を引き起こすものを総称してエージェントと呼ぶ.したがって,マルチエージェントシステムは本来多数の自律的に行動するエージェントから構成されるシステムで,各エージェントは自分の環境を知覚し,自分の目標を達成するように行動をとり,集中的に管理するものは存在しないシステム設計が前提とある.エージェントは,自分で考え,自分で行動し,時には周りと協調しながら行動させることで,自律的なエージェントが分散的に問題を解決することが期待できる.これを計算理論におきかえた場合,従来の単体としてのプログラムモジュールではなく,多くの独立したプログラム単位が相互作用するような構造をもたせることで,マルチエージェントシステムとして機能させることを意味する.

基本的にエージェントが有するべき能力として,与えられた目標に対して,自分で情報を獲得し,自分で考えて動的に行動する『自律性』,他のエージェントと,時には共同で目標を達成し,時には交渉を通じて競合を解消し,各自の目標を達成する『協調性』,自分の振る舞いとその結果から,次第に処理能力を高めていく『学習・適応性』,ネットワーク上を移動することで,新しい環境内での処理を行う『移動性』があげられる.このようなエージェントが群として存在すると,負荷分散による問題処理能力と各自の処理結果を持ちより互いに影響し合いながら協調して問題解決を行うシステムが構築されうる.エージェントの自律性を実現する上で,学習システムも重要な要素であり,特に,エージェントが選択した行動に対して報酬と呼ばれる強化信号を与えて学習をさせる強化学習法がよく採用される.また,効率的な問題解決をするうえで不可欠なエージェント間で情報通信システムとして,エージェントが自分の情報をブロードキャストする方法,近傍のエージェントと情報伝達する方法,「黒板」と呼ばれる共有メモリを介して間接的に情報交換を行う黒板モデルが多用されているが,複数の知識源の並列処理

によって，協調的に問題を解決する上で，その効率的な情報伝達方法について研究の余地が残されている．

　自律分散システムであるマルチエージェントシステムをシステム開発に採用する利点として，①機能が単純なエージェントでも，協調することによって複雑な問題に対応できる．②エージェントが自律的に行動するため，外乱や問題の変化に対して柔軟に対応できる．③あるエージェントが動けなくなったとしても，他のエージェントが代行することによって全体機能が維持できるなどがあげられる．すなわち，柔軟性，頑強性，効率性の高いシステムが構築される可能性を有しており，従来の固定的でアルゴスティクなシステムに対してメリットがある．

　今日の社会システムは一般に集中管理的な組織化戦略が取られてきたが，その延長線上での大規模化の限界が，様々な弊害を生んでいることが，マルチエージェントシステムが今日注目される理由である．しかし一方，技術的な課題として，人工物に応用するうえで，局所的自律性と大局的整合性・協調性の両立をどのようなメカニズムで実現するか，言い換えると，ミクロなエージェントの営みから上位階層の秩序をどのように自己組織化させるかが設計論的に極めて重要となる[2]．また，設計段階で予想しなかった振る舞いをシステムが起こす可能性もあり，完備性に問題が残されている．すなわち，マルチエージェントシステムでは，システムを関数系で表すことが極めて重要である．システムを状態空間で記述し，全体の協調した秩序パターンを空間位相によって表現し，その状態遷移を解析することにより協調性が理解できる．さらに，システム全体を評価するポテンシャル汎関数を導入することによって，協調性の程度を知ることもできる．このような数理工学的アプローチに基づき，マルチエージェントの設計に関わる一般理論の構築が期待される．マルチエージェント的なアプローチは様々な分野で適用されつつあり，その応用が研究されている分野には，マイクロマシン，ロボット，生態系や社会システムのシミュレーション，ネットワーク管理，分散システム管理などあり，今後さらに応用分野が拡大すると予想される．

引用文献

1) 新　誠一ほか(1995)自律分散システム．朝倉書店．
2) 浅間　一(1993)マルチエージェントロボットシステム研究の動向と展望．日本ロボット学会誌10(4)：2-6．

GPSハードウエア

松尾陽介

[三次元位置，測位精度，GPSデータ，DGPS，RTK-GPS]

GPSの概要[1]

GPS（Global Positioning System）は，地球上のどこでも現在位置の測位が可能なシステムとして，米軍により開発されたもので，現在では，広く民間にも利用が認められている．GPSでは，六つの軌道面上に全24機の人工衛星（GPS衛星，現在は全27機が運用）を配し，各衛星からの軌道情報や衛星時計情報などを二つの周波数の搬送波に載せて全地球に向け送信されている．地球上では，GPSアンテナと受信機により，複数のGPS衛星から情報を得て，GPS発信の時刻と受信機時計の時刻から搬送波の伝搬時間を求め，GPS衛星までの距離（疑似距離と呼ぶ）を算出している．実際には，GPS衛星時計と受信機時計との時間誤差があるため，4機のGPS衛星までの疑似距離に基づき，受信機の三次元位置（日本ではNEZ位置情報）や時間誤差が高精度に演算される．

GPS測位の精度

上記の方法によりGPS測位（地上受信機の三次元位置計測）が行われるが，GPS衛星が発信する情報の誤差，電離層の影響による誤差，他の物体に反射した搬送波によるマルチパス誤差などにより，単独測位では，数十mの誤差が生じる．

GPS測位データ（出力データ）

一般的なGPS受信機で得られた情報や演算等の結果は，以下のようなNMEA（米国海洋電子機器工業会）フォーマットのデータとして出力される．

```
$ GPGGA, hhmmss, llll.lll, a, yyyyy.yyyy, a, x, x, xx, uxxxx, M, uxxx, M, xx, xxxx*hh<DR><LF>
           1       2      3     4       5 6 7  8    9   10  11  12  13 14
   1：UTC時刻，2,3：緯度,N/S，4,5：緯度,E/W，6：GPS精度，7：使用衛星数，
   8：HDOP，9,10：海抜高度，11,12：ジオイド高，13,14：DGPS補正関連情報
```

基本的なGPS測位精度向上方法

単独測位では数十mの誤差があるGPS測位も，様々な工夫で精度向上が可能である．最近の仮想基準点方式（**VRS**）などは別項で解説されるので，ここでは，広く普及している精度向上方法について概説する．

（1）デファレンシャル方式（Differential GPS；DGPS方式）

位置が正確に分かっている地点でのGPS測位結果から測位誤差を求め，その誤差を補正情報として，例えば移動体上のGPS受信機（移動局と呼ぶ）に送って測位精度を高める方式である．この方式には，補正情報の生成，発信を行う基準局を自前で設けて行うものと，公共的に補正情報を生成，提供するものがあり，後者には，補正情報を海上保安庁が船舶対象に発信するサービス網（ビーコン方式）と民間FM局が発信するサービス網がある．海外では，サービス網をより広く，またGPS測位の補強もできるものとして，人工衛星から補正情報を発信するサービス網（米国 Wide Area Augmentation System；WAAS）がある．

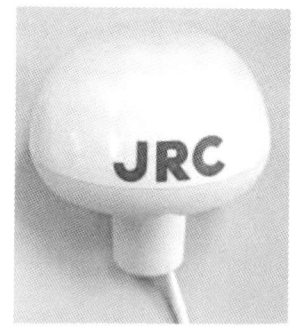

図1　ビーコンGPS（日本無線㈱）

(2) リアルタイムキネマティック方式（Real-time Kinematics；RTK方式）[2]

搬送波に載せられた情報の他に，搬送波自体の位相を測定して測位精度をcmレベルまで高めるという方式である．実際には，DGPSと同様に基準局を設け，移動局でも同時に各衛星からの搬送波を連続的に観測して搬送波位相積算値を計測する．この計測では，搬送波の波長ごとに同位相が観測されるので，観測した位相がどのサイクルのものかを確定すること（整数値バイアス確定）がポイントでる．

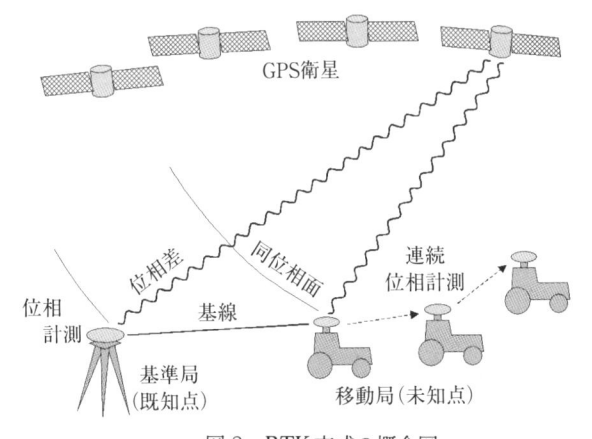

図2　RTK方式の概念図

引用文献

1) 安田明生（2000）TEXT for GPS SYMPOJIUM2000：3-10.
2) 北條晴正（1996）GPS導入ガイド（水町守志監修）：99-110.

地理情報システム (GIS)

沖　一雄

[リモートセンシング，GPS，国土数値情報，計画，マルチメディア]

地理情報システム

　地理情報システム（GIS：Geographic Information System）とは，様々な方法により取得された空間情報，すなわちデジタル地図をベクターやラスター形式により表示し，そこから空間的に特徴ある情報を抽出して，対象の現況評価や将来予測を行いながら計画の目標を達成するために対策を練り，多くの人々と情報を共有することが可能なシステムのことである．このシステムは，現在多くの分野において応用されている．

地理情報システム構築のためのステップ

　(a) 空間情報の取得：空間情報を取得する方法としては，航空機や人工衛星に搭載された様々なセンサにより幅広い地表面エリアを瞬時に観測可能なリモートセンシング技術が大変有効である．また，フィールド調査において，GPSを利用して対象の緯度経度および高さ情報を測定することにより対象の位置を把握し，対象の物理および生物情報を空間的に対応させることができる．その他の空間情報としてメッシュ単位に地形，海岸線，土地利用などのデータが数値化された国土数値情報などもある．

　(b) 空間情報の管理：取得された数多くの空間データは，地理情報システムにおいてデータベースにより管理，蓄積され，データの入力，検索，表示などが容易に実行される．さらに，地理情報システムでは，異なった空間情報を位置情報により統合することが可能である．空間情報を表示する方法には，ベクター形式とラスター形式の二つがある．ベクター形式は，空間的な位置や形状を点，線分，ポリゴン（面）によって表し，ラスター形式は，対象空間領域を均一な格子状に細分して表す．なお，リモートセンシング技術により観測される画像データはラスター形式である．

　(c) 評価・予測：対象地域において取得された空間情報を有効に利用するためには，対象地域の現況評価および将来予測を行うことが考えられる．空間情報を用いて現況評価する分析方法として，現在までに様々な方法が提案されている．例えば，基本的な方法としては，複数の空間情報を重ね合わせて新しい空間データ

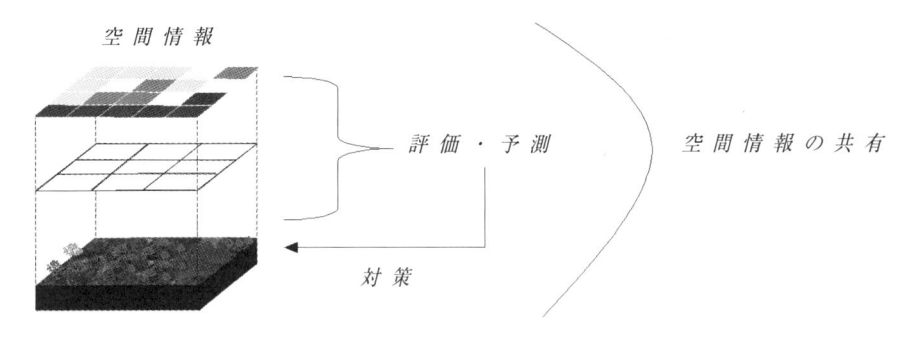

図1 地理情報システム

を作成するオーバーレイや点，線分，ポリゴン（面）から一定の距離内の領域を抽出するバッファリング，そして，2地点間の最短経路を導き出す最短経路探索を代表とするネットワーク分析などがある．また，対象地域の将来予測は，現況評価をベースに統計モデルやプロセスモデルなどを用いて行われる．

(d) フィードバック：対象地域の評価や予測において期待する結果が得られなかった場合には，その地域への対策をとる必要が生じる．対策は対象となっている地域のスケールにより異なったアプローチが必要である．例えば，地球全体を対象とした環境計画の他，国土計画，地域計画，都市計画があり，さらに個々における農地などのより小さな対象地域の計画などがある．これらの計画を基に対象地域において目標を達成するために，フィードバックする働きが大切である．

(e) 空間情報の共有：ある対象地域において開発されたシステムおよびそのシステムよって得られた有効な空間情報をグローバルに伝達し，多くの人々と共有することが大切であり，その手段としてインターネットが重要なツールとなる．インターネットを利用して空間情報を伝達する技術として文字，静止画，動画，音声などを組み合わせて，総合的なメディアとして利用するマルチメディアがある．マルチメディアの特徴としては，相手側への一方向的伝達ばかりでなく，双方向の伝達を可能にすることがあげられる．このような情報伝達手段を利用することにより，グローバルな地理情報システムのネットワーク化を実現できる．

仮想基準点方式/準天頂衛星

藤井 健二郎

[GPS, RTK-GPS, 仮想基準点, 補正情報, 準天頂衛星]

仮想基準点方式を用いたRTK-GPS

測量をはじめ，屋外自律移動体の制御や地形・構造物監視に利用されている，リアルタイムで数 cm 精度の位置特定を可能とする GPS の測位手法として，RTK-GPSがある．しかし，本方式には以下の問題点がある．

- 主に電離層の影響により，GPS 基準局と位置特定する場所（移動局）間の基線長が長くなるほど精度が劣化する．
- 通常 10 km を超える基線では，FIX 解（cm 精度）を得ることが難しくなる．
- 利用者が独自に GPS 基準局を設置し，さらに，補正データを伝送するための無線装置等を準備する必要があり，コストが高くなり手間もかかる．
- 利用可能な範囲が狭いため，広域において利用するためには多数の GPS 基準局を配置する必要がある．

これら問題点の解決策として，広域で RTK-GPS を実現する仮想基準点方式が最近注目されてきた．複数の GPS 基準局からリアルタイムデータを収集し，従来の RTK-GPS の技術的制約条件となっていた電離層，対流圏および軌道誤差の補正を行うとともに，ユーザーとなる移動局の近傍に仮想的な基準局のデータを作成することで，広域における RTK-GPS を実現する．

平成 14 年度から，国土地理院が地殻観測を行っていた GPS 電子基準点のデータをリアルタイム化し，民間に開放したことによって，仮想基準点方式によるRTK-GPS 補正データサービスも民間企業により開始された．cm 精度の位置特定

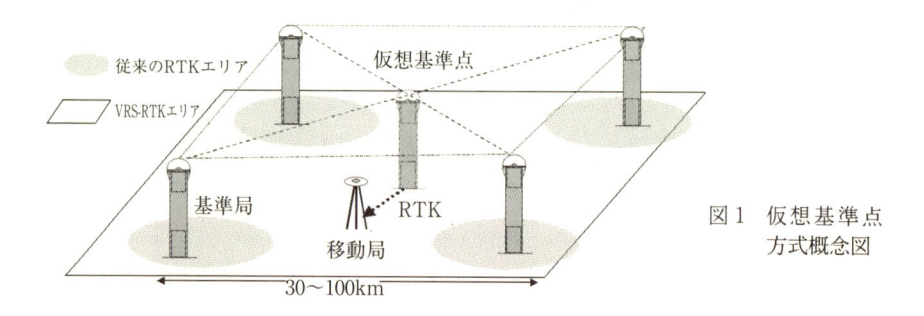

図1 仮想基準点方式概念図

が広域で，基準局を設置しなくても可能なので，ますます利用範囲が広がると考えられる．

準天頂衛星システム

　静止衛星を用いた移動体向け通信サービスは，同報性や耐災害性という特徴を活かし，実用化されてきたが，日本のように中・高緯度地域では仰角が低くなり，ビルや山影等の遮断が問題になる．中・高緯度地域において，衛星を天頂付近に静止させることは物理的に不可能であるが，適切な軌道を設定し，複数の衛星を利用することで，システムを構成する衛星のうち少なくとも1機が天頂付近に滞留するシステムを実現することができる．本システムを準天頂衛星システムと呼んでいる．高仰角であるため，建物等による遮断が少なく，高品質な移動体データ通信や放送，測位などが可能となる．準天頂衛星を利用した測位システムとして，以下に示すサービスまたは効果が期待できる．

　①測位精度の向上：準天頂衛星からGPSと同様の測位情報を送信することにより，天頂に配置された衛星が増え幾何学的な衛星配置が向上し，測位情報を配信する衛星が実効的に増えることにもなるので，測位精度の向上が期待できる．

　②GPS補正情報の配信：準天頂衛星から高精度化を目的としたGPSの補正情報を配信することにより，サブメートル級やデシメートル級精度の測位を実現することが期待できる．

　日本では次世代測位システムをベースとし，通信・放送および測位の複合サービスにより，新しい高付加価値サービスを提供できる社会インフラの構築に向けて，平成15年度より政府が行う開発と連携して民間企業は新会社（新衛星ビジネス（株））を設立（平成14年11月）するなどし，本格的に動き出した．現在の計画では，平成20年頃に実証衛星を打上げ，通信・放送・測位の複合サービスを開始することになっている．

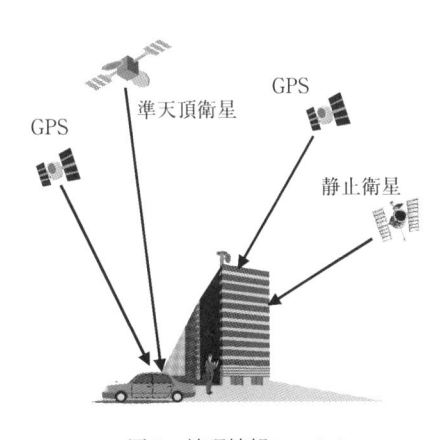

図1　地理情報システム

リモートセンシング

大政謙次

[リモートセンシング，電磁波，分光反射，分光放射]

　リモートセンシング（remote sensing）とは，対象に関する情報を，センサを用いて，直接触れることなく取得することをいう．通常，人工衛星や航空機に搭載されたセンサにより，地表面や大気から反射あるいは放射される電磁波を観測し，対象に関する情報を得ることをいうが，広義には，重力や音波などの観測や画像計測のような近接でのリモートセンシングなども含まれる．

　リモートセンシングという言葉は，1960年代に米国で作られた技術用語で，それ以前は，写真測量や写真判読などという言葉で呼ばれていた．最初の地球観測衛星 Landsat が1972年に打ち上げられてから急速に普及した．通常，人工衛星や航空機からの広域リモートセンシングでよく用いられる電磁波は，可視から近赤外の波長域（0.4〜2.5 μm）や熱赤外域（8〜14 μm），マイクロ波（1 mm〜30 cm）などである．最近の広域リモートセンシング技術の発達はめざましく，可視から近赤外の波長を数百バンドで分光可能なハイパースペクトル技術や，1 m以下の空間分解能で人工衛星からの観測が可能なハイパースペイシャル技術，レーザやマイクロ波を対象に照射し，三次元情報を得る能動センサ技術などが実用化されている．

　リモートセンシングにより対象に関する情報が得られるのは，対象の種類や状態の違いにより，その分光反射特性や分光放射特性が変化するためである．例えば，植物葉は，光合成に必要な可視域の波長をよく吸収し，葉温が異常に上昇しないように近赤外の熱線域（0.75〜1.3 μm）を吸収しない．このため，可視域では，葉からの反射が小さく，近赤外域では反射が大きくなる．この分光反射の特性は，植物の種類や生育状態，健康状態で変化し，また，土壌や水，その他の地表面を構成する対象と比べて著しく異なる．このため，この分光反射特性の違いを利用して，土地被覆の分類や植物状態の診断などが行われる．熱赤外域（8〜14 μm）は，常温付近で，絶対温度の4乗に比例した放射が最も大きい波長域で，地表面の温度の推定に利用される．マイクロ波は，波長が長いと大気を透過し，短いと大気で吸収される．このため，能動的な方法である合成開口レーダ（SAR）やマイクロ波放射計のようなマイクロ波リモートセンシングでは，短い波長は大気

のガス成分濃度や降雨量の推定に，長い波長は曇天や降雨の状態における地表面観測に利用される．また，地表面の凹凸の大きさにより，散乱波長特性が異なることから，地表面の凹凸の情報を得るのにも有用である．

　観測されたリモートセンシングデータには，対象に関する情報以外にも，センサの特性や太陽高度，地形，大気の吸収・散乱などの影響が含まれている．また，SARでは，再生画像を得るのに，観測データを補正する必要がある．このため，対象に関する正確な情報を得るためには，放射量補正や大気補正，幾何学的補正，合成開口補正などの前処理を行う必要がある．前処理された画像を，必要に応じてデータ処理することにより，目的とする情報を得ることができる．例えば，農地や森林，建物などといった土地被覆状態の分類は，可視から近赤外域の分光画像を最尤法などの統計的な分類法を用いて行うことができる．このようなリモートセンシングデータを用いた土地被覆分類により，土地被覆の状態や変化を解析することができ，また，国土数値情報などの地理情報システム（GIS）の情報更新の際にも有効に利用される．

　センサを搭載する移動体をプラットホームというが，人工衛星や航空機だけでなく，近接リモートセンシングでは，無人ヘリコプタやバルーン，移動計測車，農作業車なども用いられる．また，観測棟や栽培施設などにセンサを設置する場合もある．これらの異なるプラットホームからの観測を有機的に組み合わせて対象に関する情報を得ることを階層的リモートセンシングという．人工衛星や航空機からの広域リモートセンシングでは，近接リモートセンシングやグランドトルースで得られた対象に関する正確な情報と対比させた解析を行うことが重要である．

ガイダンス/ナビゲーションシステム

行本 修

[誘導，航法装置，positioning，位置，方位]

　歴史的にはガイダンスは，船の水先案内を指し，ナビゲーションすなわち航法とは航海術のことで，船が大海の中で行き先を誤らずに目的地に達するための技術であった．今日では船舶ばかりでなく，航空機や人工衛星などの飛行体，車や農業機械，工場内自動搬送車（AGV：Automatic Guidance Vehicle）などの車両一般で，ガイダンスやナビゲーションという用語が広く使用されている．

　ガイダンスは目標経路と，現在の移動体の位置・方位・距離などを参照して，自動的にあるいは運転者を介して移動体を目標経路へ案内，誘導することであり（図1），移動体の位置や進行方位を知ることが前提になる．目標経路は，例えば飛行計画のような事前に計画された経路，白線に沿うというような経路，あるいはいくつかの中継点を線で結んだ経路などとして与えられ，目標経路を作成することを経路計画と呼ぶ．移動体の位置や進行方位の観測を狭義のナビゲーションと称し，そのための装置をナビゲーションシステム（航法装置）などと称している．また，移動体がある点へ移動するための進路を与える手段という意味で，ガイダンスまでを含めて広義にナビゲーションと称されることもある．

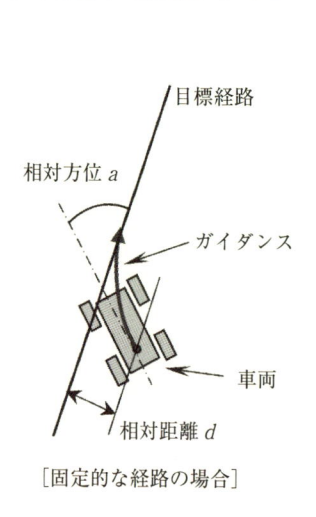

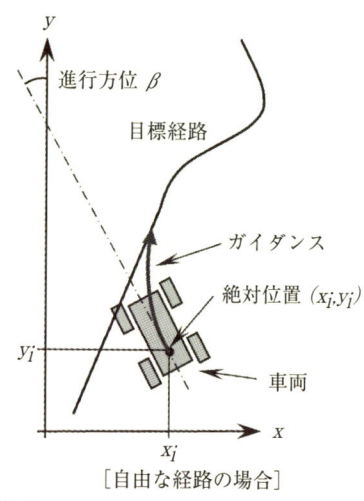

[固定的な経路の場合]　相対方位 a，相対距離 d，目標経路，ガイダンス，車両

[自由な経路の場合]　進行方位 β，目標経路，ガイダンス，絶対位置 (x_i, y_i)，車両

図1　ガイダンス

表1 農業分野における航法方式の分類（津村[2]の資料を基に作成）

経路	名称		検出対象	目標・センサ・施設等の例
固定	固定経路接触式		機械式ガイド	畝，溝，パイプ，レール
	固定経路非接触式		非接触ガイド	誘導ケーブル，レーザビーム
半固定	スポットマーク式		スポットマーク	磁気標識（ネイル），超音波標識
自由	内界情報慣性航法式		加速度	ジャイロ＋加速度計
	〃	距離・方位式	距離（速度）＋方位	車輪回転＋地磁気センサ・ジャイロ
	〃	車輪回転差式	左右車輪回転	車輪回転，左右クローラ回転
	外界情報追尾式		境界線等	TVカメラ（作物列，作業境界線）
	〃	相対距離式	壁面，畝，畦畔作物列等	超音波センサ（畝，作業者），オフザワイヤ誘導ケーブル
	外部標識三角測量		複数の相対角	TVカメラ，光電センサ＋光反射標識
	〃	トラバース式	相対角度＋距離	トランシット＋測距儀（車両追尾）
	〃	双曲線航法式	複数の距離	電波灯台，レーザ灯台，GPS

ナビゲーションシステムには各種方式があり（表1），利用目的，条件などによって使い分けられるが，精度向上や条件変化に対応するため複数の方式が併用される場合も多い[1]．固定経路方式は，AGVなどで広く利用され信頼性は高いが，手軽に経路を変更できない点が短所である．自由経路方式の内界情報式は，推測航法（dead reckoning）と呼ばれ，内界センサで得られる移動情報の累積で位置を推定する方法で，外部に支援設備を必要としないため慣性航法装置（inertial navigation system）などとして広く使われているが，誤差の累積が避けられない．外界情報式は，考え方は固定経路方式に近いが，例えばコンバインで稲株列を目標経路としているように改めて経路を設置しない点に特徴がある．外部標識方式は，位置の明確な点を基準にしているために累積誤差がない点に特徴があるが，基準局を要することが短所である．GPSも，人工衛星を基準とするこの方式の一種である．ガイダンスやナビゲーションは，農業分野では，自動運転や自律走行，運転操作を支援する作業モニタ，精密農業などに活用されている．

引用文献

1) 行本　修（1996）生物生産機械ハンドブック．153-163．
2) 津村俊弘（1991）計測と制御 30(1)：1-8．

光合成アルゴリズム [1,2]

村瀬 治比古

[最適化アルゴリズム，遺伝的アルゴリズム，生物系由来アルゴリズム，適応度，炭酸ガス親和度]

光合成サイクル

光合成は，一般に言われるように炭酸ガスと水から酸素と澱粉を生産することであるが，その生化学反応のメカニズムは非常に複雑である．光合成には炭酸ガス固定サイクル（一般に知られている澱粉生産サイクル）と光呼吸にサイクルの二つのサイクルがうまく調和して，澱粉生産システムを最適化している．植物は太陽光が大幅に変化しても時々刻々最適化を行って最大限の澱粉生産を可能にするように自然のプログラムが与えられている．光呼吸は太陽光が強く光合成により発生した過剰な活性酸素（植物体に悪影響を与える）を消費して過剰な活性酸素の蓄積を抑制するサイクルで，見かけ上太陽のエネルギーを浪費するシステムであるが，植物にとっては不可欠な浪費である．

澱粉生産を行う炭酸ガス固定サイクルと光呼吸サイクルを太陽光の強度変化に合わせてうまく使い分ける最適化の過程で，ある物質から次の物資へ炭素分子の複雑な組み替えが行われる．図1はベンソンカルビンサイクル（BCC）といわれる炭酸ガス固定サイクルで炭素分子を取り込んで光合成生産物を生み出す過程を示したものであり生化学反応の順序とそれに伴う炭素分子の離合が重要である．図2は

図1 光合成サイクルにおける炭素分子の離合

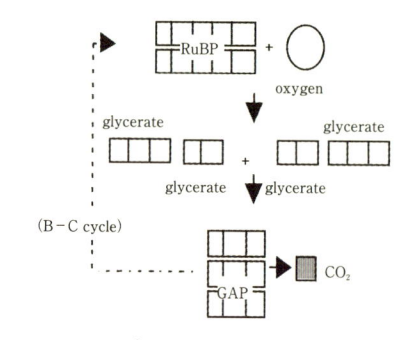

図2 光呼吸サイクル（酸素の消費サイクル）

光呼吸サイクル(PRC)と呼ばれるプロセスであり炭素分子が放出されて元のリブロースビスリン酸(RuBP)へ戻る過程を示す．

アルゴリズム

BCCとPRCの組み合わせとそこで生起するこの炭素分子の離合集散のプロセスを模倣したものが光合成アルゴリズムである．図1において複数の解候補がGAPに格納されている．また，その解候補中で適合度が高いものは現在の最適解としてDHAPに移され次のサイクルで適合度を再度計算して，適合度が改善されれば最適解を更新する．改善がみられなければ次のBCCを開始する．GAPはフラクトースやキシロースなどの物質に変化する間に炭素分子(ビット)の再組み合わせによりRuBPを経て新しいGAPのセットができて適応度を再計算する．以上は遺伝アルゴリズムの交差と類似したプロセスである．あらかじめ決められたルール(植物によって特異な炭酸ガスの親和度)によってBCCから時々PRCへ移り解候補の刷新が発生する．この課程は遺伝アルゴリズムの突然変異と類似している．光合成アルゴリズムは生物系由来アルゴリズムの一つと考えられる．

参考文献

1) Hashimoto, Y. *et al.* 2001, Intellignet Systems for Agriculture in Japan, IEEE Control Systems Magazine, 21 (5) 71-85
2) Murase, H. 2000, Finite Element Inverse Analysis using a Photosynthetic Algoithm, Computers and Electronics in Agriculture, 29 (1/2) : 115-123.

計算力学応用マップ

桶 敏

[有限要素法，精密農業，土壌マップ，腐植含量，FEM，Kriging]

マップの作成とデータの内挿と補間

精密農業で用いられるマップは，通常 Kriging と呼ばれる補間法を用いて作成されるが，ここでは計算力学（有限要素法）を用いてマップを作成する方法について説明する．

マップの作成とは，実際に観測される有限個のデータから関心のある座標位置での値を何らかの方法で推定し，データを内挿または補間することである．内挿または補間の方法は，色々あるがここでは推定誤差の期待値を最小にするように推定値を与える Kriging と二次元ポテンシャル問題に置き換えて有限要素法で解き推定値を求める方法について特に有限要素法を用いる方法について解説する．ここでの内挿とは，求めたい位置が観測されたデータ点の分布の内側に含まれる場合であり，もちろん実際問題としては内挿だけでなく観測データの位置の範囲を超えて外挿または補外することも含まれる．

Krigingによる内挿

観測値が持っている観測誤差と観測地点と任意の点の共分散を求めることで，求めたい変数の値の推定誤差の期待値を最小にするように各観測値が推定値に寄与する重みを決定し，任意の点で値を推定する方法である．あらかじめ，地点間の類似性を表す共分散を距離の直接の関数（直線モデル，球体モデル，指数モデル，ガウスモデルなど）としてセミバリオグラムを決定する必要がある．また，求めたセミバリオグラムが距離に関して独立したモデルでないことを確認する必要がある．Kriging による推定法は，鉱物学や地質学だけでなく観測データを処理する必要があるすべて分野で広く用いられている．

FEMによる補間

有限要素法を用いてデータを補間する方法を説明する前に導入するための条件について説明する．まず，精密農業で使用するマップの項目として無機態窒素・腐植含量などは窒素やアンモニアなど化学成分であるため土中においてもポテンシャル場を持つという仮定が成立することが必要がある．つまり無機態窒素・腐植含量がポテンシャルであるという仮定が成り立てば，二次元ラプラス方程式を満

足し二次元ポテンシャル問題として取り扱うことができるため容易な解析となる．

次に，二次元ラプラス方程式の拡散係数はすべての要素で等方向性かつ均一なものとして扱う．この拡散係数の条件が成立しているか否かを証明するのは非常に困難であり，また実験にて測定するにも多大の労力が必要となり，一般的にはこの条件は土壌の均一性の仮定であるが敢えてここでは成立するものとする．有限要素法を用いてデータを補間する方法を用いるため，無機態窒素・腐植含量がなどの対象がポテンシャルであるという仮定とすべての要素において土壌の等方向性かつ均一の2点の条件が必要である．

二次元ポテンシャル問題の解法は，熱拡散の問題など一般的な問題として解くことができる．フラックス・シンク・ソース・既知データや境界条件・拡散係数を与え，剛性マトリックスおよびフォースベクトルを求め一次の連立方程式を解き，一括して節点の値を求めることができる．つまり少ない有限個の測定データから有限要素分割した節点の値を推定しマップのデータを補間したことになる．

有限要素分割は，対象となっている水田や畑を三角形および四角形要素に分割する．もし測定データが，要素の節点上の位置に重ならないときは，測定データを含む要素を三角形要素で再分割すればよい．

実際の数値計算例はほとんどないが筆者らが行った例では，80 m×150 m の1.2 ha の水田について測定データ数97点，計算対象として無機態窒素・腐植含量・坪刈りによる収量および耕盤深さの4項目について有限要素法よび Kriging の球体モデル，指数モデル，ガウスモデルの3モデルを用いてマップを作成したところ有限要素法によるマップは Kriging の三つのモデルで作成したマップと同等のマップが得ることができた．また，有限要素の大きさを25 cm, 50 cm, 1 m, 2.5 m の4段階で変化させ計算を行い，ほぼ同じ結果が得られており二次元ポテンシャル問題としての容易性を示している．

有限要素法と Kriging の違いは，Kriging の方法が空間統計学に基づいて体系化された確率論的方法論であることに対して有限要素法は与えられたフラックス・シンク・ソース・既知データや境界条件・拡散係数で節点の値が決定される決定論的方法論であろう．有限要素法によるデータの補間法についての研究事例が少ないため，測定データ点数やデータの位置間隔に関するデータが少なく先に説明した二つの条件を満足できる理論的な考察や今後の研究の展開が期待される．

センサベース PF

野口　伸

[マシンビジョン，生育情報，処方せんアルゴリズム]

　精密農法（Precision Farming；PF）の今後の発展方向はセンシング技術と複雑系を最適化できる数理解析技術の確立にある．現在，実用化・商品化されている PF 製品は既存技術の範囲内で対応できたオフラインによる土壌分析による土壌成分マップと収量モニター付コンバインを基軸としている．すなわち，『マップベース PF』である．さらに，現在商品化されている土壌成分マップと収量マップによる PF 技術が複雑系である作物—土壌—大気系をブラックボックスとして取り扱ったものであることも自明である．しかし，残念ながら土壌成分マップと収量マップだけで，具体的な管理作業の処方せんを作成することは不可能である．この技術レベルをブレークスルーするためには，作物生育期間中の内部システムの観測と制御，すなわち，圃場空間のセンシングとその結果をもとに適切に意思決定して農作業を行うことに尽きる．このような観点から，マシンビジョンが現在そのセンシングシステムとして注目されている．屋外環境下のマシンビジョンは，すでにリモートセンシングの1研究領域として確立しているが，この技術を PF に応用しようとする試みである．

　リアルタイムで適切な作業を行なうことを目的とした『センサベース PF』は，まさにこのセンシングがキーテクノロジになる．いわゆる，On-the-go 方式と呼ばれる PF 技術である[1]．図1はマシンビジョンを適用したセンサベース PF の概念図であるが，センサで作物の生育状態，雑草の繁茂状態，病害虫による汚染発生状況などを観測し，その結果に基づいて，除草剤などの農薬や化学肥料を可変にして必要十分な施用量に制御することが戦略となる．また，その時のセンシングインフォメーションと可変散布量をデータとして記録することで，農産物のトレーサビリティに役立てることもできる．センサベース PF が注目されているのは，時変システムである作物生産の場の制御にはタイムリネスが不可欠であり，その具体的なソリューションとして有望だからである．センサベース PF の技術的課題はセンサ開発と処方せんアルゴリズムにある[2]．

　センサとしての具備すべき条件は，非接触・非破壊計測が前提になるため，ビジョンセンサのような光学センサが主流である．屋外環境下の光学センサは光源

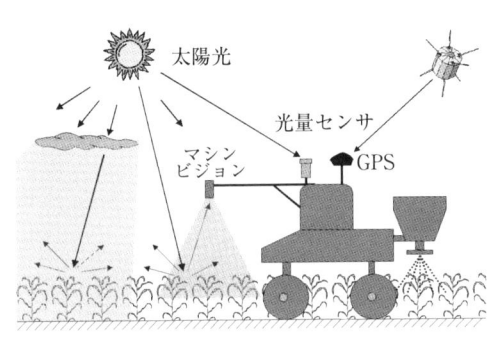

図1 マシンビジョンを適用した
センサベースPFシステム

が太陽光になることが特徴である．知りたい対象を作物や土壌とした場合，太陽エネルギーは対象物に透過，反射もしくは吸収される．すなわち，光学センサを用いることでこの太陽光の土・作物に対する反射率の空間変動を計り，有用な情報を抽出することが戦略となる．たとえば，作物の窒素ストレスが葉の可視領域の分光反射特性変化，すなわち色変化として現れることはよく知られており，この知見を利用すれば光学センサによる窒素ストレス検出センサが開発されうる．したがって，理論的には透過波長が制限される光学フィルタをビジョンセンサに装備して観測したい波長領域の反射率を計ることで，作物と土壌の識別や作物のストレス状態，病害虫の汚染度合などをリアルタイムに知ることができる．また，ビジョンセンサの場合には，カメラに幾何キャリブレーションを施せば，その画像空間を実空間に変換することもでき，長さ・面積といった対象物の大きさ，形状を計ることもできる．

　一方，センサ情報に基づいて自動的に処方せんを作成できるアルゴリズムについては，いまだ研究途上にある．農薬散布，追肥作業などの最適な処方せんを作成することは極めて難しい．作物学者などによって処方せんマップを自動生成するシステムの開発が行われているが，いまだ実用レベルには至っていない．特に病害虫の発生や気象変動など突発的外乱を含む作物―土壌―大気複雑系を記述した短期予測モデルの併用が適切な処方せんを作成するうえで必須となるが，このような予測モデルが，いまだ存在しないことも原因であり，今後の研究の進展が期待される．

引用文献

1) 野口　伸 (1998) 21世紀を担う精密農法－その意義と農機の役割－．農村ニュース 39 (2)：60-63．
2) 野口　伸 (1999) 米国穀倉地帯におけるプレシジョンアグリカルチャー．農業機械学会誌 61 (1)：12-16．

コミュニティベースの精密農法

澁澤 栄

[知的営農集団，情報付き圃場，情報付き農産物]

営農モデルとしての精密農法

　土地生産性（単位面積当たりの収量）重視の農法や，機械化による労働生産性（単位労働時間当たりの収量）重視の農法と比べて，精密農法では，環境保全や生産性および収益性，日本などの場合は地域の活性化など，様々な要求を総合的に考えながら，最適な営農形態を選んでいく農業戦略がその特徴としてクローズアップされる．

　具体的には，まず圃場のばらつきを克明に記録すること，さらにその理解を深めることが最も重要な特徴である．雑草の分布だとか生育や収量の場所や圃場による違いの記録である．続いて過去の作業日誌（施肥量や農薬散布量あるいは投入労働量など）や消費者ニーズ（品質重視，有機農法など栽培法重視，低価格志向など）などの諸要因を見ながら，栽培作物や栽培法あるいは市場に関する営農戦略および作業内容を決定する．その決定内容を実行し，結果を評価する．評価する場合は，当該年の収益性のみならず長期的な市場性向上や農作業の安全性あるいは地域の自然や環境保全効果などの項目も大事である．このような作業が一巡して，精密農法を推進するための土地台帳や作業日誌が豊かになり，次の段階へと進む．以上に見る系統的な営農モデルが精密農法である．

精密農法導入による農法の変化

　圃場マップ管理の技術要素を導入することは，作物と圃場の空間的ばらつきをコンピュータ内のデータベースとして電子情報化することになる．可変作業を導入することは，作物や圃場の状況に合わせて生産性・収益性を向上させる作業体系をもつことであり，また消費者ニーズや環境負荷軽減を志向する地域システムに対応することになる．意志決定支援システムの導入は農家の動機に重大な影響を及ぼし，意志決定できるものが精密農法を実行できることを示している．すなわち，精密農法の導入は，農法の5大要素すべてをほぼ同時に再編することを意味しており，農法の革命的な変化をもたらすことになる．

階層的なばらつきが管理対象

　日本の田園風景でまず目に付くのが，土地利用の多様性に基づく「圃場間のば

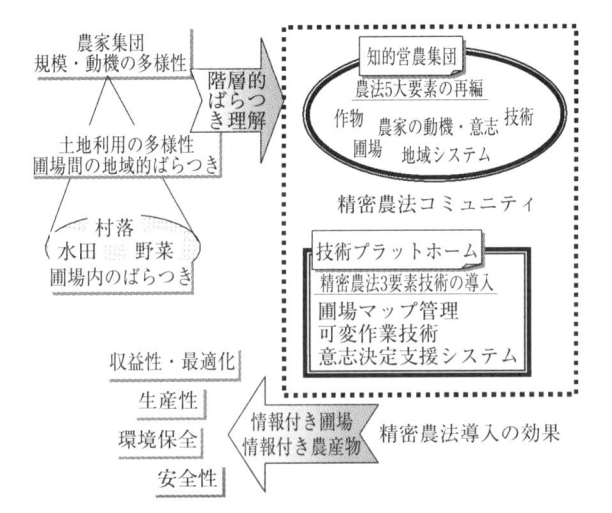

図1 コミュニティベースの日本型精密農法
小規模な農地を対象に展開される日本型精密農法では，階層的なばらつきを管理するため，知的営農集団と技術プラットホームから構成される精密農法コミュニティが必要になる．その結果誕生する情報付き圃場と農産物は，農業と地域全体を活性化する．

らつき」である．栽培作物の違い，作物品種の違い，そして圃場のサイズや形，さらには土壌条件など，小規模圃場ならではの「ばらつき」が存在する．それらの農地を多数の農家が所有あるいは耕作しており，農家集団の経営規模や動機などの「ばらつき」も当然ながら存在する．また小規模な圃場であっても，作物生育や土壌肥沃度など「圃場内のばらつき」も存在し，個々の農家レベルでは多年にわたって地力向上や収量・品質の高位均質化の努力がなされてきた．これらの「ばらつき」は，スケールや特徴が異なるので，まとめて「階層的ばらつき」という．精密農法の日本モデルでは，この「階層的ばらつき」を記録し理解すること，そして「多品種高品質」生産の管理方法を探求することが目標になる．

コミュニティベースの精密農法

　階層的なばらつきの管理すべてを個々の農家に期待するには荷が重すぎる．そこで，農法の5大要素を主体的に再編構成する知的な営農集団（いわば知的な生産者ネットワーク），そして精密農法の新技術を開発導入する技術プラットホーム（企業や農家などにより構成，生産・流通・消費にわたる技術開発・マーケッティングのネットワーク），さらに両者を融合した精密農法を推進するコミュニティが必要になる．導入コストの低減や環境保全および付加価値生産などの効果は，そのコミュニティが判断することになる．

　精密農法を導入することにより，情報付き圃場と情報付き農産物が誕生し，これが農業の新しい知的な付加価値となる．

テレワーク (Telework)

山中 守

[通信回線, 遠隔地域, 労働形態, テレワークセンター, 知識産業創出]

　テレワークは情報通信手段を利用して仕事する労働形態の概念である．語源的に解釈すれば，遠隔地 (tele) で働く (work) という意味であり，通信回線を使って働くことである．またテレワークセンターはテレワークが可能な施設をいう．テレワークが定着している主な国はアメリカ，カナダ，イギリス，オランダ，スウェーデン，フィンランドなどである．日本では1994年に山形県山辺町，朝日町，白鷹町，1997年に熊本県阿蘇町にテレワークセンターが国庫補助により開設された．その後，地方都市で設立されている．

　テレワークセンターは設置目的により，農村（自然共生）型や都市型などに分類できる．地方都市や農村地域にテレワークセンターを開設することにより，居住地域を離れない勤務形態を可能にするので定住人口の減少への対策，就労機会の拡大などによる都市と地方との地域格差の是正に役立つ．主な効果は次のようになる．① 農村地域における情報産業への就業機会の創出，② 情報通信ネットワークを活用した地域特産物の販路開拓による地域産業の活性化，③ 就業機会の拡大によるUIJターンの受け皿づくり，④ 都市と農村のツーリズムネットワークづくり，⑤ 観光情報の全国への発信，⑥ 情報通信ネットワークを活用した人材教育の拠点としての役割などである．

　テレワークは多様な概念があり，その定義や形態も明確には定まっていないが，テレワークを行う場所により次のように分類することができる．

　① 地域振興を目的として地方自治体などにより設置されている農村型（自然共生）テレワーク，② 自宅に居ながら仕事する在宅勤務型テレワーク，③ 自宅近くのオフィス施設を利用して本社から離れて仕事するサテライトオフィス勤務型テレワーク，④ 携帯情報端末を利用して移動先で仕事をするモバイルワーク型テレワークなどがある．

　テレワークセンターの活用事例としてイギリスの場合を紹介する．農村地域は零細企業の比率が高く，また失業率も高い地域が多い．さらに農村地域の中でも中心地域から離れた地域では情報通信インフラストラクチャーが遅れている．そのために農村地域ではコミュニケーションの手段が少なく，地域の発展を阻害し

ている．この現状から抜け出して地域振興を図るには，質の高い教育やトレーニングが必要であり，1991年にウェールズの州議会を中心として先進的プロジェクト（SIMTRA : Scheme for the Introduction of Modern Technology in Rural Areas）が発足した．

SIMTRAの目的は次の通りである．①農村地域の人々のIT意識を高めること．②技術教育レベルを高めること．③農村地域におけるビジネスに必要なトレーニングを実施すること．④新しい技術を家庭や地場企業に役立たせること．⑤失業対策として役立つこと．このように主な目的は農村地域の住民が新技術を習得するためのトレーニングと地場産業の振興対策である．

テレワークセンターの有効活用により，Eメールやオンラインサービスの利用などITスキルが向上し，現在では地域内にテレワークセンターが6ヶ所あり，それ以外に地域コミュニティホールなどを利用したITトレーニング教室が16ヶ所で開催されている．このように農村地域のテレワークセンターは地域でのIT教育やトレーニングの教育拠点として重要な役割を果たしている．

運営資金はEUおよびウェールズの基金で支えられている部分と，自ら助成金を獲得する部分から構成されている．ヒアリング調査によると，最も苦労している問題として運営資金の確保の問題が指摘された．

ITトレーニングコースの主な内容は，コンピュータの初心者向けコースから，ワードプロセッサー・コース，ビジネス・コースなど多様な分野およびレベルのコースが準備されている．ビジネス・コースでは，会計処理と給料処理ソフト，ウィンドウズ，マイクロソフト・オフィス，インターネット，Eメール，ウェブページ・デザインなどを開設している．特に重要視しているコースは設立趣旨である零細企業や農民の経済活動を支援するコンピュータ・コースである．また土曜日の朝に子供とその親を対象にしたコンピュータ・クラブを実施している．

このように農村社会とテレワークセンターとの密接な連携により，農村地域出身の優秀な若者が大学卒業後，自分の故郷にUターンし，専門知識を活かして情報産業を創造することができる．テレワークは活用方法を工夫することにより，農村地域における知識産業の創造を図る上で有効な手段になる．

可変施用機械

梅田幹雄

[可変施肥機,SSCM,NDVI,粒状散布機,ブロードキャスタ]

　可変施用機械には施肥機,防除機,播種機等がある.これらは,散布する対象の形状・精度により,粉末,粒状,液肥,堆肥,散播,条播,点播,噴霧,ミスト等いろいろな種類のものが開発されている[1].ここでは可変施用機械の代表である施肥機を取り上げる.

　施肥には播種・田植前に施用する基肥と生育過程で施用する追肥がある.肥料には化学肥料と有機肥料があり,形状により粒状,ペレット,液肥がある.化学肥料は形状・摩擦係数が揃っているが,有機肥料は不均一である.液肥もこれまでの家畜尿に加えて,メタン発酵後の消化液が使用される.施肥機には各種のものが開発されている.また,畑・水田等の路面の相違により,施肥機を搭載する車両の形態,地上高や車輪形状が異なる.

　圃場の位置により土壌の栄養分や水分条件がばらつくため,作物の生育が異なる.精密農業の考え方は,生育のばらつきに応じて,肥料・農薬あるいは灌水を最適に実施し,収量・品質を最適にするSSCM (Site Specific Crop Management)の発想が基本である.イネの場合登熟歩合を考慮すると,面積当たりの最適穎花数(モミ数,通常3～4万粒/m^2)が存在する.穎花数は出穂期の窒素保有量で決定する.したがって,穂肥の窒素施肥量N_cは下式で説明できる[2].

$$N_c = N_f/j = (N_{op} - h - Ns)/j \tag{1}$$

ここで,N_fは穂肥からイネが吸収する窒素量,jは肥料利用率,N_{op}は出穂期の最適窒素保有量(通常11～13 g/m^2),hは穂肥施用時にすでに保有している窒素量,そしてN_sは穂肥時から出穂期までの土壌由来窒素である.

　葉緑素は赤を吸収し,補色である青緑を反射するので,生育の良い植物は緑が濃く見える.また,近赤外線には反応しない.この窒素量hは,人工衛星・航空機・ヘリコプタ等から緑・赤・近赤外線の画像を撮影し,近赤外線と赤の反射率の差と和の比をとる正規化植生指数(NDVI)または赤を緑に変えたGreenNDVIを求めて推定する.また,N_sは土壌マップから,実績を考慮して推定する.

　可変施肥機の代表は,図1に示すブーム式の粒状散布機である.ホッパ下部のケース内にゴム製のロータが取り付けられていて,回転速度を変えて散布量を制

図1 ブーム式粒状散布機による可変施肥

（メータリング装置，ロータ，GPS）

図2 ブロードキャスタによる可変施肥

（ホッパ下部開口部，スピンナ，GPS）

御する．吐出された肥料はまた，図2のブロードキャスタは主として畑作用に使用され，欧米では主流である．ホッパ内の肥料は，開口部から400～500 rpmで回転するスピンナ上に落下し，遠心力で散布される．散布量は開口部の面積を変えて制御する．散布量にばらつきがあるが，肥料の性質を選ばないため有機肥料には有利である．

施肥計画マップに基づき可変施肥を行う場合は，施肥機の位置計測が必要であり，多くの場合はGPSが用いられる．一方，その場で植物の反射率を測定して窒素保有量を推定するセンサも開発されている．このセンサを施肥機に搭載すると，その場で必要な施肥量を算出できるので，GPSは不要となる．わが国では目視で判断して，可変施肥する施肥機も市販されている．

引用文献

1) 川村　登ら (1991) 文永堂, 新版農業機械学: 76-98.
2) 日本土壌肥料学会編 (1990), 博友社, 水田土壌の窒素無機化と施肥: 93.

土壌－機械インターフェース

中嶋 洋

[テラメカニックス，接触問題，力学モデル，計算力学，離散要素法]

　テラメカニックスの典型的な要素である．農業を植物－土壌－大気システムととらえるならば，土壌－機械系は，土壌システムにおける物理的機械的な作用の場を表すサブシステムであり，耕うんに代表される撹拌と車両の走行に代表される締め固め等が結果として土壌システムの状態変数に影響を与える．

　土壌－機械インターフェースでの現象は接触相互作用であり，力学的には解析の困難な動的非線形問題に属する．このため，従来より実験的な手法により研究がなされてきた．一方電子計算機の処理速度が急激に向上し，併せて計算力学に関する各種手法の整備，アルゴリズムの洗練化がなされてきた結果，土壌―機械系の力学的相互作用の諸問題も数値解析による取り組みが可能となりつつある．中でも離散要素法（DEM）は不連続解析を自然な形で導入できることから，積極的に適用され始めてきた．

　DEMは，カンドール（Cundall）の提案した方法で，もともと岩石ブロックの不連続挙動を解析するために考案された[1]．その要点は，単純な二次元解析では，①土壌のような粒状体を円形要素群と仮定する；②各円形要素間に接触力を導入する；③導入した接触力により運動方程式を組み立てる；④数値積分により加速度，速度を経て変位解を得るというものである．要素間接触力の導入時にバネとダッシュポットを並置したモデルがよく用いられるが，バネ剛性や粘性係数などの決定方法については，未だ法則的なものは提案されておらず試行錯誤による．また動的な問題を解くことが目的であり，一方静的な解析は不得手である．

　土壌－機械系の問題へのDEMの適用例を示す．まず，図1にロータリ耕

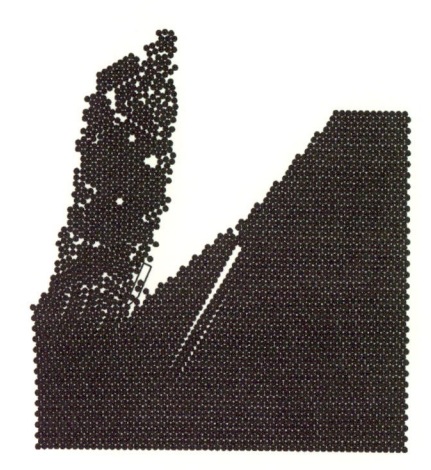

図1　土塊の破壊状況の解析例

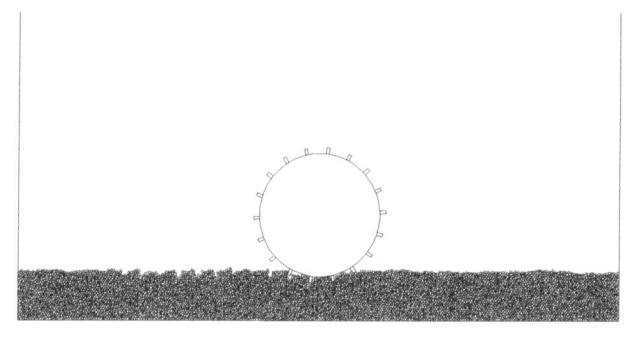

図2 ローバ車輪の走行解析結果例

うんを模擬した重力振り子式耕うん爪による土塊の破壊状況の解析例[3]を示す．ここでは土の自立を実現するためにDEMの接触力モデルに圧縮力のみならず引張力が作用しても抵抗する成分を考慮している．実験土の初期形状から耕うん爪の移動（図中の右上から左下への円弧状運動）とともに土壌中に亀裂が入り，被耕うん土塊は内部構造の緩みと共に大きく動かされ，投てき状態へと変化していくことが視認できる．車輪の走行解析例として，従来の有限要素解析では不可能であった車輪ラグ近傍の土の変形を考慮したDEM解析が既に行われた[4]．二次元解析ではあるが，ラグ断面の形状の違いによる走行性能の差を解析している．また月面模擬土上を走行する探査ローバのラグ付車輪の走行性をDEMにより数値実験した結果を図2に示す．この場合要素間の引張力は考慮していないが，車輪ラグの影響によるラグ跡が路面に生成されることが再現でき，けん引性能も実験値と大差ない結果を得ている[2,5]．さらに実際現象を高精度に解析するには接触モデルのパラメータの適切な選択とともに並列処理などの高速計算技法の積極的な導入が課題である．

参考文献

1) Cundall, P. A. and Strack, O. D. L. (1979) Géotechnique 29 : 47-65.
2) 藤井勇人，笈田　昭，中嶋　洋，桃津正敏，金森洋史，横山隆明 (2002) 日本ロボット学会 RSJ2002 講演，1J32，大阪．
3) Momozu, M., Oida, A. and Koolen, A. J. (1999) Proc. 13th Int. Conf. ISTVS, 71-78.
4) Oida, A. and Ohkubo, S. (2000) Agricultural & Biosystems Engineering 1 (1) : 1-6.
5) 笈田　昭，中嶋　洋，藤井勇人，桃津正敏，金森洋史，佐々木　健 (2001) 日本機械学会ロボティックス・メカトロニクス講演会'01，2A1-M9，香川．

圃場情報センシング

柴田洋一

[局所管理,画像情報,圃場マップ,近赤外,植被率]

　農研機構では大区画圃場造成により生じる地力ムラに対処するため,水稲を対象に局所管理システムの研究を実施してきた[1〜3].これは,水田内に10 m×10 m程度の区画を設定し,区画ごとの生育状態を読みとり(センシング),結果を地図化して全体のムラを把握し(マッピング),収量・品質を高いレベルで均一化するために区画別の肥培管理法を計画し,実行(コントロール)するシステムである.生育情報のセンシングについては,様々な情報を大量に含む画像情報の解析が効率的である.そこで,稲の生育画像を圃場全面にわたって容易に撮影し,同時にマップ化する圃場面画像マッピングシステムを開発した[2].

圃場面画像マッピングシステム(GIMS)

　本システムは,トラクタにカメラとGPSを搭載して,移動しながら水稲群落の局所撮影を行い,GPSから得られる位置情報に基づき画像を縮小しながら合成し,圃場の全体画像として表示する(図1).このシステムの特徴は,衛星によるリモートセンシングほど気象条件に左右されず,農家の手持ちの管理機を利用でき,カメラの種類や画角を簡単に変更できる点などである.撮影間隔は,移動距離毎(例えば2 m毎),または,経過時間毎(例えば2秒毎)に任意に設定できる.例えば,1画像の撮影領域を2.5 m×2.5 mに設定すれば,1 haの水田を1,600枚の画像でカバーでき,地上にいながら全体の生育ムラが把握できる.また,合成画像上の任意の場所をクリックすると,その位置の局所原画像が表示され(図2),空撮では困難な解像度の高い画像を解析の対象とすることができる.

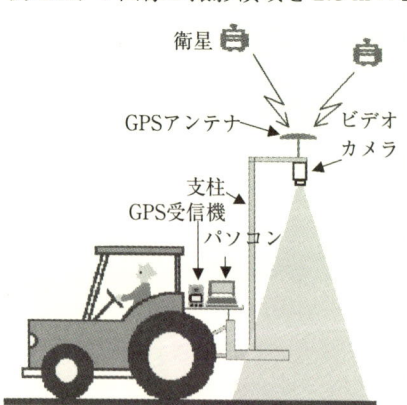

図1　GIMSの概略

生育量の計測

　GIMSを利用して水稲群落の植被率を求め,植被率から生育量を推定することができる.植被率とは,直上から撮影した植物の投影面積の,撮影面積に占める割合を示

近赤画像 (800nm)

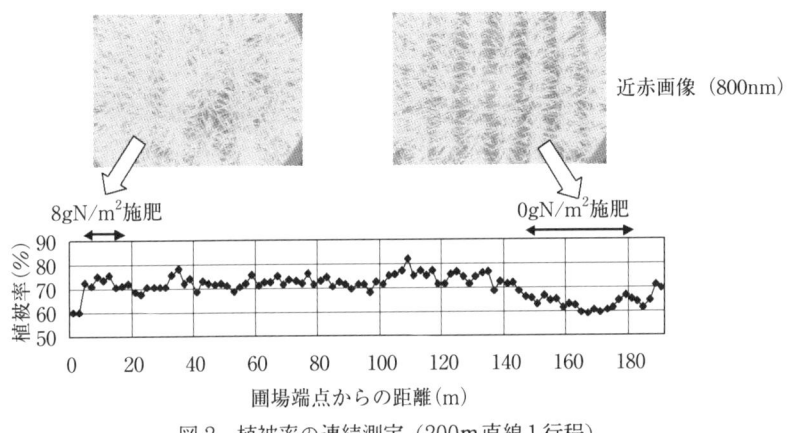

8gN/m²施肥　　　　　　0gN/m²施肥

図2　植被率の連続測定（200m直線1行程）

し，画像解析により算出する．カメラは，植物体と背景の土や水とを分離しやすいよう，植物体の反射率が大きい近赤外波長域のバンドパスフィルターを取り付けたモノクロカメラを用いる（図2）．検討の結果，植被率は，葉面積指数および植物体の窒素吸収量と高い相関があることが明らかとなった（図2）．葉面積指数は光合成の量的尺度として，窒素吸収量は収量を推定する重要な要因として広く用いられていることから，このシステムは，水稲の生育診断，生育予測および穂肥等による生育制御を面的に行う手段として有効である[3]．本システムの広範な普及を図るには，異なる試験データとの整合性を確保することが重要であり，このためには，カメラと稲の位置関係，検出波長，各種撮影モード，画像解析のアルゴリズム等の標準化に関する検討が必要である．

引用文献

1) Toriyama, K., et al., (2002) Field trials of a site-specific nitrogen management system for paddy rice in Japan. Proceeding of the 6th International Conference of Precision Agriculture (on CD-ROM).
2) Shibata, Y., et al., (2002) Development of image mapping techniques for site-specific paddy rice management, Journal of JSAM, 64 (1): 127-135.
3) Sasaki, R., et al., (2002) Estimating nitrogen uptake by rice at the panicle initiation stage using the plant cover ratio. Proceeding of the 6th International Conference of Precision Agriculture (on CD-ROM).

収量・品質センシング

川村周三

[穀物流量，走行速度，刈取幅，成分，組成]

収量センシング[1]

a) 従来の収量センシング：コンバインで収穫した穀物をトラックなどへ移し，穀物を乾燥調製施設へ運搬し，施設での荷受の際に質量（収量）を測定する．これは数10aから数ha程度の圃場面積全体の収量となる．

b) 近年の収量センシング：コンバインの穀物タンクに計量センサを取り付け，収穫した穀物の質量を測定する．単位面積当たりの収量を算出するために，コンバインが収穫した面積を記録する必要がある．

c) 最新の収量センシング：コンバインに各種センサを取り付け，収穫中にリアルタイムで収量を測定し記録する．この方法によれば，例えば，収穫中に1秒間隔で（0.1a毎に）収量をセンシングすることが可能である．この収量センシングは，欧米では実用レベルで普及し始めているが，日本ではまだ普及していない．

この収量センシングのためにコンバインに取り付けるセンサは，① 穀物流量センサ，② 走行速度センサ，③ 穀物刈取幅センサが必要である．また，収量を一定水分の穀物質量に換算して表すには穀物水分センサも必要となる．

① 流量センサは一般に脱穀選別後で穀物タンクの前に取り付ける．流量センサには以下のような方式がある．衝撃力センサは穀物搬送エレベータから投てきされ落下する穀物の衝撃力を加重計で測定し，流量に換算する．放射線計センサは穀物が放射線源（例えば，アメリシウム241）とセンサの間を横切るとセンサへの信号が小さくなることを利用し，流量に換算する．加重センサは穀物搬送オーガの中の穀物質量を測定し，流量を求める．体積センサは穀物搬送エレベータの中の穀物体積を光センサで測定し，容積重から流量を求める．

② 速度センサはコンバインの対地走行速度を測定する．速度センサには以下のような方式がある．駆動軸回転センサは，コンバイン駆動軸の回転速度を測定し，走行速度に換算する．レーダ・超音波センサは電磁波や超音波をコンバイン底部から地面に照射し反射波を測定して速度を求める．GPS速度センサはGPSにより位置情報を取得し速度を求める．

③ 刈取幅はコンバイン運転者が肉眼で確認する，またはコンバインヘッドに超

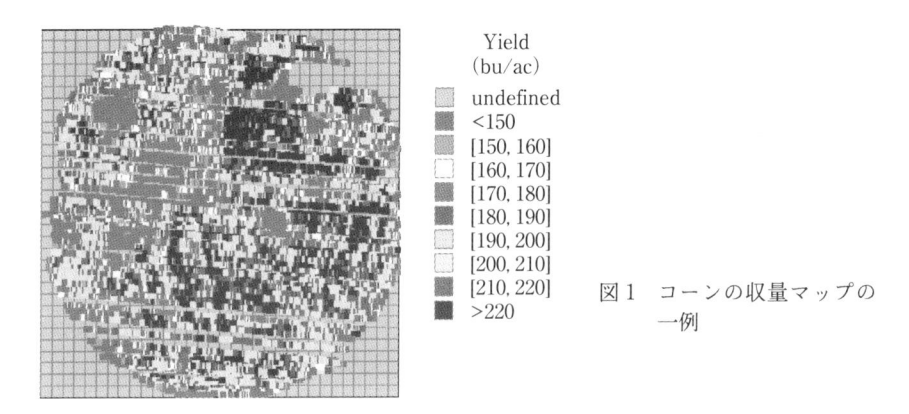

図1 コーンの収量マップの一例
Yield (bu/ac)
- undefined
- <150
- [150, 160]
- [160, 170]
- [170, 180]
- [180, 190]
- [190, 200]
- [200, 210]
- [210, 220]
- >220

音波刈取幅センサを取り付け測定するなどの方法がある．

品質センシング

a) 収穫中の品質センシング：収穫中にコンバインで測定する穀物の品質は水分である．水分センサとして静電容量センサが多く用いられる．

b) 収穫後の品質センシング[2,3]：収穫中にコンバインでセンシング可能な品質は，現在のところ，水分のみであり，また収穫中の測定精度は収穫後の測定精度に比較して低い．そこで，日本では収穫後に共同乾燥調製施設へ籾を搬入するトラックごと（籾1～4t程度，面積10a～数10a程度）に米の品質を自動的に測定するシステム（自動自主検査システム）が実用化され，普及している．このシステムは近赤外成分分析計と可視光組成分析計を中心に構成されており，荷受籾の質量を計量した後に，自動的にその一部の籾を採取し，水分，タンパク質，整粒割合を測定し，品質により籾を分別してその後の乾燥調製貯蔵を行う．荷受時に測定した品質情報および各水田の土壌情報と気象情報および生産者の栽培管理情報をデータベース化し，営農指導に利用するシステムが整備されつつある．

引用文献

1) Kuhar, J. E., (1997) The precision‐farming guide for agriculturists, John Deere Publishing, Moline, Illinois, USA : 29-42.

2) Kawamura, S., *et al*, (2003) Development of an automatic rice‐quality inspection system, Computers and Electronics in Agriculture, Elsevier Science, 40 : 115-126.

3) 川村周三，(2002)北海道における米のポストハーベスト技術に関する研究，農業機械学会北海道支部会報，42 : 1-7.

土壌力学パラメータ

橋□公一

[圧密特性，粘着力・付着力，内部・外部摩擦角，硬度，N値]

はじめに

作物栽培の母体である土壌は，作物生育に適した膨軟さを有する一方，圃場機械の走行が可能な強度や硬度を有することが求められる．このような土壌の力学的特性を定量的に計測，評価する手法が工学，農学分野において種々提案され普及している．これらの内，特に農学分野で広く普及している主なものについて略説する．

土壌力学的パラメータの計測，評価法

a) 土壌力学特性測定装置：土の力学的性質を測定する基礎試験として，中央部で上下に分離された円筒形の容器に土を入れ上下の容器を水平にずらして面的にせん断する直接せん断試験装置，ゴムスリーブ内に収めた円柱状の土に側圧を加えた状態で軸方向に圧縮または伸張させる三軸圧縮試験装置，直方体の容器に入れた土に3方向に独立に圧縮または伸張させる真三軸試験装置，ゴムスリーブ内に収めた円筒状の土に内外圧を加えた状態で軸方向に圧縮または伸張させつつ捩り応力を加える捩り試験装置などが目的に応じて活用されている．

b) 圧密特性：土に圧縮応力を負荷して塑性的に圧縮するとき，逆に除荷して膨張させるとき，間隙比と圧力の対数は線形に関係づけられる．なお，間隙比と圧力の片対数紙上におけるこれらの負荷線および除荷線をそれぞれ正規圧密線および膨潤線と称し，また，これらの勾配をそれぞれ圧縮指数および膨潤指数と称する．

c) 破壊強度：土壌の破壊強度は，内部の任意の面に作用する垂直応力をσ，せん断応力をτとして次のCoulombの破壊規準で示される．

$$\tau = c + \sigma \tan \phi \tag{1}$$

ここに，cおよびϕはそれぞれ粘着力および内部摩擦角とよばれるが，粘性土ほど前者が大きく，砂質土ほど逆に後者が大きい．

d) 摩 擦：土壌が耕うん器具などの他の物体面で滑るさい，その面に作用する垂直応力とせん断応力の関係は次式で表される．

$$\tau = c' + \sigma \tan \phi' \qquad (2)$$

ここに，c' および ϕ' はそれぞれ付着力および外部摩擦角（$\mu \equiv \tan \phi'$ は摩擦係数）とよばれる．なお，一定の垂直応力の下で大きな変形を受けると，一定応力でせん断変形が進行する限界状態（critical state）に至るが，この状態におけるせん断応力は垂直応力に比例する．

e) 硬　度：土壌硬度は，圧縮・せん断強度，摩擦抵抗などの力学的抵抗力の総合的指標であり，耕うん抵抗，車両走行の難易，根の伸長の難易などに影響する．コーンペネトロメータでは，鋼製丸棒の先端に取り付けられたコーン（円錐）の貫入抵抗力 P をコーンの底面積 A で除した P/A をコーン指数と称して，深さ方向におけるコーン指数の推移を表示する．主に軟弱な地盤における車両の走行難易度の判定に用いられる．山中式土壌硬度計では，筒に内装されたバネの先端に取り付けられたコーンの貫入抵抗力 P を筒の先端のつばが土壌表面に接するまでコーンを土壌に貫入させたときのコーンの貫入体積 V で除した P/V で硬度を表す．土壌表面付近の硬度を対象とし，主に，播種床としての土壌硬度の適否の判定に用いられる．フォールコーンでは，糸でコーンをぶら下げて 1 m の高さから手を放したときコーンが土壌中に貫入する深さで硬度を示す．代掻のさいの土壌硬度の適否の判定などに用いられる．

f) N 値（標準貫入試験）：土壌の硬軟や締まり具合を表すもので，これを求める試験を標準貫入試験と呼ぶ．具体的には，重量 63.5 kg のハンマーを 75 cm 自由落下させて，特殊なサンプラー（内径 35 mm，壁厚 8 mm の円筒）を土中に 30 cm 打ち込むのに要するハンマーの落下回数で表す．試験が簡便であるので，多くの現地試験測定データが蓄積され，相対密度，内部摩擦角，コンシステンシー，地盤支持力，変形係数などとの関係が求められており，これらの大まかな推定にも広く活用されている．

参考文献

1) 土質試験の方法と解説，地盤工学会編，(2000)．
2) 橋口公一 (2003) 農業機械システム学，朝倉書店，pp. 61-62.

圃場気象の計測・予測

後藤英司

[微気象, 気象観測, 気象ロボット, 農業気象情報, 気象予測]

気象の計測

圃場において植物生育に影響を及ぼす主な微気象要素は, 放射, 温度, 湿度, 二酸化炭素ガス, 風である. これらに加えて気象情報として降水, また積雪地域では積雪も重要な計測項目である. 圃場における計測では, 自動計測を目的として, 電気信号を出力するセンサおよび測定器を用いることが多い.

放射は短波放射と長波放射に分けられる[2]. 短波放射は太陽放射(日射)のことであり, 全天日射は太陽からの直達日射と雲などに散乱されて天空から届く散乱日射の二成分からなる. 全天日射量は日射計で測定する. 日射の植物への作用を調べる場合には, 植物の生理作用に及ぼす波長範囲がおよそ 300 nm～800 nm (紫外線の一部, 可視光線, 赤外線の一部)であることから, この範囲の放射または光量子束を測定することが多い. これらの測定には, 光合成有効放射計および光量子計を用いる. 地表面の熱収支を調べる場合には, 上向きと下向きの放射量の差を測定する正味放射計を利用する.

温度は対象(気温, 地温, 水温, 植物体温など)によって計測方法が異なる. 圃場の温度計測に使用される温度計は, 熱電対温度計, 電気抵抗温度計および放射温度計である. 熱電対温度計は接点が小さく, また多点計測が容易である. 電気抵抗温度計には白金抵抗温度計やサーミスタ温度計がある. 放射温度計は対象に非接触で測定できるため, 土壌表面や植物群落表面の非破壊非接触の計測に利用できる. 湿度は, 従来は熱電対, 白金抵抗体またはサーミスタを測温部とする通風乾球湿球温度計, 塩化リチウム露点計を用いることが多かったが, メインテナンスが必要なために長期間の連続測定には不向きであった. 最近は, 小型で連続測定が可能な電気抵抗式湿度計や静電容量型湿度計が普及している.

二酸化炭素ガス濃度は, 精度が高く連続測定が容易な赤外線ガス分析計で測定する. 風は風向風速計で風向と風速の二要素に分けて測定する. 測定原理によって, 回転型, 風圧型, 熱型, 超音波式, 発電式などがある.

気象ロボット

前述の気象要素のうちの複数を連続的に無人で計測する装置のことを気象ロボ

ットとよぶ．気象庁が全国に配置している地上気象観測システムのアメダス（AMeDAS）の個々の気象観測点の測定装置も気象ロボットといえる．アメダスでは気温，風向・風速，日照，降水量の4要素を測定している．アメダスは広域気象観測であり，そのデータは市町村レベルの地域的，局地的な気象予測には有効ではない．そこで農村地域のきめ細かな農業気象情報を提供するために様々な事業が実施されている[1]．例えば，特定地域に気象観測ロボットを多点配置する農業気象情報ネットワークシステムが全国に多数展開している．そこでは，気象情報センターがロボットからのデータを電話回線または専用線で収集し，加工した情報を利用者（農家や営農組織）にインターネットやCATVを通じて提供している．

気象情報の利用

前述の地域的な農業気象情報は，気象災害の防止，病害虫の発生予防，成長予測，収量予測，農作業の効率化という場面で利用されている．

地表面の気象は，地形因子の影響で局地的に変化する．例えば明け方の最低気温は，数km離れた圃場間で数℃異なることもある．作物の低温害，例えば4月以降の晩霜による作物害の大小は，1〜2℃の最低気温の違いで変わるため，その防止対策には地域的な気象情報が必要である．地域によっては，前日および夜中の気温の推移から明け方の最低気温を予測し，下限値よりも低い場合には警報を配信するシステムが運用されている．

成長予測および収量予測は，具体的には成長ステージの予測，開花期の予測，収穫時期および収量の予測などである．これらの予測には，日平均気温と日積算日射量を用いることが多い．そこで，予測時点までの気温と日射量を測定しておき，それ以降の期間の気象は平年値で推移すると仮定すれば，実測値と平年値データを用いて予測が可能になる．その予測結果を参考にすれば，追肥量の決定，農作業計画の立案，作業機械の手配，収穫準備などを効率的に行える．ただし高い精度の予測には，地域ごとに，品種ごとのパラメータの最適化が必要である．今後の課題として，観測点数を増やすこと，長期間にわたる気象データの収集とそのデータベース化，作物ごとの予測モデルの開発などが挙げられる．

引用文献

1) 早川他編（2001）耕地環境の計測・制御，養賢堂
2) 日本農業気象学会編（1997）新訂農業気象の測器と測定法，農業技術協会

植物生産施設環境計測制御

中野和弘

[施設栽培，環境因子，複合環境制御，ニューラルネットワーク，ファジィ制御]

　植物生産施設には，温室，養液栽培施設，植物工場などがあるが，外部の気象変化に影響されずに施設内で作物を効率よく省力的に生産するという意味において，目的は同じである．型式としては，光合成や保温のために太陽光を施設内に取り入れる「太陽光利用型」，環境条件を完全に人工的に制御する「完全制御型」，両者を併用する「ハイブリッド型」がある[6]．施設内の環境制御や栽培管理を合理的に行うには，環境に対する植物の短期的・長期的な反応を植物生理学的に理解すること[3]，軽労化，省力化を図ること[4]が必要である．

　施設内の植物生育に関係する環境因子と留意点は，次のとおりである[3,4]．日射は，強日射下では過度の水分ストレスや高温障害が生じるため遮光が必要となり，人工光は主に葉菜類の栽培に用いられるが設備費や運転費など経営面での課題が多い．温度の制御では，上限・下限値を設定して，換気扇やヒートポンプ，ボイラー，保温カーテン等を用いるが，外気導入による結露や温度分布，熱負荷等に留意すべきである．湿度の制御では，蒸散を抑制し水分ストレス防止のためのミスト散布，湿度を上昇させるための細霧冷房，高湿度防止のための換気や除湿が行われる．CO_2濃度は光合成速度に影響するため，灯油やLPガスの燃焼，炭酸ガスボンベの施用により，生育段階に適したCO_2濃度（一般に600～1,200 ppm）を確保する必要がある．室内風速は，無風状態では葉面での蒸散やCO_2吸収が抑制され，高速では生育不良や葉擦れが生じるので，数十cm/secの流速がよいとされる．土壌水分は根圏層での吸水作用に影響し，一般にはpF=1.5～2.0が適正でありpF=3.0～3.3では生長が阻害される．養液栽培に用いられる培養液は，対象作物により養液成分，EC（電気伝導度），pHの適正値がそれぞれ異なり，特に循環方式ではそれらが変動するためイオン濃度や液温の制御が必要とされている．

　以下に，施設栽培における複合環境制御の他に，応用研究が行われているニューラルネットワークとファジィ制御について概説する．

　施設栽培の場合，前述した環境因子の制御は独立して制御することは困難である．例えば温度制御のために換気扇を作動させると，温度の他に湿度やCO_2濃度も変動する．複合環境制御とは，各環境因子の相互相関や作物への複雑な影響を

考慮しながら，施設内環境を最適に制御することである[2,3]．複合環境制御は，外気や日射の影響を受けやすい温室では困難な場合が多い．植物工場のように完全制御型施設では最適な温度・湿度・CO_2濃度を創出して供給することは可能であるが，そのための装置化・システム化のコストと収益性の課題が指摘される．

　ニューラルネットワークは，人間の脳細胞の神経回路網を単純なユニット結合でモデル化したものであり，各ユニットはシナプス荷重という係数で結合している．一般には，入力層－中間層－出力層で構成された階層型ネットワークが用いられる．詳細は専門書[1]に譲るが，例えば，入力層に温室内温度，湿度，日射量，定植後日数等のデータを用いて，出力層にその日の生育量を出力させるシステムなどが考えられる．ニューラルネットワークの構築には，教師データを用いて学習させる必要があるが，教師データの良否により出力層の精度が変動するので，教師データは予測される計測範囲をカバーする事が必要である．

　ファジィ制御は，IF～THEN…のプロダクションルール（IF-THENルール）で表現される推論法に基づいており，「～」は前件部（前提条件，条件部）（例：「温室内が暑い」という事象），「…」は後件部（結論，操作部）（例：「側窓を開く」）と呼ばれる．通常，数種類の事象（温度，湿度，日射量，定植後日数等）のIF-THENルールをメンバーシップ関数で定義し，各測定結果（前件部）に基づいて各制御量を求めた後，重心法などにより各制御量を統合して最終的な制御量（側窓開度）を決定する．ファジィ制御の大きな利点は，現場での制御方法等を表現するメンバーシップ関数の作成と調整が容易に行われることである[5,7]．

引用文献

1) 甘利俊一（1989）ニューロコンピュータ読本―ニューロコンピュータの基礎―，サイエンス社
2) ファイトテクノロジー研究会（1994）ファイトテクノロジー，朝倉書店
3) 古在豊樹ほか（1992）新施設園芸学，11-39，86-100，朝倉書店
4) 農業機械学会編（1996）生物生産機械ハンドブック，927-961，コロナ社
5) 連　小東・中野和弘ほか（1995）ハウス内環境の制御システムに関する研究，農業施設，26：39-49
6) 高辻正基　編（1997）植物工場ハンドブック，3-9，東海大学出版会
7) 矢川元基（1991）ファジィ推論，培風館

テラメカニックス

笈田　昭

[テラメカニックス，土－機械系，接触問題，力学モデル，計算力学]

　テラメカニックスとは地表と機械（車両）などの接触相互作用問題を扱う応用力学である．道路以外を作業の場とする農業機械，林業機械，建設機械，ホバークラフトや水陸両用車，雪上車両，軍用車両などのような特殊車両が実例として挙げられる．テラメカニックスという用語は1962年1月設立の国際地盤車両系学会（ISTVS）の論文集として1964年より刊行されている国際誌（Journal of Terramechanics）や国内の研究会の名称にも用いられているが，日本語の適訳はない．またテラメカニックスを俯瞰した和書は2冊[3,5]のほかは例がない．

　テラメカニックスの主たる問題は，土－機械の接触による力学的な作用を明らかにすることである．土自体の力学はこれまで土質力学で取り扱われているが，車両や機械の場合は，作用時間スケールが異なることと作用領域が比較的狭いために適用性の点で限界がある．また「テラ」とは地表を意味することから，作用対象としては通常の粘土や砂土のみならず，岩盤，泥炭地，雪原，凍土など多岐にわたる．したがって車両システムという観点からの機械工学，自動車工学や農業機械学，あるいは土・岩盤という土木工学，地盤工学のみならず，最近では車両走行ミッションの計画としての情報工学，各種制御のための電子工学など様々な学問分野の研究者の協力が不可欠である．さて，テラメカニックスにおいて忘れてはならないのは，古典的啓蒙的な本[2]の著者でもあるM. G.ベッカー（Bekker）の貢献であろう．当時の米国陸軍水路実験所（WES）におけるコーン指数に代表される実験的な走行性予測とは異なり，平板圧力－沈下試験とせん断力－せん断変位試験という一見車両走行とは異なる簡便な測定結果をもとにパラメータを同定して数式化し，走行抵抗と推進力という車両の走行性を予測するというものである．その成果は米国NASAのアポロ15～17号ミッションの月面探査車両（Lunar Roving Vehicle, LRV）の網状の弾性車輪にも応用された．ベッカー法は，その後も半経験的手法として発展し，最近では走行装置の性能のみならず，オフロード性能を考慮した装輪車両や履帯車両の機構設計まで実現しつつある[6]．また想定される路面のデータベースにより各種車両の走行装置の違いによる走行性能の予測を計算し，結果も車両走行のアニメーションで表示されるなど，

実用ツールとしての性能予測アプリケーションソフトが開発されつつある[1]．

テラメカニックスにおける理論的な問題解析は，本来の接触問題としての非線形条件，すなわち接触して初めて接触応力と接触面形状が特定できるという条件を単純化することで，① 弾性論（例えばブシネスクの点荷重下の土中応力分布），② 受働土圧論（例えば土の二次元切削力の計算），③ 特性曲線法（例えば剛性車輪下の滑り線解析）などの適用例[6]がある．最近では，計算機の処理速度の向上が著しいことや構成則などの数理学的な進展により，テラメカニックスの諸問題を接触問題として数値解析に持ち込む計算力学的手法が普及しつつある．弾塑性有限要素法（FEM）あるいは離散要素法（DEM）による事例が多く報告されている．特に土の粒状体としての性質をそのまま考慮してモデル化する DEM は，凹凸を有する走行装置と土の接触問題[4]や土壌破壊を伴う耕うん機械と土の問題の有力な解析手法として有望なものであり，テラメカニックスにおいて今後ますます適用される可能性がある．また計算力学的手法の普及とともに，計算結果の検証のために，従来よりもさらに高精度な計測手法の開発ならびに緻密な実験的データも必要となる．特に各種小型計測機器が開発されつつある現状からすると，近い将来には例えば農用トラクタタイヤにおいてもこれまで以上の詳細な接触面応力分布などが計測可能になると思われる．

参考文献

1) Anonymous（2002）Proc. 14th Int. Conf. ISTVS.
2) Bekker, M.G.（1969）Introduction to Terrain‐Vehicle Systems, The University of Michigan Press, Ann Arbor.
3) 室　達朗（1993）テラメカニックス―走行力学―，技報堂出版，東京．
4) Oida, A. and Ohkubo, S.（2000）Agricultural & Biosystems Engineering, Vol. 1（1）: 1-6.
5) 田中　孝, 笈田　昭（1993）車両・機械と土系の力学―テラメカニックス―，学文社，東京．
6) Wong, J. Y.（2001）Theory of Ground Vehicles, 3rd Edition, John Wiley & Sons, New York.

PIV（粒子画像流速測定法）

上野正実

[PIV(Particle Image Velocimetry), 画像処理, 輝度分布, 相関法PIV, 土の変位計測]

はじめに

　自然界で起こる流れや構造物およびその周辺で生じる変形現象の解明，数理モデルの構築・検証およびその利用には，現象の可視化と計測が極めて重要な役割を果たす．そのため従前より種々の可視化計測法が提案されている．粒子画像流速測定法（以下，PIVと称する）は，流体中に混入されたトレーサ粒子を画像処理によって経時的に追跡し，その変位増分量もしくはそれを時間間隔で除した速度量を求める流れ場計測の一手法であり，画像の記録方法や変位増分の算出方法の異なる様々な技術が開発されている[1,2]．ここではPIVの基本概念およびシステム構成を概説し，応用事例の一つとして土の変位計測法を紹介する．

PIV（粒子画像流速測定法）

　PIVでは短い時間間隔で撮影された一連の画像が用いられ，粒子の変位増分量は，任意時刻の画像内の粒子分布パターンが次の画像内のどこに移動したかを追跡して算出される．中でも相関法PIVは，粒子分布パターンとして輝度分布や濃度分布を利用するのが特徴である．相関法PIVの計測アルゴリズムは次のように要約される．

① 時刻 t における画像中の微小領域の粒子分布パターンを輝度分布や濃度分布を利用して関数化する．

② その微小領域の周辺部を探索領域として，時刻 $t+\Delta t$ の画像中から①で得られた関数と最も相関の高い粒子分布パターンを探して特定する．

③ 特定された微小領域の位置と前の位置との差から Δt 間の粒子の平均移動量を算出する．

④ 計測領域全体にわたって①～③の操作を繰り返して，計測対象とする領域全体の粒子変位ベクトルを得る．

　基本的な計測システムは，カメラ，照明器具，PIVソフトウェアおよび画像処理用コンピュータ（低価格のPCでも可）で構成される．次節の計測事例のように，相対的に低速な変形場の計測では，要求される計測精度を確保するために高密度

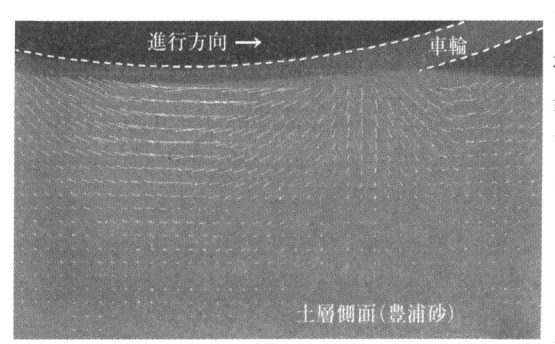

図1 PIVによる走行車輪下近傍の土の変位ベクトル分布

カメラが用いられる．一方，高速変形場に対しては短時間に多数のPIV画像を使用するので，高速度撮影に適したカメラ，照明等が必要となる．

土の変位計測への応用

PIVの応用事例として著者らが実施している土の変位計測[3]について紹介する．図1はPIVで得られた走行車輪下近傍の土の変位増分ベクトル分布である．計測には高密度デジタルスチルカメラ（600万画素），ハロゲンランプ（500 W），市販PIVソフトウェアおよびPC（Pentium4 - 1 GHz相当）を使用している．地盤画像は様々な色の土粒子とその集合パターンから構成されており，前述した相関法PIVがそのまま採用できる．土層側面に配置したトレーサの動きから間接的に土の変位を求める従来法[4]では，それらと土との追随性が問題となる．これに対して，PIVは土の動きを直接計測できるので，変形速度が速くトレーサの配置が困難な走行車輪下近傍の土の変位計測にも応用可能である．走行性研究には車輪－地盤間の力学的相互作用の精密計測が要求されるが，PIVはその要求に応え得る最も有力な計測法として活用されている．

おわりに

本稿では，PIVの基本概念および機器構成について概説するとともに，応用事例として走行性研究における土の変位計測法を紹介した．PIVは二次元のみならず三次元計測も可能で，今後様々な分野での応用が期待される．PIVに興味を持たれた読者は参考文献を挙げておくのでそちらも参照されたい．

参考文献

1) Raffel, M., Willert, C.E., Kompenhans, J.「小林敏雄監修，岡本孝司，川橋正昭，西尾茂訳」（2000）PIVの基礎と応用―粒子画像流速測定法― : Springer
2) 木村一郎，植村知正，奥野武俊（2001）可視化情報計測 : 近代科学社
3) 岡安崇史，尾崎伸吾，武田　敏（2002）農業機械学会誌 64 (2) : 14-17
4) 橋口公一，岡安崇史，上野正実，鹿内健志（1998）農業機械学会誌 60 (6) : 11-18

栽培管理支援システム

亀岡孝治

[フィールドサーバ，MetBroker，光センシング，生物情報，BIX]

　今日，日本では篤農家（研究熱心な優れた農家）が持つ，知識や経験に裏打ちされた農業の"知恵"が失われようとしている．そこで，「篤農家の優れた農法の再現が可能なITを活用するシステム」を作り上げ，それを誰でも使えるように"オープンソース化"することで，日本の農業文化を後世に残すことを究極の目的とする研究プロジェクトが農林水産省のITプロジェクトとして進行している．ここで必要とされるシステムは，単に「農家の持つ知識をデータベース化する」といった単純なものではなく，無料で利用できるソフトウエアだけを組み合わせて構築する「光センサなどを使って集めた農作物や土壌のデータを蓄積・分析することで，誰でも優れた農作物を作れるように支援するコンピュータ・システム」である．このシステムの農業生産への導入過程では，短期的には「農作物の産地偽装の防止」や，「無農薬野菜の認証」などを備える「農作物栽培履歴追跡システム」として効果を発揮することも期待される．

　この栽培管理支援システムでは，① X線から赤外線にいたる様々な波長の光や色彩，形状などを分析することで，農作物の成分データ，物理化学特性や土壌の水分データを収集する光センサ，② センサで収集した情報を蓄積・分析する「圃場（田畑）サーバー」，③ 蓄積した情報を農家同士でやり取りするP2P（Peer to Peer）ネットワーク，④ 情報交換する際に利用するXMLの規格「BIX（BioInfomation eXchange）」などのシステム，⑤ 無線インターネットで圃場をモニタリングするフィールドサーバ，⑥ 気象データ仲介システムMetBrokerがコアー技術である．完成段階あるいは実験段階にある要素技術を以下に示す．

- レーザ誘起蛍光画像情報モニタリング：農生産物の生育や栄養素等に関する情報を，化学的手法を使わずに非破壊で，かつその情報を画像としてモニタリング可能な方法．
- 土壌水分センサシステムと生育モニタリング：土中温度も同時にモニタリングする小型低コスト近赤外土中水分センサ．
- 三次元画像情報モニタリング：三次元画像を用いた水ポテンシャルの推定手法，および受光態勢の抽出と施肥判断と関連づける情報整理手法．

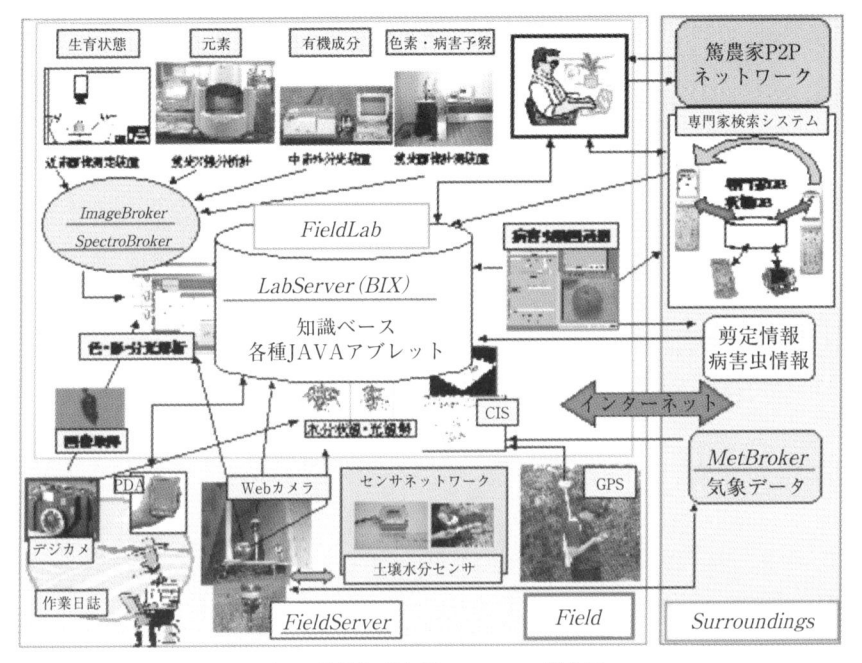

図1 栽培管理支援システムの概念図

・高次生物情報解析システムの構築：生物情報データベース，色彩・形状・スペクトル計測・解析システムであり，既存の農産物・食品の品質数値化システムをベースに，栽培現場への応用をはかった生物情報解析システム．
・データハンドリング・センシング・ネットワーク戦略開発：ウェアラブルデバイスによるデータハンドリング手法開発と，知識処理を伴うデータハンドリング・センシング・ネットワーク戦略開発．

この栽培管理支援システムがLinuxなどのオープンソースのソフトウエアを使うのは，個人経営の農家が容易に導入できる安価なシステムにするためで，これは農水省ITプロジェクトを貫く思想である．このため，農作物や土壌のデータを収集する光センサなどの開発に関しても研究段階での「高価な計測システムの利用」の段階から徐々に「低価格で実現できる装置の開発」に努めることが基本になっている．また，農家が情報を交換するために運用するデータベースも「集中型」のものではなく，篤農家が自発的に参加する「P2P型のネットワーク」上での運用を目指している．図1に栽培管理支援システムの概念図を示す．

食料評価の計測

田中 俊一郎

[バイオマス・メタノール燃料, 米, 青果物, 品質, 知能化センサ]

はじめに

食料は第一次から第三次までの基本的な機能を中心に据えながら, 生産, 消費, 文化, 輸出入, 資源, さらには環境, エネルギーの問題とも密接に係ってくる. このため, 今後の農林水畜産学は, 生命系総合科学とも呼べる複雑系の学問と技術に展開する必然性がある. これは, 第17期日本学術会議が提唱し, その目的を人間と社会のための科学に置く「俯瞰型研究」にふさわしい.

このように, 食料の係る範囲は広く深遠で, その評価の計測技術は急速に進展しているが, 課題は山積されている. ここでは, 2, 3の課題について述べる.

食料生産に係る農林水畜産学の最重要課題

最近, 炭酸ガスCO_2濃度が大気中の3％に達すると, 酸素O_2が十分にあっても人類は窒息死し, その濃度に達するのは, 現状の化石燃料の消費が続く限り, あと150年余りであるとの試算報告がなされた[3].

この課題は, 新バイオマス・メタノール燃料を利用する技術と新社会モデルによって恒久的に解決できる[1]見込みである. しかし現状では, そこへの移行は容易ではない. これが実現するまでは, 科学者も政治家も一般市民も一致協力して, CO_2削減策に早急に取り組まなければならない.

今後の食料分野では, 石油換算CO_2放出量監視システムなるものを開発し, 全生産工程に伴う最少CO_2放出産物を, 生産流通の第1条件に規定して評価する必要があろう.

米の全生産工程における食料評価の計測に係る一考察

わが国本来の水田稲作はCO_2抑制に有効であるが, 米の消費量は減少の一方をたどっている. しかし, 米を主食とする国民はまだ多く, 美味しい米へのこだわりをもち続けている. この傾向は米の食味の数量化技術が進んだことにもよる.

筆者らが熱風, 15℃の冷風および天日で乾燥した米の食味度は, 天日乾燥米が最も高かった. この結果は, 太陽光と人工光利用技術が栽培から乾燥, 品質計測に至るまで多くの計測・制御分野に係る研究開発の可能性を示している.

この可能性を背景に今後の米作は, 育種から栽培, 収穫後処理を経て人に摂取

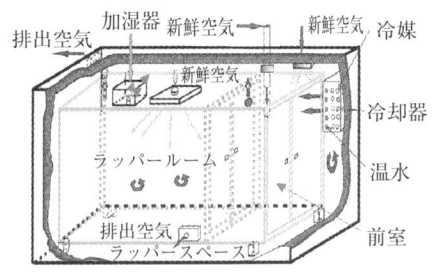

図1 二元調湿換気式低温貯蔵方式構造図

されるまでの全工程をシステムとみて，CO_2，機能性，成分，味，安全などを指標にした複数統合型知能化センシングシステムを構築し，各種要因の計測，評価，制御を行うことで多様な消費者の要求に応えられるような方向に向うだろう．

青果物の貯蔵工程における食料評価の計測・制御に係る一考察

筆者らは図1のような低温貯蔵方式を開発し，クリとサツマイモの年間貯蔵を可能にした[2]．ただし，中長期貯蔵の場合，加湿器を用いることが条件である．この方式では，貯蔵初期の頃に青果物からの水分で庫内が95％RHのような高湿度状態にある場合，加湿器は作動しない．この間に，水分は冷却コイルに凝縮し続ける一方で，青果物は水分蒸散を続けるため萎凋して商品価値を失う．このような理由で仮にタイマ制御を行っているが，これは理論的でない．また，一般の相対湿度の計測制御用センサは，その構造から本質的に寿命が短い．これらの解決が可能な新測定原理に基づく知能化センサの研究開発が期待される．

以上のハード面に対し，ソフト面に関しては以下のような未開拓の計測分野がある．すなわち，最近の高度の光技術を利用した非破壊計測法は，果実の内部品質評価法を革新的に進展させた．これに追随するかのように，外食産業等からは野菜の内部品質情報を非破壊評価する技術開発が要望されている．今後，ますます知能化センサ周辺の科学と技術が進展する方向にある．

おわりに

筆者は，本稿では触れなかったが医科学者と共同研究を行っている．そこで得られたものは非常に充実しており，俯瞰的研究の意義は大きい．食品の第三次機能性の研究にしても知能化センサの開発にしてもこの研究様式が望まれる．

参考文献

1) 酒井正康（1998）：バイオマスエネルギーが拓く21世紀エネルギー，森北出版
2) 田中俊一郎（2002）：青果物用二元庫調湿換気式低温貯蔵方式の実用化研究，平成10～14年度科学研究費補助金（課題番号：10356008）
3) 西澤潤一・上墅 黄（2002）：人類は80年で滅亡する，東洋経済新報社

加工プロセスの自動化・知能化

佐竹隆顕

[メカトロニクス, センサ, フィードバック, システムコントローラ, アクチェータ]

　食品工業においては, 他産業と比べても比較的古くから機械化・自動化が進められ, 発酵工業など一部の製造業においては, 原料投入後, 製品完成に至るまで, 完全に自動化されている分野もある. 一方, 食品が化学的, 物理的に複雑な系であることに加え, 食品工業においては他の製造業に比べて多種多様な製品の製造が求められるため, 素材製造型の食品工業を除き本格的な自動化は困難な場合が多い[1]. しかし, 近年, 化学成分値など食品品質をオンラインで直接的に計測し, 品質管理を自動化し, 製造ラインの自動制御にフィードバックするためのセンサ技術が徐々に開発されつつあり, 様々な食品生産・加工プロセスの自動化が期待されている.

　食品加工プロセスの技術革新の基本的な方向性としては, ① 大容量化, ② 高速化, ③ 小型軽量化, ④ 簡素化などであり, メカニクスとエレクトロニクスを有機的に効率よく融合した技術であるメカトロニクス技術が多用されるとともに, 食品加工プロセスにおいて用いられる機械装置も単なる動力伝達機能から多機能化へ, さらには知能化へと発展している. このメカトロニクス技術は, ① 材料技術, ② センサ技術, ③ コンピュータ技術, ④ アクチェータ技術, ⑤ 制御技術, ⑥ システム技術といった諸技術によって支えられており, これらの技術を活用した食品加工プロセスの制御システムの一般的な概念を図1に示す.

　一方, 近年センサ機能材料研究交流会により行われた調査によれば, 食品産業のセンサニーズでは, 分析センサが一番高く, 次いで温度センサ, 光学センサ, 水分センサ, 湿度センサ, バイオセンサおよびその他のセンサの順となっており, 他産業では化学センサ, 力センサ, 光センサ, ガスセンサ, 速度センサ等が高いニーズを示しているのとは大きく異なる[2]. 食品加工プロセスで化学分析に利用されるガスクロマトグラフ（GC）には熱伝導度センサ, 水素炎イオンセンサ, 熱イオン化センサ等が利用されており, 高速液体クロマトグラフ（HLC）には示差屈析計, 紫外吸収センサ等が利用されている. 近年 HLC や GC とオンラインでセンサとして利用される分析機器に質量分析計（MS）がある. また, 分光光度計, 炎光光度計, 光電光度計等には検出部に光導電セル, 光電管, 光電池等の光電変換素子が光学

センサとして利用されている．さらに，pH計や各種イオン濃度計には機能性電極がセンサとして利用されている．また，紫外線，可視光線，レーザ光，近赤外線等を利用した光学センサで，加工プロセスにおける食品の色彩，付着物，傷，形状や寸法，化学成分等をオンラインで分析し，加工ラインにある機器の制御にフィードバックするシステムも実稼働している．また，加工プロセスにおける食品や雰囲気の温度計測には白金系，K型，E型等の熱電対や抵抗体温度センサ等が，雰囲気の湿度計測には従来の各種乾湿球湿度計に加え，サーミスタ湿度センサ等が利用されている．これらの計測データは，加工工程管理データとしてフィードバックされる．

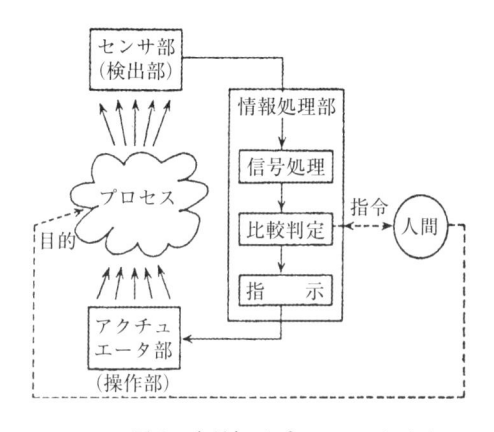

図1　食品加工プロセスにおける制御システムの概念[3]

　各センサからの出力信号は，加工ラインに付設されたシステムコントローラに一端入力され，同コントローラにおいて予め入力設定された加工ラインにある各種機器の駆動データと比較判定が行われ，同コントローラよりサーボ機構に対して制御信号が出力される．システムコントローラにおいては，センサ信号に基づきPCRやPLS回帰分析等をはじめとした多変量解析や各種統計処理が行われ，加工対象食品の品質や性状の判断が行われるとともに，制御信号として出力される．

　なお，食品加工プロセスのメカトロニクス技術のうちアクチェータ技術には，物体の位置や回転角，あるいは速度や回転速度等機械的動きを制御する前述のサーボ機構があり，サーボモータ，空気圧アクチェータ，油圧アクチェータ等が利用され，プロセスの各単位操作が行われる．

引用文献

1) 岩本睦夫(2000) センサ技術の食品品質自動計測への適用, 普及版センサ技術
2) 大森豊明(2000) 総論, 普及版センサ技術
3) 柿倉正義(2000) センサからみた情報処理技術, 普及版センサ技術

グリッド（Grid）

二宮正士

[分散コンピューティング，データグリッド，計算グリッド，センサーグリッド，e-Science]

グリッドとは

グリッドは，グリッド・コンピューティングとも呼ばれ，ネットワーク上に分散するハードウエア，ソフトウエアのさまざまな情報資源を，ネットワーク利用者の間で相互にかつ安全に最大限活用し統合・連携するための技術と，それによって実現されたシステム全体を指す．これまでの分散コンピューティングの概念を大幅に拡張したものともいえる．当初，スタンフォード大学によるタンパク質構造解析プロジェクト folding＠home（http://folding.stanford.edu/）のように，膨大な計算をネットワークに繋がる多数のパソコンの余剰資源を寄せ集めることでスパコン並の性能を実現して実行するような仕組とほぼ同義に使われていた．しかし，今日ではそれは「計算グリッド」と呼ばれる一分野に過ぎない．分散するデータ資源の仮想的統合や連携を支える「データグリッド」，環境モニタリング機能等を有する小型のセンササーバ群を広範にかつ高密度に配置する「センサグリッド」，電波望遠鏡のような高価なハードウエアのネットワークを介した共有によるバーチャルラボラトリー，工業製品の設計と組立をネットワーク上で分業する telemanufacturing，遠隔医療 telemedicine，多元高速ビデオ会議システム AccessGrid など対象とする分野は拡大している．遍在するコンピュータが存在し相互に連携し合うユビキタス環境もグリッドの一面としてとらえるれる．マイクロソフトの提唱する．NET戦略もグリッド実現に向けたものである．

さらに，グリッドによって実現された資源間共有と連携に向けたサイバー空間を活かして新しい科学分野を切り開こうという e-Science も提唱されている．従来，グリッド研究はデータの管理や分析に多大な資源を必要とする高エネルギー物理学分野で始まったが，今ではその裾野は農業を含むほぼ全ての領域にわたっている．グリッド技術の今後の展開や標準化について，2000年11月以来 Global Grid Forum（GGF，http://www.gridforum.org/）が全世界の関連活動を束ねて，議論の場を提供している．ちなみにアジア太平洋地域では ApGrid（http://www.apgrid.org/）や PRAGMA（http://pragma.sdsc.edu/）がその中心を担っている．

図1 農業グリッド構想の模式図

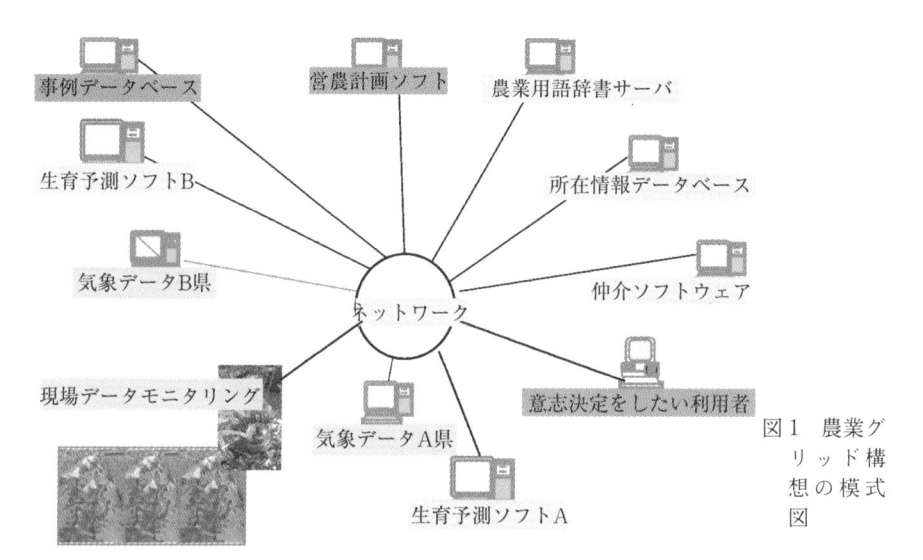

（図中のラベル：事例データベース、営農計画ソフト、農業用語辞書サーバ、生育予測ソフトB、所在情報データベース、気象データB県、仲介ソフトウェア、現場データモニタリング、ネットワーク、気象データA県、意志決定をしたい利用者、生育予測ソフトA）

日本においては2002年6月にグリッド協議会（http : // www. jpgrid. org/）が官民学を一同に結集しておそまきながらも発足した．

農業情報システムとグリッド

農業情報システムでは気象情報，作物情報，土壌情報，農作業情報，市況情報など多様な情報を組み合わせて初めて有効な意思決定に役立てることができる．それらの情報は地域特異的で比較的小規模に各地に散在している特徴がある．多様なデータ形式や帰属などからそれらを中央で集中管理することは困難で，データグリッドを中心としたシステム構築がそのように地域特異的で分散する情報資源の効果的活用をもたらす．データやプログラムの更新など維持管理のコストを考えても同様である．民間参入が困難で，競争によるコストダウンをあまり期待できない農業の現状を考えれば，このような分散協調型のグリッドで農業情報システムを構築するのが，ソフトウエア開発費や維持管理費の低減という側面でも有効である．

国内では農業技術研究機構がグリッド農業情報システムを構築する研究を世界に先駆けて進めている．世界に分散するヘテロな気象データベースをアプリケーションに対して斉一に見せかける気象データ仲介ソフトMetBroker等一部は実装され（http : // www.agmodel.net/），全分野を通して数少ないグリッドアプリケーションとして注目されている．

Broker

木浦卓治

[MetBroker, Middleware, Java RMI, SOAP, Data GRID]

　以下に例示する MetBroker のような Middleware を, Broker または Mediator と呼ぶ. Broker を利用する方法では, 既存のデータ源や応用プログラムには影響を与えることなく, 異なるデータ源からのデータを仮想的に統一して取り扱うための仕組みを安価に提供できることが示されている.

　農業において気象データは必須であった. このため, 気象庁の AMeDAS を中心として多くの気象データベースが開発されてきた. 残念ながら, これらのデータベースの構造は統一されておらず, 応用プログラムは個々のデータベース別に開発する必要があった. 気象データベースの構造を統一すれば良いが, すでに多くの応用プログラムが開発されており変更には多くの費用を要する. また, 近年のインターネットの普及にともない, 多くの気象データベースもインターネットか

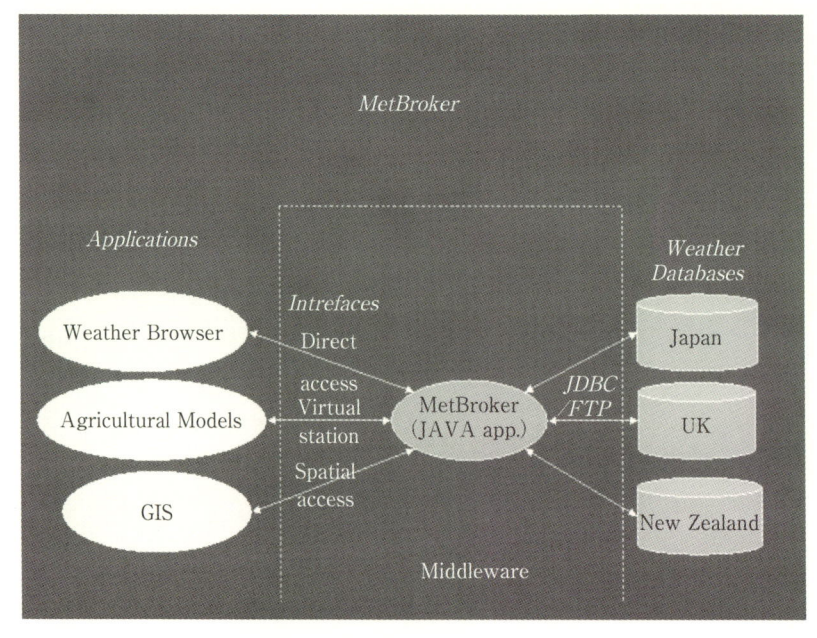

図1　Middleware である MetBroker, WWW[1] より転載

ら利用できるようになってきた.

　このような状況下で，Laurenson らはインターネット上で利用できる気象データを統一的な手法で取り扱うための仲介ソフトウェア MetBroker を開発した. MetBroker は図に示すように，応用プログラム開発のためのインターフェースと，新たなデータ源を組み込むためのデータドライバインターフェースを提供している. これにより，新しい応用ソフト開発者は MetBroker 対応したソフトを開発するだけで，多くの気象データベースを区別することなく取り扱うことができる. また，対象となるデータベースが増えたり，すでにあるデータベースが変更された場合にも，データドライバの開発や変更を行うだけでよく，応用プログラムは一切変更する必要はない.

　MetBroker は Java で記述されており，気象データを取り扱うために必要な複数の Java オブジェクトとインターフェースを提供する. 初期の Broker をサービスの提供手法として Java RMI を利用しているため，応用プログラムの開発者は Java を用いて記述する必要があった. また，Java RMI は Firewall を通過できないことが多く，利用が制限されていた. 現在の MetBroker は MetSOAP という SOAP インターフェースも備えており，SOAP tool kit が提供されている言語から利用できるようになっている.

　Laurenson らは Broker に必要不可欠な部分を検討し，GenericBroker を開発した. 現在の MetBroker は GenericBroker をベースに実装されている. このほかにも，ディジタル標高モデル (Digital Elevation Model) を利用するための DEMBroker や地図データを取り扱うための ChizuBroker などが開発されており，土壌データを取り扱うための SoilBroker も開発中である.

　Broker は前項の GRID では Data GRID という位置付けになっており，GRID の研究者からも応用技術のひとつとして大いに注目を集めている.

参考文献

1) Broker トップページ： http : / / www.agmodel.net / （2003 年 2 月 28 日時点）
2) Laurenson MR *et. al.* (2001) Proc. IWS2000：193-198
3) Laurenson, MR, S Ninomiya (2002) Proc. 3rd AFITA ; Asian Agricultural Information Technology and Management. Ed. F. Mei：285-288

フィールドサーバ

平藤雅之

[フィールド，モニタリング，無線LAN，ユビキタス，トレーサビリティ]

　生育予測や経営管理等のアプリケーションの開発・実行には各地域の詳細な微気象データや生育履歴などの情報が不可欠である．また，トレーサビリティ，不法投棄対策，圃場作業安全のためには，現場の画像情報などをリアルタイムに得る必要がある．

　フィールドサーバは圃場のモニタリングや機器の制御を行う屋外設置型サーバであり，多数のセンサ，計測用Webサーバ（フィールドサーバ・エンジン，図1），無線LAN，照明モジュール，放熱と耐候性を考慮したケースから構成されている（http : // model.narc.affrc.go.jp/ FieldServer）．

　フィールドサーバの機能は使用目的によってカスタマイズできるが，標準タイプ（図2）は，気温，湿度，日射量，地温，距離（人・動物の侵入）などのセンサ，無線LAN，ホットスポット機能，超高輝度LED照明モジュール，スプリンクラなどのON/OFF制御を行う大電力リレー（Power Photo-MOS Relay），Ethernet接続ポート，デジタルカメラの駆動制御回路を備えている．無線LANパケットのリピーティングによって多段中継されると同時に，フィールドサーバの周囲が無線LANのホットスポットとなる．その結果，設置エリア全体がユビキタス化される．

　フィールドサーバの一つをインターネットに接続するだけで全体がインターネ

図1　フィールドサーバ・エンジン　　図2　フィールドサーバ（標準タイプ）

ットに接続され，ユーザはインターネット経由でフィールドサーバ全体にアクセスできる（http :// model.narc.affrc.go.jp/ FieldServer/ monitor/）．計測値の閲覧，照明の ON/ OFF，デジタルカメラの遠隔操作などはブラウザで行うが，フィールドサーバでモニタリングされている膨大なデータをデータベース化する作業やバックアップを個人や農協などの個別組織が個別に行うのは非常に面倒であり，コストもかかる．そのため，中央農研の Web 巡回エージェントが各地のフィールドサーバに一定周期で自動アクセスし，観測データのデータベース化，Web による情報提供サービスなどを行っている[2]．一般にサーチエンジンでは Web 巡回ロボット（Web Crawler）を多数の PC 上で並列的に走らせ，世界中の Web サーバのデータを収集しているが，それと同様，フィールドサーバの数が増えても Web 巡回エージェント用 PC の数を多少増やすだけで対応できるというスケーラビリティがある．

このような方法でデータベース化すると，MetBroker（http :// www.agmodel.net/）対応のアプリケーション（モデルベースシステム[2]など）は，MetBroker を介してフィールドサーバのデータを，プログラムをまったく修正することなくそのまま利用でき，またアメダス等既存のデータベースと組み合わせて総合的に利用することが容易になるというメリットがある．

フィールドサーバがモニタリングしている現場情報は，ファクトベースとして科学的な貴重なリソースでもある．そのため，公的機関などの Web 巡回エージェントが同時に巡回すれば，半永久的に現場情報をアーカイブすることができる．消費者にとって納得のできる食の安全と安心を確保するためには，偽装や改竄があってもすぐに分かるセキュアなトレーサビリティシステムを構築する必要があるが，フィールドサーバは，そのための現場情報収集システムとして利用できる．

参考文献

1) Hirafuji, M., T. Fukatsu (2002) Proc. of Third Asian Conference for Information Technology in Agriculture, AFITA2002 : 405-409.
2) Hirafuji, M., K. Tanaka, T. Kiura, A. Otuka (2000) Pre-Proceeding : Application Area of IWS2000 : International Workshop on Asia Pacific Advanced Network and its Applications : 57-61.

食品感性工学

相良泰行

[感性，消費者起点工学，食嗜好，知覚センサ，五感コミュニケーション]

　前世紀において大部分の産業が「大量効率生産方式」により利潤を追求してきた結果，原材料の確保に関する南北問題，エネルギーおよび環境などの諸課題が蓄積され，人の健康・生存を脅かす深刻で緊急に解決すべき課題としてクローズアップされてきた．農業・食品の分野にも「食の安全と安心をとどける健全な産業」の創生が要望されている．特に，「食の高齢化社会対応」は，団塊の世代が65歳を迎える約10年後までに解決しなければならない緊急性を有しているといえる．高齢者の健康・介護・医療の諸課題に対処する最良の方策は，食生活の健全化による疾病の予防にあると考えられる．しかし，消費者，特に高齢者が感じる「おいしさ」と「食嗜好」を評価し，さらには「安全・安心」をとどける社会情報システムを構築し，これらの情報を利用して生産プロセスに反映させるための科学技術の分野は未発達の現状にある．

　他方，食品産業では新製品の市場定着率の向上が死活問題となっており，市場に投入された新製品の年間定着率は10％以下と推測されている．このために，新商品の開発競争が熾烈となっており，裾野産業に支えられたフードサプライシステムの破綻を招きかねない現状にある．このような「食」を取り巻く緊急課題を解決するためには，消費者を起点とするフードサプライシステムへの変換が肝要であり，新しいアイデアに基づく食品産業構造の改革とこれを支援する科学技術および社会システムの構築が必要と考えられる．

　食品感性工学の役割は「消費者起点工学および生産（Consumer-oriented Engineering and Production）」を食品分野において具体的に実現する基礎科学とこれを生産・販売戦略に反映させる応用技術を包括した横断的新科学技術分野の構築により，新食品産業・市場・社会システムを創生することにある．我々の感性は生活のアメニティーと密接不可分の関係にあり，近い将来，食感性に関する科学技術に基づく市場は急速に発展することが予測される．食生活のアメニティーを表す尺度は食べ物に対する「おいしさ」と「嗜好」の程度であり，これを計測・評価して再現性や客観性の高い数量化された情報を得るシステムが確立されることになれば，新食品の開発やプロダクトマネージメント，さらにはマーケティン

グの戦略に革新的な改善がもたらされるものと期待される．このようなシステムを構築するためには，食品が保有している物質的属性と食生活に関する人の心理学的要因を抽出して，これら相互の関連性を明らかにし，最終的には「人の食に対する感性」を数量化しなければならないと考えられる．

他方，近年に至り生体や食品を対象とした電磁波による非破壊成分分析や品質の定量的評価技術,「生物スーパーセンサ」などのメカニズムを模倣した知覚センサが実用化されつつある．また，五感コミュニケーションにおける情報伝達と脳機能を模したニューラルネットワークモデルなどが考案され，その利用は生活のアメニティー化をもたらす電化製品にまで浸透している．このような計測技術とマーケティング分野で発達してきた数量化手法を統合してシステム化することにより，食に関する対する消費者の感性を定量的に評価し，この結果に基づく商品開発や販売戦略の検討にも役立つ技術的・学問的領域の構築が可能と考えられる．「食品感性工学」はこれらの領域をカバーする新しい学術研究の分野として提唱されている[1]．その主な研究課題は，① 五感コミュニケーションに関するメカニズムの解明，② 知覚センシングシステムの開発，③ 食品の機器分析結果とマーケティング情報との「双方向感性変換システム」による新商品の機能・品質設計およびプロダクトマネージメント手法の開発，④ 食嗜好・購買行動などを考究する「マーケティングサイエンス」の構築などである．

引用文献

1) 相良泰行 (1999) 食品感性工学, 朝倉書店, 東京: 1-18

食品物性計測

橋本 篤

[力学物性，移動物性，光物性，電気物性，食品モデル]

食品の物性

食品の経済的価値は，農産物や海産物などの食品素材から加工食品への一連の加工プロセスを経るとともに高まる．また，食品加工プロセスにおける各操作は，近年，高度化，複雑化の傾向にあり，食品物性の理解と体系化はますます重要となっている．

生物素材である食品は不均質な混合系であるため，その物性の定義および計測は困難である．一般に，食品物性とは，物理学における厳密な意味での物性ではなく，食品構造体としての熱的，光学的などの物理的特性，つまり見かけの物理的性質を意味する．そこで，食品の見かけの物性計測には，数学的な意味での食品モデルが重要となる．食品物性に関しては，N. N. モーセニンの「食品の物性」[1]をはじめとし，多くの書籍が出版されている（たとえば文献[2]）．ただし，情報システムとの親和性が高いと考えられている光計測技術，電気計測技術に関連する光学物性，電気物性の体系化は，力学物性や熱物性[3]などの体系化に比べて著しく遅れているのが現状である．

食品モデルと物性計測

食品のような不均質混合系の物性においても，原理的には成分各々の物性と幾何学的構造を理解することにより，食品物性の空間的分布を知ることができるはずである．一方，食品内部の物性の微視的な解析よりも，食品という不均質混合系を巨視的に均質な系と見なし，食品全体の見かけの物性値を取り扱う方が便利なことが多い．そこで，食品モデルに基づいた食品物性のオリジナルデータに関する報告は数多く，目的とする物性計測ごとに異なった食品モデルを利用したり，物性値の使用目的により食品モデルが異なることなどがある．

典型的な食品物性に関する食品モデルとしては，食品構成成分や幾何学的構造を直列もしくは並列に配置した直列モデルや並列モデル，また均質連続相中に粒子や液滴などが分散していると考える分散系モデル，およびこれらを結合した複合モデルなどがある．また，これらの食品モデルにおいては，食品の構成成分の重量分率ではなく，体積分率が必要となることが多いが，その情報は極めて乏し

図1 カボチャの赤外分光特性

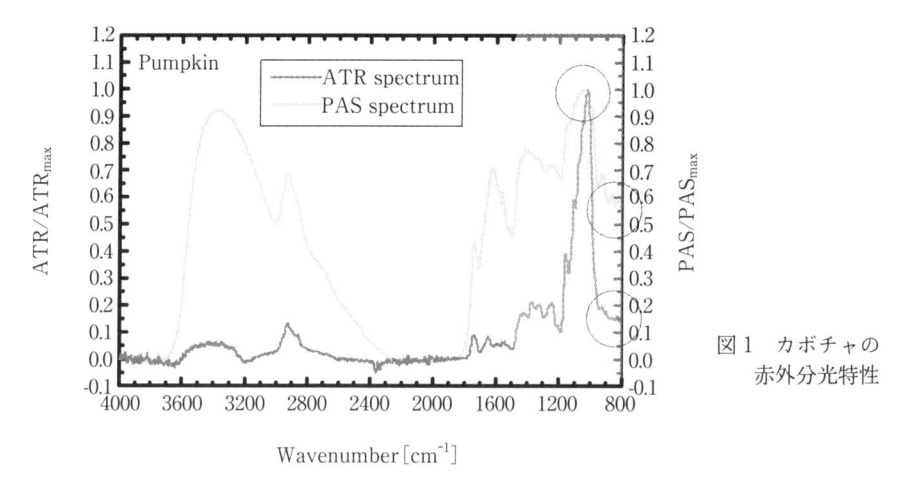

いのが現状である．

野菜の赤外分光特性

近年，食品の光学的特性や電気的特性を利用した食品加工技術や品質解析技術が注目を集めている．ここでは，乾燥操作や食品の成分分析，品質解析などに関連する光学的物性として，湿潤多孔質野菜の赤外分光スペクトルの計測例[4]を示す．図1は，カボチャのATR（Attenuated Total Reflection）スペクトルとPAS（光音響法：Photoacoustic Spectoruscopy）スペクトルのパターンを比較したグラフであり，縦軸はそれぞれ1050 cm^{-1}近辺の最大ピーク値で正規化した値である．ATRスペクトルとPASスペクトルは，ほぼ同じ波数域でピークを有しているが，同一試料のスペクトルであるのにそのパターンが異なっている．これは，カボチャの多孔質構造の影響を受けているものと考えられる．このように，食品の不均質混合系という性質は，その物性計測においても重要な意味を有している．

引用文献

1) N. N. モーセニン（1982）食品の物性，林弘道（訳），光琳．
2) 保坂秀明ら（編）（1999）国際食品製造データ集，産業調査会．
3) 日本熱物性学会（編）（1990）C.12食品・農産物．熱物性ハンドブック，養賢堂，pp. 439-454
4) Hashimoto, A., T. Kameoka (2001) Infrared Spectral Characteristics of Foodstuffs with Complicated Structure. Abstracts of 11th World Congress of Food Science and Technology, p.123.

マイクロプロパゲーション

秋田 求

[培養, 培養系の誘導と維持, 培地, 培養装置, 順化]

マイクロプロパゲーションの意義

マイクロプロパゲーションは, 基本的に, 種苗を in vitro で大量増殖し供給する技術である. いわゆるオールドバイオテクノロジーであるが, 現在も大きな役割を果たしている. また, 遺伝子組換えの現場では, 組換え植物の作出とその評価, 利用という全ての段階に, 多くの場合マイクロプロパゲーションの技術が求められる. 今後, マイクロプロパゲーション技術は, 植物生産とその利用を図るための基幹技術としてさらに重要になるものと予想される.

腋芽を外植片とし, カルスや不定胚を経由させない場合には, マイクロプロパゲーションは培養容器内で挿し木栽培するのと同じと言ってよい. したがって, 環境条件に対する植物の反応を測定する系になりうる. とはいえ, 培養容器内が植物にとって特殊な環境にあることは, 古在らの一連の研究を始めよく知られており, 実験系を構築する際にはこれらのことに十分に留意する必要がある.

マイクロプロパゲーションの要素技術

マイクロプロイパゲーションを成功させるには, 以下の要素技術について検討される必要がある. カルスや不定胚を経由させる場合には, 増殖効率は高くなるが, 分化条件をはじめ検討すべき課題はさらに多くなる.

(1) 培養系の誘導と維持：目的により異なるものの, 基本的に材料の無菌化が必要である. 植物種と生育状態により無菌化が極めて難しい場合や, 無菌化できてもその後の成長が難しい場合がある. 無菌化には, 次亜塩素酸の利用が最も一般的であるが, 無菌化効率を高める試薬（PPM（Plant Cell Technology, Inc.製）など）の併用も有効である. 得られた培養系を変異なく, かつ簡易に保存する技術の開発も早くから求められ続けている. 後述する順化とも関係するが, 人工種子化技術の中には, 植物の培養系の長期保存法としても注目できるものがある.

(2) 培　地：Murashige and Skoog の培地[1]などに代表される植物用培地が多く開発されているが, 最適な培地を見出すために各々の植物に応じた細やかで地道な検討が必要とされている状況に変わりはない. 培養のコストを削減するためにも, 培地組成や固化剤の検討は継続して行われなければならない. 培地の検討に

は，植物生理学的，植物栄養学的な知識が求められる．培地に添加した抗生物質や培地固化剤も再分化に影響する[2,3]など注意すべき問題も多い．

（3）培養装置と培養条件：光や温度条件のほか，容器の形状，栓の種類，棚上の位置なども培養容器内環境に影響を与えうる．通常，陽光恒温槽や培養室が用意されるが，照明装置つきの小型培養容器も開発され[4]，生産のみならず様々な場面での利用が期待される．

培養装置として培養槽も利用される[5]．培養槽の利用は，マイクロプロパゲーションのコストを下げる方法として位置づけられており，簡易化の試みも行われている[6]．しかし，培養槽への移植や取り出し，培養槽中の生育状況の計測と成長制御法などについて課題が多く残されている．

（4）順 化：多くの場合，培養された植物を苗として利用するには順化が必要である．順化率は培養条件によって影響され，また，順化用培土の種類，順化装置，順化前後のホルモン等の処理効果なども検討される必要がある．貯蔵器官培養技術，試験管内順化技術や人工種子化技術により，順化工程を省略したり容易にすることができる．培養中に菌根菌を接種して順化率や順化後の成長を高めた例も報告されており，新しい順化効率促進法として興味深い[7]．

マイクロプロパゲーションの課題

培養技術が確立されたと言うことができる植物はいまだ限られており，上記の各要素技術を中心に，今後も検討が続けられる必要がある．培養技術が確立されたとして，実用化に向けての最大の課題は，コスト低減と変異防止である．特に変異には決定的な防止策がなく，様々な角度からの検討が求められている．

引用文献

1) Murashige, T. and Skoog, F. (1962) Physiologia Plantarum, 15 : 473-497
2) Chauvin, J.-E. et al. (1999) Plant Cell Tiss. Org. Cult., 58 : 213-217
3) Tonon, G. et al. (2001) Scientia Hort., 87 : 291-301
4) 渡辺照夫ら (2002) 農業環境工学関連4学会2002年合同大会講演要旨, p122
5) Takayama, S. and Akita, M. (1998) Adv. Hort. Sci., 12 : 93-100
6) Akita, M. and Ohta, Y. (1996) Acta Hort., 440 : 554-559
7) M.C. Starrett et al. (2001) HortScience, 36 : 353-356, 357-359

光センシング（Optical sensing）

亀岡孝治

［電磁波，紫外線，可視光線，赤外線，X線］

光（電磁波）の概略

通常，電磁波のうち紫外線・可視光線・赤外線が光と呼ばれるが電磁波を光と呼び変えて使う場合もある．電磁波は，波動的性質と粒子性を持ち，周波数（波長），伝搬方向，振幅，偏波面（偏光面）の4要素を有する．電磁波は波長の短い順に，γ線，X線，紫外線，可視光線，赤外線，マイクロ波，電波に分類され，フォトンのエネルギーはγ線が最も大きくこの順に小さくなる．このエネルギーの相違は，それぞれの電磁波の放出原理に起因している．

赤外線

赤外線は，リモートセンシング，赤外線カメラ，赤外分光などの非常に多くの分野で利用されるが，分野毎に異なる波長範囲と呼び名の組み合わせが用いられる．リモートセンシングでは，赤外線は，近赤外：$0.7 \sim 1.3 \mu m$，短波長赤外：$1.3 \sim 3 \mu m$，中間赤外：$3 \sim 8 \mu m$の，熱赤外：$8 \sim 14 \mu m$，遠赤外：$14 \sim 1,000$に分けられる．分光学の分野では，分子の基本振動に基づく波長帯を中赤外とし，これより短波長側を近赤外，長波長側を遠赤外とする．また，中赤外は波数を単位として $4,000 cm^{-1} (2.5 \mu m) \sim 400 cm^{-1} (25 \mu m)$ と定義される．遠赤外は，これより長い $10 cm^{-1} (1,000 \mu m)$ までの範囲である．この領域は電波利用からの立場ではテラヘルツ（THz）域とも重なる．一方，近赤外は波長で使われることが多く，その定義域は $700 nm \sim 2,500 nm$ である．また $700 nm \sim 1,000 nm$ の近赤外光は生体中を最も透過する電磁波でもあるため，現在光CTの開発が進んでいる．

マイクロ波

マイクロ波は，特殊なバンド名称も多く用いられる波長が $1 mm \sim 1 m$ までの電磁波でリモートセンシングでは非常に重要な位置を占めている．可視・赤外光と異なり，マイクロ波（波長 $1 cm \sim$ 数 $10 cm$）センシングでは天候の制約を受けず，観測対象に応じた周波数特性，ドップラ効果，偏波特性，後方散乱特性（表面散乱，体積散乱）の測定の他，これらのデータを組み合わせて可視・赤外域センサでは観測困難な物理量である海上風，波向などを測定できる．ハイパーサーミアのための温度モニタ手法としてのマイクロ波を用いたサーモCTの研究も盛んである．

高周波用のケーブルなどの検査などでマイクロ波 TDR (Time-domain reflectometry : 時間領域解析) も用いられている. マイクロ波 TDR は, 電磁波パルスを発生させて伝送線路に投射し, その反射波形から伝送線路のインピーダンス変化 (インピーダンスの不整合) を知り, また反射時間からインピーダンス変化の生じた位置を特定しようとするものである. 電磁波パルスにはステップまたはインパルスが用いられるが, ステップでは立ち上がり時間が, インパルスではその幅がレスポンス分解能に関係する. TDR は, 水分計測の観点から土壌, 穀物などへの応用研究もなされている.

γ線, X線, 紫外・可視光線・電波

γ線は医学用センシング技術としてポジトロン CT センサ (PET) が使われている. PET により, 生体の代謝や神経伝達のような生理学的情報を定量的に得ることができる. X線は医学利用でレントゲン装置 (X線), 工業・農業では軟 X線装置が対象内部の透視装置として用いられる. X線 CT も一般的となった. また, 分光では蛍光 X線が非破壊一斉同時の元素計測に広く用いられる.

紫外線, 可視光線は紫外・可視分光装置で電子軌道に関わる発色団の定性・定量分析装置として用いられる. 紫外光の波長が短くエネルギーが大きい性質を利用して, 蛍光計測 (分光を含む) が広く用いられる. また, 可視光では得られない貴重な情報を得ようとする研究も盛んで, 美術品の鑑定, 指紋検出等に実際に利用されている. 生体関連では, ミツバチの可視波長域が 300 nm～650 nm であることを利用した, 紫外光域, 青色光域, 緑色光域を 3 原色とするカメラの研究が行われている. このカメラを用いることで, 肉眼では見えない花の蜜標やモンシロチョウの雌雄の違いなどが, 色鮮やかにわかりやすく, しかもリアルタイムで撮影することが可能となった. 可視光線は分光による計測も用いられるが, 人間の視覚の心理量との対応 (波長の長いほうから赤, 橙, 黄, 緑, 青, 藍, 紫) から色彩計測が重要である. また, 偏光を用いたさまざまな計測が実験されている.

分光の世界では, NMR が電波利用の分光法と位置づけられる. NMR は定磁場にある核種のエネルギー準位を変えるための共鳴吸収に, ラジオ波を用いて磁場変化を与えるものである. NMR の特徴は, 原子核を持つ分子の運動や相互作用に関する多くの情報を含み, 1 億分の 1 の精度で計測できることである. NMR イメージングは医療の分野では一般的となり, 農産物の品質測定分野でも実験段階である.

微生物機能データベース

中崎清彦

[廃棄物処理，コンポスト，微生物，種菌，バイオ農薬]

　コンポスト化は微生物による有機物分解過程であるため，活性の高い微生物を原料に添加して（seeding）やることによって飛躍的な効率の上昇をはかろうとする試みが従来から行われてきた．

　微生物を接種してコンポスト化促進をはかる種菌の効果に関する研究は，現在まで多くが行われており総説にもまとめられている[1~3]．これらの報告中ではコンポスト化に必要な微生物は，接種しなくても原料中に含まれるものが増殖して充足するため，種菌の添加にコンポスト化促進の顕著な効果はないとしている．Nakasakiらは，コンポスト化における種菌の効果をより明確に示すために，有機物分解にともなって発生する炭酸ガスを連続的に測定する精度の高い有機物分解定量法を開発するとともに，種菌を添加しないコンポスト化には種菌をγ線で滅菌処理した滅菌種菌を添加し，原料の物理的，化学的性質が種菌添加の有無で異ならないようにするなどの工夫をして詳細な検討を試みている．その結果，適正なコンポスト化条件のもとでは種菌を添加しても顕著な促進効果はみられない[4]が，コンポスト原料のpHが低いなど適正条件からずれたコンポスト化では微生物の接種が有効である例外のあることを報告している[5]．

　コンポスト化のように種々雑多な微生物が共存する複合微生物の系では，接種した微生物を作用させるのは容易ではない．接種した微生物がコンポスト中で活性を発現するためには，他の微生物がコンポスト原料を基質として利用できない，増殖速度が他の微生物に対して極めて大きい，あるいはその微生物が他の微生物の増殖を抑制するような物質を生産するなどの理由によって，接種した微生物に特に有利な状況が作られたときに限られる．逆にいえば，コンポスト化条件を制御すれば特定の微生物をコンポスト中で増殖させることのできる場合がある．

　Nakasakiらは植物病害を防除するバイオ農薬として作用するコンポストを製造するために，制御した条件のもとで植物病原菌に対する拮抗菌を接種したコンポスト化をおこなっている[6]．植物病原菌 *R. solani* AG2-2 をターゲットとし *B. subtilis* を接種したコンポスト化では，まずコンポスト化初期にその原料中に含まれる微生物の作用によって自己発熱させ原料中の雑菌を低減した後，*B. subtilis* を

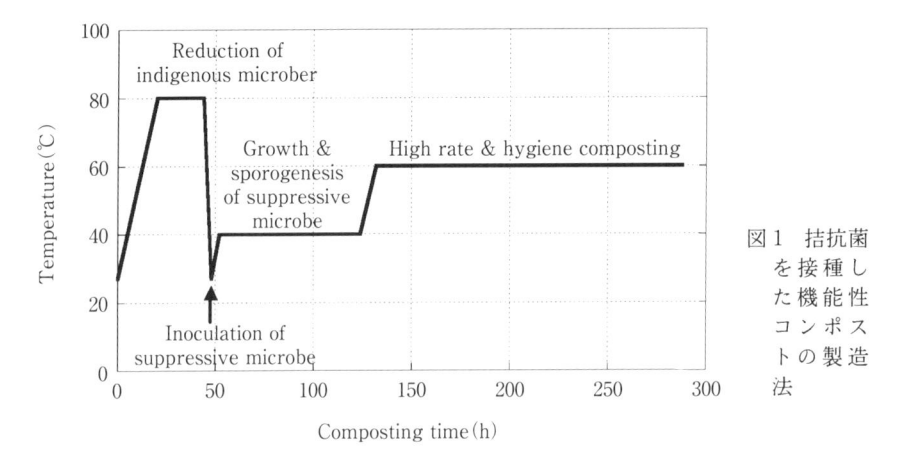

図1 拮抗菌を接種した機能性コンポストの製造法

接種して温度を二段階に制御しながら増殖させるという手法を提案している(図1参照).このように微生物接種のタイミングをずらし,コンポスト化の温度も制御することにより,機能性コンポストの製造を可能にしている.

近年になって,純粋培養系でタンパク質分解にともなうアンモニア発生が少なくコンポスト化過程の悪臭低減が可能と期待される微生物 *B. licheniformis* DO1[7]や油脂の分解活性が極めて高く,油脂含量の多い原料のコンポスト化の促進に適すると考えられる菌株などが発見されてきている[8]が,これらの微生物もただ接種しただけでは再現性のある確実な効果を期待することはできないであろう.コンポスト中で作用して欲しい特性を持った微生物についてデータベースを構築し,その微生物の定着と制御のための新しいプロセスを考え出していくことで,種菌利用の可能性と限界を明らかにする研究が大きく進展すると期待される.

引用文献

1) Golueke, C.G. (1977) Biological reclamation of solid wastes, Rodale Press, Emmaus.
2) Finstein, M.S. & Morris, M.L. (1975) Adv. Appl. Microbiol. 19 : 113-151.
3) de Bertoldi, M. *et al.* (1983) Waste Manage. Res. 1 : 157-176.
4) Nakasaki, K. *et al.* (1985) Appl. Environ. Microbiol. 49 : 724-726.
5) Nakasaki, K. *et al.* (1994) Compost Sci. Util. 2 : 88-96.
6) Nakasaki, K. *et al.* (1998) Appl. Environ. Microbiol. 64 : 4015-4020.
7) 中崎清彦ら (2002) 化学工学論文集 28 : 606-611.
8) 中崎清彦ら (2003) 化学工学会第68年会 G203.

腐熟度センシング

岩渕和則

[有機質資材, 有機肥料, 堆肥, 腐熟度, センシング]

　有機肥料による土壌保全, 持続的作物生産が注目されているが, これは土壌劣化防止に加えて, 物質循環や土壌生態系に配慮されたいわゆる安全な土壌から生産された農産物を消費者が望んでいるためである. 健全な作物生産が可能な土壌環境にするためには還元する有機肥料の高品質化が求められ, 十分に腐熟 (有機質分解) した堆肥を生産することが不可欠である. しかし堆肥と称され流通されている物の中には乾燥されただけで有機物が十分に微生物分解されていない質の悪い堆肥, いわゆる未熟堆肥も存在し, この使用は逆に土壌環境を還元 (酸素欠乏) 状態にしてしまうため, 十分に腐熟したものを施用する必要がある.

　腐熟度とは有機質資材の好気性微生物による有機物分解度とほぼ一致するが, 腐熟には農業残渣や家畜ふんなどに代表される有機質資材の物理性や化学性の変化ももたらすため単純な変化ではない. このため腐熟を厳密に定義することが極めて困難で, 現状では腐熟とは「地力の維持・増強を目的として有機質資材を農業利用する場合に, あらかじめその有機質資材を処理して, 微生物の作用によりある程度まで腐朽させておくこと」[1] という定義にならざるを得ず, 腐熟度はその腐朽度合いということになる.

　現在知られている腐熟度判定法は表1に示すように数多くあるが, 分析に時間を要するものおよび適用試料が限定されているものが多く, 簡便性・汎用性に欠けている. 一般的には堆積物の温度, コマツナ種子の発芽試験, 硝酸イオンの検出, 評点法などが良く利用されている[1]が簡便な自動検出が可能なセンシングに対応するには未だ時間を要する状態であり, オンライン計測システムが現在開発中である.

　現在使用されている主な腐熟度判定法を概説すると以下のようになる.

　堆積物の温度を観測する方法は現段階では簡便で実用的なセンシング方法の一つと考えられる. 通常, 堆積物温度はそこに存在する微生物が周囲の酸素を取り込み, 代謝熱により約70℃まで上昇し, しばらくその温度を維持した後, 徐々に温度が低下し, やがて周囲雰囲気温度と同じになるという変化をたどる. この場合途中で何度か人為的に切り返し (攪拌) を行う必要があり, 堆積層内で酸素に曝

表1 種々の腐熟度判定法[1]

堆積物の温度, BOD, 酵素活性, ガス発生量, 発芽試験, 幼植物試験, ミミズを用いた試験, 花粉管生長テスト, 物体色, 微細形態の観察, 篩別残渣重量, C/N比, 水抽出物のC/N比, 還元糖割合, アンモニアの不検出, 硝酸イオンの検出, COD, pH, EC, 揮発性成分, 遊離アミノ酸, 水抽出物のゲルクロマトグラフィー, CEC, 円形濾紙クロマトグラフィー, 腐植物質含量, 沈殿部割合, 評点法, 判別スコア値, 近赤外分光分析法

されていない部分は新たに酸素と接することによって再温度上昇が起きる．このような温度の上下変化を繰り返しながらも全体的には有機物が分解減少し緩やかに温度が低下し続け，最終的には切り返しを行っても温度上昇が観測されなくなり，温度も周囲雰囲気温度と同じになる．この状態の堆肥を腐熟したものとする方法である．

発芽試験はろ紙に堆肥抽出液を染みこませ，その上に50粒のコマツナ種子をまき，全種子数に対する発芽種子の個数割合を計算し，その割合の高さを腐熟の指標とする方法である．未熟な堆肥には有機酸等の発芽阻害成分が含まれるため，発芽率が低くなるという特徴を利用している．コマツナ種子は比較的発芽速度が速く，24時間以内で計測が可能である．

硝酸イオンは市販の検出試験紙によって検出可能であり，機器による腐熟度センシングにも応用可能と考えられる．有機質資材には窒素化合物が存在し，堆肥化反応初期にはアンモニア態窒素が発生し，時間の経過とともに硝化細菌によって酸化作用を受け硝酸態窒素に変化してくる．このため硝酸態窒素は腐熟が進行した試料に多く存在し，腐熟の指標として利用される．

評点法は堆肥の色，形状，臭気，水分，温度履歴，期間等の項目別に採点し，その合計点によって腐熟度を評価するものである．多項目から推定するため判定の精度が上がるものと考えられる．一方，腐熟度は一つの項目では予測しきれない困難なものであることを示している．

引用文献

1) 中央畜産会（2000）堆肥化設計マニュアル

成分センシング

橋本 篤

[作物成分，土壌成分，センサ，光計測，データベース]

成分センシング手法

　センシング（sensing）とは，sense（感じる）に ing をつけたもので，「感じること」と訳すことができる．人間においては，視覚（目），聴覚（耳），嗅覚（鼻），味覚（舌）などの五感がセンサであり，それぞれのカッコ内の器官が五官となり様々な情報をセンシングする．人間の場合，第六感や直感などもある[1]．成分センシング手法は，光，磁気などの物理量を検知する物理センシング，化学物質・量を検知する化学センシング，酵素反応，免疫機能などを利用したバイオセンシングなどに大別される．本来，バイオセンシングは概念的に化学センシングに含まれるが，バイオセンサの適応分野や生体関連現象を利用していることなどにより，化学センシングと区別されるのが一般的である．いずれのセンシングにおいても，センサとコンピュータシステムを結合し，センサからの信号をコンピュータで処理して各種機器を制御するセンシングシステムを利用するのが一般的になっている．

　成分センシングでは，一般に，対象物（試料）を構成している物質の種類を求めることを定性分析といい，構成している物質の割合を求めることを定量分析という．成分センシング手法は，物性に根ざす法則を基にして，実態は機械工学的，電気工学的，電子工学的技術の複合体であり，原理，方法ともに非常に多種多様である．たとえば，巨視的な手法としては，密度法，音速法，導電率法，誘電率法，粘性法，反応熱法などがあり，一方，分子個々の物理的性質の差による分析機能を有する分析法としては，滴定法，ガスクロマトグラフ，質量分析法，核磁気共鳴法，蛍光 X 線分光法，赤外分光法，蛍光分光法，発光分光法などがあげられる．また，成分センシングでは，選択性に優れ，化学変化に応じた情報を指定された条件下で再現性よく伝達できる信号として取り出せることが要求されるとともに，実用面では，センサの形状，センシングプロセスの設計なども検討する必要がある．

農業情報工学における成分センシング

　篤農家は，農業生産分野における卓越した五感と，篤農家自身に構築された栽培管理関連情報データベースとを極めて緻密に連携させるとともに，ときには豊

富な経験に基づく第六感を働かせることにより,作物成分や土壌成分などを作物情報,土壌情報として認識するものと考えられる.したがって,農業情報工学分野における成分センシングシステムとしては,情報システムとの連携が容易で,かつ篤農家の五感もしくは第六感に対応する成分センシング手法が必要とされる.また,農業現場においては,センシングデータの情報システムとの親和性のみならず,リアルタイム性,非破壊的,簡易的などといった現実的な要素も重要となる.このような極めて厳しい条件を満たすセンシング手法として,光計測技術が注目されており,さまざまな研究が行われている[2].さらに,作物や土壌の分光情報のデータベース化は,単に成分濃度情報のデータベース化にとどまらず,作物や土壌の構造,栄養状態などの様々な情報を包括したものとして極めて重要である.

成分センシングデータの情報化

農業現場において,高価な光計測機器などの分析機器を常時用いた計測は経済的にペイしないことは明らかである.そこで,作物成分や土壌成分に関するセンシングシステムの重要要素として,作物要素や土壌要素としての物理階層ごとに,各種成分センシングデータや画像データ(明度,彩度,色相,テクスチャ,形状)などを完備したデータベースを構築することは,農業関係者が容易に利用可能な成分センシングデータの情報化として必要と思われる.その際,近年,高画質化と低価格化が進み,手軽かつ日常的に使用可能なデジタルカメラにより取得した画像を主たるキーとすることにより,経済的な問題も軽減されるものと考えられる.また,このように情報化された成分センシングデータは,イオン欠乏症などの各種病気との関連性も有することになる.そこで,作物や土壌を対象とした光計測手法による作物や土壌の栄養状態診断,作物の生育状態診断などといった技術統合が注目されている.

引用文献

1) 都甲 潔,宮城幸一郎(1995)センサ工学.培風館,pp.1-197.
2) Kameoka, T. *et al.* (2002) Accurate Sensing of Bioinformation by Optical Method with Multiband Spectra and Its Structured Data Handling. Proceedings of the 6th International Symposium on Fruit, Nut, and Vegetable Production Engineering (Potsdam, September 2001). pp. 549-554.

品質評価システム

松田従三

[堆肥, 腐熟度, 家畜ふん, C/N比, 腐植]

　家畜ふんは本来, 肥料として, さらに土壌改良材として有効に利用されるべき有機質資源であり, 堆肥として使うのが一般的である. 製品堆肥は広く流通しているとはいえ, 必ずしも有効に利用されていない. この主な理由として, 堆肥品質が安定していないことがある. 堆肥は種類も多く, 原料も多種にわたるために堆肥品質と深い関係にある「腐熟度」を含めて品質を評価する方法もシステムも未だ確立されていない.

　我が国では, 1999年 (平成11年) に「肥料取締法の一部を改正する法律」を含むいわゆる農業環境三法が相次いで施行された. これらは家畜排せつ物を堆肥化し環境汚染をなくすともに, 循環農業を促進させることが主たる目的である. このうち改正肥料取締法では, 有害成分を含むおそれがある汚泥堆肥等は届出制から登録制になり, 有害成分の最大量など公定規格の内容や含有成分量を示した保証書の添付が義務つけられた. さらに特殊肥料では家畜ふん堆肥には種類・含有成分量など品質表示基準が制定されたが, 腐熟度などいわゆる堆肥としての品質の表示基準はない.

　堆肥の品質は「腐熟度」という一般的には用いられているが定量的には定義されていない. さらに腐熟度の判定法は数多く提案されているが, いずれの堆肥にも確実に簡便に行える方法はまだない. 腐熟度は多くの測定項目を総合して判定されるのが一般的であり, それらの測定項目には次のようなものがある. 化学的判定として水分, pH, EC, 有機物量 (灰分), 全窒素, 全炭素, アンモニア性窒素, 硝酸性窒素, リン酸, K_2O, CaO, MgO, Cu, Zn, 生物学的判定として発芽試験, 病原性微生物検定などがもっとも一般的な項目である. これ以外にも化学測定では, BOD, COD, CEC, 腐食物質, 揮発性成分, 還元糖割合などがある. 微生物活動よる判定では, 炭酸ガス発生量, 酸素消費量, 堆積物温度, 生物を用いた判定では, 幼植物試験, ミミズを用いた試験, 花粉管生長テスト, 物理学的判定では, 色, 形状, 臭い, 切り返し回数なども基準にされている. これらの測定項目を点数化して評点基準にして実施している例があり, その一例を表1に示す.

　また (独) 農業技術研究機構では① 堆肥中の無機態窒素・リン酸・カリ含量を小

表1　堆肥の腐熟度判定指標の例

判定項目	配点	採点基準
色相	15	黄色 [0点]　黄褐色 [3点]　茶褐色 [6点]　褐色 [10点]　黒褐色 [15点]
形状	15	材料の形をかなりとどめる [5点]　かなり崩れる [10点]　材料の形をほとんど認めない [15点]
臭気	10	ふん尿のにおいが強い（刺激臭強い）[0点]　ふん尿の臭気が弱い（刺激臭弱い）[5点]　ふん尿のにおいが全くない（無臭に近い）[10点]
アンモニアガス濃度	10	20mg/l 以上 [0点]　20〜10mg/l [2点]　10〜5 mg/l [4点]　5〜2.5 mg/l [6点]　2.5〜1.0 mg/l [8点]　1.0mg/l 未満 [10点]
二酸化炭素ガス濃度	10	10％以上 [0点]　10〜7.5％ [2点]　7.5〜5.0％ [4点]　5.0〜2.5％ [6点]　2.5〜1.0％ [8点]　1.0％未満 [10点]
アンモニア態窒素（現物あたり）	5	1500mg/kg 以上 [1点]　1500〜1000mg/kg [2点]　1000〜500mg/kg [4点]　500〜250mg/kg [4点]　250 mg/kg 未満 [5点]
硝酸態窒素（現物あたり）	5	50mg/kg 未満 [1点]　50〜100mg/kg [2点]　100〜250mg/kg [3点]　250〜500mg/kg [4点]　500 mg/kg 以上 [5点]
水分	10	25％未満 [2点]　25〜30％ [5点]　30〜40％ [8点]　40〜50％ [10点]　50〜60％ [7点]　60〜65％ [5点]　65％以上 [2点]
発芽インデックス	10	50％未満 [0点]　50〜60％ [2点]　60〜70％ [4点]　70〜80％ [6点]　80〜90％ [8点]　90％以上 [10点]
堆積期間	10	堆積発酵強制通気の場合（機械撹拌の場合強制通気として算出） 堆積日数30日以下＝0 堆積日数31日以上＝（堆積日数/30日－1）×3点＝（月数－1）×3点 堆積発酵強制通気なしの場合 堆積日数30日以下＝0 堆積日数31日以上＝（堆積日数/30日－1）×2点＝（月数－1）×2点
切返し回数（回）		堆積発酵の場合 3回以下＝0 4回以上＝（切り返し回数－3回）×2点 機械撹拌の場合（機械撹拌日数7日を切返し1回としてカウントし，カウントを評点とする） 機械撹拌日数/7日
		（堆積期間と切り返し回数については，25点満点で評価し10点満点に補正）

総合得点50点未満：未熟，50〜74点：中熟，75点以上：完熟

型反射式光度計で簡易迅速に測定する方法や，② 残存する易分解性有機物量の簡易測定法として，BOD の減少に伴って消費する酸素量を測定する腐熟度評価１方法，近赤外分光分析法による腐熟度評価などが検討されている．

堆肥の品質評価システムは，まだ品質評価方法が定まらない段階であるが，今後急速に開発され普及していくものと予想される．

このキーワードに関して環境に関わる畜産・農業系から得られるデータの品質の管理や品質評価システムもある．これは，温室効果ガスやアンモニアなど環境負荷ガスに対して，Quality Assurance & Quality Control と言われる良質データを得るための良質な手法のガイドラインが示され，農業系でも国際交渉に際してデータの品質評価がなされることであるが，別の書籍に委ねることにする．

参考文献

1) 家畜ふん尿処理利用の手引き（1998）(財) 畜産環境整備機構
2) 畜産環境保全指導マニュアル改訂版（2002）(社) 中央畜産会

バイオレメディエーション

松村正利

[微生物活性法, 微生物添加法, ファイトレメディエーション, トリクロロエチレン, 土壌汚染対策法]

　土壌は, 水, 大気と共に生物生存の基盤をなす重要な環境構成要素である. 近年, 重金属類および有機塩素化合物による土壌および地下水の汚染が顕在化し, 平成3年に土壌環境基準が設けられ, 平成15年2月には特定有害物質25種を対象とした「土壌汚染対策法」が施行された. この法律の施行により, 有害物質使用特定施設の使用廃止の時点において, 土地所有者は土壌汚染の調査と汚染除去が義務付けられている.

　広範囲かつ低濃度の汚染物質を含む大量の土壌および地下水を穏やかに浄化する手法の一つとして生物学的修復 (bioremediation) がある. これは微生物が有する多種多様な酵素を利用し, 有機塩素化合物など毒性汚染物質の一部を崩壊させて無毒化, さらには異化または同化作用によって安全な無機物質である CO_2 と H_2O に変換する. この生物学的修復には, 微生物活性化法 (biostimulation) と微生物添加法 (bioaugmentation) とに分けられる. 微生物活性化法は, 浄化対象とする土壌に汚染物質分解能を有する土着微生物が既に存在する場合に適用される方法である. この方法では有用土着微生物の濃度を高めるため増殖促進物質, あるいは汚染物質の分解促進物質を添加する. 一例として, 電子部品に付着したグリースの洗浄およびドライクリーニングなどで多用されているトリクロロエチレン (TCE) は, 好気性微生物であるメタン資化性細菌によって脱塩素分解される. メタンを最初に酸化してメタノールに変換する酵素はメタンモノオキシダーゼ (methane monooxygenase) であるが, この基質特異性は非常に広く, ハロゲン化したアルカンおよびアルケンなどを変換することができる. 有機塩素化合物は, メタン資化性細菌の炭素源, エネルギー源としては利用されないが, メタン酸化に伴って酸化するいわゆる共代謝を受ける. したがって, 微生物活性化法によってTECを分解する場合にはメタンを含む天然ガス等の添加が必要となる.

　微生物添加法は, 汚染物質の分解に有効な特定微生物群が十分生息していない環境において, 有用微生物を比較的高濃度に添加, 接種して浄化を行うものである. この方法では, 汚染物質を資化できる微生物が利用される. 添加した微生物

表1 揮発性有機塩素化合物で汚染した地下水の原位置生物修復
— 微生物濃度 10^6 cells/ml 5日間の生物修復 — (単位：g/l)

化学物質名	生物修復前	生物修復後
トリクロロエチレン	2.974	0.015
ジクロロエタン	0.634	< 0.005
ジクロロエチレン	0.611	< 0.005
四塩化炭素	0.012	< 0.005

により対象汚染物質が分解・除去されると，その微生物が資化できる成分がなくなるため，添加微生物は自然に消滅する．添加微生物が有効に働く濃度は，土壌1gまたは水1mlに対して10^6個以上と言われている．表1は，TECを唯一の有機炭素源として好機的条件下で増殖する微生物群で構成される微生物製剤を用い，実際の汚染地下水の浄化試験結果を示す[1]．また，TCEで汚染した土壌に微生物を濃度10^6 cell/cm^2で4日間注入した結果，修復処理後40日で1.96 mg/kgのTCEが0.16 mg/kgに，また75日後には0.007 mg/kgに激減した[1]．これらの結果から明らかなように，適切な微生物が選択された場合の微生物添加法は極めて有効である．

生物学的修復では，微生物だけでなく各種の植物を利用したファイトリメディエーション（phytoremediation）やキノコを利用した重金属の除去[2]なども行われている．太陽光と無機栄養分で生育する植物を用いる浄化技術は省エネルギー型であり，時間をかけて広大な土地を浄化する場合に適していると考えられる．

引用文献

1) Oppenheimer, C. H. (1999) Environmental Protection November : 34-38.
2) 森永 力 (2002) キノコとカビの基礎科学とバイオ技術，アイピーシー : 253-260.

エコマテリアルサイクル

前川孝昭

[バイオマス，持続的発展，生物資源循環，地球温暖化防止，水素エネルギー]

循環型社会の形成

20世紀は科学技術の発達により大量生産，大量消費社会を形成し，大量の廃棄物の排出を伴った．そのために自然環境や生活環境の悪化と生態系の生物多様性を損なう問題が顕在化した[1]．21世紀は20世紀後半に社会問題化した地球環境に対する配慮から，持続的発展，再生利用可能エネルギー開発やゼロエミッション社会の構築など，従来の人間活動の仕組みを大きく転換させる科学技術の開発と構築が認識されてきた．化石エネルギー消費の抑制を前提として，製品や素材の再利用ならびに人間社会活動で使用する消費財の低減，すなわち Recycle, Reuse, Reduction (3R), Zero-Emission, Zero-Consumption (2Z) を基本とする循環型社会の構築への貢献が21世紀の科学技術の課題である[2]．

生物資源循環の位置づけ

20世紀の農業生産は農業の機械化，化学肥料，農薬の投入によるエネルギー消費型農業生産が主流になった．そこで，21世紀には先の3R，2Zを念頭に置いた循環型社会の構築を支えるためのエコマテリアルを生産する必要性が高まっていると考えられる．そのコンセプトを図1に示す．

物質は全て生物による生産物であり，これらの生産，利用，加工の各プロセス

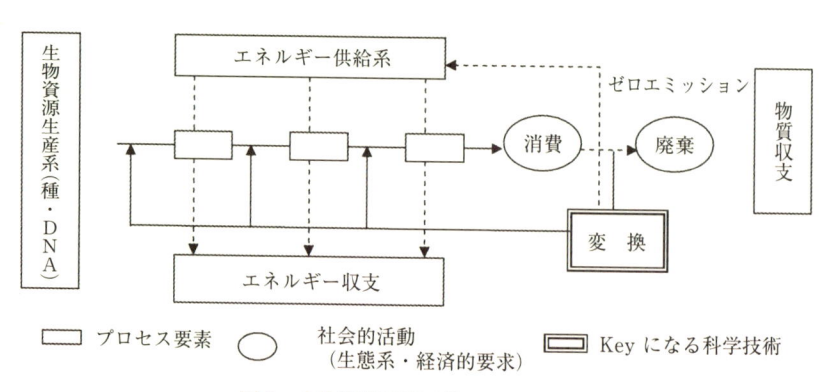

図1 生物資源循環工学のコンセプト

で，無機物（H_2，CH_4，CO_2 や NH_3 など）や有機物（デンプン，糖，低級脂肪酸などを用いた生分解性プラスチックス）の形に変換される．これらは，生物の係わる生産系に再度循環利用されるループの構築である．これは ① 自然生態系における物質生産，② 農林水産業生産を含むことは当然であり，③ 生物資源生産系を意識する．図1が工業生産と大きく異なるのは生物種を基本にしており，②，③ では種の核となっている DNA の遺伝子操作および細胞系を工学的に取り扱う遺伝子工学や細胞工学などの生物技術が導入されている．生物資源循環工学の主要コンセプトとして置いた第一の要点は生物種に基づくバイオマスが炭素や水素のキャリアと考えることである．したがって，バイオマスの生産，加工，利用のもつ各工程において，種のもつ特性，種を構成する DNA の遺伝子工学的改変，修飾，細胞レベルでの目的物生産への特化など，遺伝子工学や代謝工学の導入と推進がこの新しい学術の推進役を演じることが第一の要点である．この傾向は米国で開催されたシンポジウム[3]における研究発表に顕著に現れ，木質系，非木質系の糖化に関わる酵素の検索や微生物の改変，糖から有機酸，アルコール生産に関与する微生物の遺伝子工学的改変，修飾の試みが数多く見られた．

脱炭素エネルギー社会構築への寄与

エコマテリアル生産の推進の第二の要点は，人間の社会活動で消費されるエネルギーフローを水素に置き，生産系に炭素循環系を確立する学術の推進である．すなわち，バイオマスを熱分解や微生物によってガス化や C_1〜C_6 の炭化水素に変換することができる[2]．水素は燃料電池により電力利用が可能となる．また，炭化水素はベンゼンやナフタリンのような化学物質であるので，従来の化学工業への原料とすることができるので再生利用可能なものとなる．

引用文献

1) Penelope Revelle and Charles Revelle (1992) The Global Environment Jones and Bartlett Publishers p. 480
2) 前川孝昭（2002）農林水産技術研究ジャーナル，25(3)：43-52
3) Proceeding of 25th Biotechnology for Fuel and Chemicals (4〜7on May, 2003. Colorad, held by National Renewable Energy Laboratory)

資源循環モデリング

氷鉋 揚四郎

[物質収支，資源循環，価値循環，環境財，環境税]

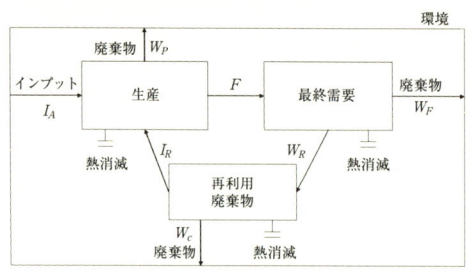

図1 物質収支モデル

社会経済活動への投入物（自然資源，エネルギー）の源泉は環境であり，採取したものと等量の物質が，形を変え，廃棄物として再び環境の中へ放出される．ここでは物質収支（資源循環）バランス原則に依拠し，価値源泉としての本源的生産要素の投入に環境財の投入を加える考え方について説明する．

図1は典型的な物質収支モデルの図である[1]．これは，投入物が環境から生産プロセスに取り入れられ変換される過程で，物質は生み出されもせず消滅もしないで保存されることを表している．他方，この変換プロセスは経済的な価値の差を生み出し，また利用可能なエネルギーを減少（高エントロピー化）させる．

各ブロックでの物質収支を図1の記号を使用して示すと次のようになる．

$$\text{生産部門}: I_A + I_R \equiv W_P + F \tag{1}$$

$$\text{最終需要部門}: F \equiv W_F + W_R \tag{2}$$

$$\text{再利用廃棄物部門}: W_R \equiv W_C + I_R \tag{3}$$

$$(2), (3) \text{式より } F \equiv W_F + W_C + I_R \tag{4}$$

$$(1), (4) \text{式より } I_A \equiv W_P + W_F + W_C \tag{5}$$

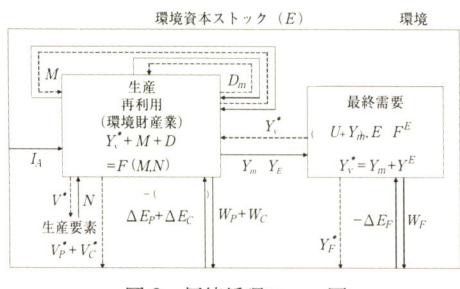

図2 価値循環フロー図

これを，資本ストックとしての環境財も考慮して双対的，価値循環フローの図として捉えたのが図2である．実線は各ボックスへの投入ないし廃棄を表す．これに対して点線は反対給付としての価値循環の流れを表す．価値の源泉は Y_m および $E + Y^E$ に対する厚生関数 $U(\cdot)$ の評価である．ここにお

いて，$F(\cdot)$ は総生産関数，Y_m は通常財純生産，M は通常財中間投入，D_m は通常財資本ストック減価償却，Y^E は環境財純生産，D^E はストックとしての環境財の（粗）減価償却（$=V^e$）である．

$$総生産 = F(M, N) = Y_m + M + D_m + Y^E + D^E \quad (6)$$
$$社会的総減価償却 = D = D_m + D^E \quad (7)$$
$$通常財総生産 = X_m = Y_m + M + D_m \quad (8)$$
$$環境財総生産 = X^E = Y^E + D^E \quad (9)$$
$$生産国民所得 = Y_V^* = F(M, N) - M - D = Y_m + Y^E \quad (10)$$

例えば環境税の課税を考える場合，ここでは環境財の投入に対する反対給付としての付加価値の分配（環境資本ストックの減価償却）と考える．このように考えると，汚染物質廃棄課税総額は次式で与えられる．

$$汚染物質廃棄課税総額 = 環境資本ストックの（粗）減価償却 = V^e = V_P^* + V_C^* + V_F^* \quad (11)$$

ここで $Y^E = X^E - V^e \equiv X^E - (\Delta E_P + \Delta E_C + \Delta E_F) \geq 0$ のとき環境財のストックが純増する．

以上，物質収支（資源循環）バランス原則に基づき，環境を明示的に考慮した，簡単な資源・価値循環モデルを構築した．我々の社会経済活動がプラスの社会便益を形成しているのは当然のこととして認識されるべきであるが，同時に「汚れ」を地球環境に排出し，マイナスの便益を形成していることもまた認識されなければならない．企業等の「地球環境へのただのり」の適正な補正には，「物質収支バランス原則」に依拠し，汚染を廃棄物処理等により物理的に回収する必要がある．そのためには，環境付加価値税等の経済的手段の導入などが考えられる．

引用文献

1) 氷鉋揚四郎（1996）環境質プログラミングモデルによる環境付加価値税の導出，地域学研究 26(1)：181-187．

AFITA・EFITA

中村典裕

[国際学会,国際会議,WCCA]

　第10回農業情報ネットワーク全国大会(和歌山県)と同時に開催されたアジア国際学術会議を契機に,日本の農業情報利用研究会(農業情報学会の前身),韓国,インドネシアなどの農業情報関連学会が中心となって,AFITA (Asian Federation for Information Technology in Agriculture)を発足させた.以来,隔年で国際学術集会を開催している.2000年は韓国スウォン市で第2回,2002年には中国北京市で第3回大会を開催した.

　AFITAの理念は,農業・農村に関する情報利用の諸問題,食糧問題,環境問題などの情報的な視点での解決を図るには,1国内だけでは自ら限界がある事によっている.つまり,効率的生産と環境保全との両立に視点を置きながら,相互の情報共有と深い意志疎通に基づく協調を通して,新しい国際分業態勢や相互支援態勢を構築しようという考えである.

　そのような問題解決には情報技術の貢献できる部分が非常に大きい.第一にインターネットをはじめとする新しい情報通信技術は,情報共有と協調をはかるための基盤や道具としてきわめて有益である.第二に気象情報等を有効利用した作物の生育予測モデルや判断支援モデルなどによる,効率的で安定的な生産への情報科学の貢献も見逃せない.

　アジア諸国は世界で最も高い経済成長を維持しているが,同時に食の量から質への転換という新しい局面に入りつつある.また,米作依存や経営規模などについて,米国やヨーロッパ農業とは異なる特徴を持つ.このようなアジア特有の問題を共有する中で,アジア諸国が一堂に会し,情報交換や議論を深めることは,とりわけ意義深いと考えられる.AFITAは,アジア諸国の農業情報に係わる農業者,研究者,技術者,行政官等が一堂に会し,地球規模での視野に立ちながら,新しい農業情報技術について発表し議論を尽くすことで,将来の食糧問題解決の一つの糸口を見いだすことを目的としている.現在のAFITAの正式メンバーを表1に示した.AFITA2002の際は,これらの国を中心として,30カ国200名の参加があった.次回のAFITA2004はタイで開催される.

　一方,ヨーロッパにおいては,1986年以来,ドイツ,オランダ,デンマークな

表1　Members of AFITA
(2003. 3)

No	Country	Organization
1	Japan	JSAI :
2	Korea	KSAI
3	China	CSASI
4	Indonesia	ISAI
5	Thailand	TSAI
6	India	INSAIT

表2　Members of EFITA
(2003. 3)

No	Country	Organization
1	Italy	AITICA
2	Germany	GIL
3	Hungary	HAAI
4	Denmark	DSIJ
5	Greece	HAICTA
6	Georgia	GAIAFE
7	GreatBritain	BAITA
8	France	AFIA
9	Ireland	ISITA
10	Spain	SETIAM
11	Netherlands	VIAS
12	Poland	POLSITA
13	Sweden	LANTNET

どを中心に，ヨーロッパ内の農業情報関連学会が持ち回りで国際会議（ICCTA：International Congress for Computer Technology in Agriculture）を開催してきた．その後，1996年オランダで開催した第7回のICCTAの期間中にEFITA（European Federation for Information Technology in Agriculture）の準備会を発足させ，1997年にデンマーク・コペンハーゲンで第1回を，1999年にドイツ・ボン，2001年にはフランス・モンペリエでEFITAが開催された．2003年7月にはハンガリー・ブダペストで第4回大会（EFITA2003）が開催される．EFITAのメンバーを，表2に示した．

他方，北米中心のリージョナル学会であるASAE（アメリカ農業工学会：American Society of Agricultural Engineering）においても，1986年から農業情報化に関する国際学会を開催しており，2000年までに7回を数えるに至った．その後，これら世界の各ブロックの地域活動をまとめて，世界統一の大会として開催する機運が高まり，2002年にはブラジル・イグアスにおいて最初のWCCA（World Conference for Computers in Agriculture）が開催された．これはASAEの主催による国際学会であるが，AFITA，EFITAも共催として参加した．なお，EFITA2003は第2回のWCCA，AFITA2004は第3回のWCCAと位置づけられ，AFITA，EFITA，ASAEが共催する予定となっている．

IFAC・CIGR

橋本　康

[国際学会，システム制御，農業情報工学]

はじめに

最近学術の国際化が著しい．情報利用の国際連合組織としては別途 EFITA，AFITA が紹介される．以下，情報工学的な国際学術組織を紹介したい．

IFAC

IFAC（International Federation of Automatic Control：国際自動制御連盟）は1956年ハイデルベルグで設立準備会が，翌1957年パリで世界18ヶ国の参加による総会を開催し，加盟国にそれぞれ国内委員会（National Member Organization：MNO）をもつ国際学術団体であることを定めた．1960年に第1回ワールドコングレス（世界会議）を開催し，以来3年に1回の世界会議に於ける総会（General Assembly）を中心に活動を続けている．最近の世界会議では，約3000程の応募論文があり，厳密な審査で約70％が採択され，2000人余の参加がある．現在参加国は50ヶ国に増えたが，わが国は設立当初から参加し，NMO として，日本学術会議に自動制御研究連絡委員会が設置され，毎年の分担金（10,000E）は日本学術会議が払っており，国費でまかなわれる数少ない権威ある国際学会である．

技術委員会（IFAC-TC）の活動

2002年の総会で，システム理論（9），情報技術等（8），応用（22），総計39の技術委員会（TC）に再編成された．それらの TC が企画する国際シンポジウムは毎年30～40が開催され，100～500名が参加する．工業分野以外の応用として，農業は医用・環境と共にエコロジカルプロセスにコーディネートされている．

IFAC-TC on Control in Agriculture

第8回世界会議（京都，1981）で農業応用のスペシャルセッションが認められ，1990年に農業応用の TC が誕生し，1991年に IFAC 史上初の農業応用の国際会議がわが国の松山市で開催された．以後3年毎に，シルソー（英国），ハノーヴァー（ドイツ），ワーヘニンゲン（オランダ）と開催され大盛会であった．

AI の農業利用は同様に1992年から，黄山（中国），ワーヘニンゲン（オランダ），幕張メッセ，ブダペスト（ハンガリー）で，ポストハーヴェスト応用は同様に1995年からオステンド（ベルギー），ブダペスト（ハンガリー），東京で，知能的エルゴ

ノミクスは同様に1998年からアテネ（ギリシャ），バリ（インドネシア）と世界に広がっている．1996年までの6年間は筆者がTC委員長を，1996年からは農業応用のTCが二つになり，村瀬治比古大阪府大教授，ならびにファルカス・ゴドロ大学教授が委員長として活動を展開した．筆者はその間それらをコーディネートする統括委員長を，さらに2002年から理事を務めている．

CIGR

CIGR (Commission Internationale du Genie Rural：国際農業工学会) は1930年ベルギーのリエージで発足した．農業工学の全分野を包括する唯一の世界的学術団体として歴史は古いが，わが国の貢献は最近で，7技術部会があり活動している．

第1：土地・水の管理，第2：生物生産施設・環境，第3：生物生産機械，第4：農業電化とエネルギー・資源活用，第5：農作業管理・人間工学，第6：農産物加工，第7：情報システム技術，とそれぞれに関する科学技術を扱っている．

わが国のCIGRへの貢献

日本学術会議第15期第6部長・中川昭一郎先生のご尽力で日本学術会議のCIGRへの加盟が実現し，次いで，木谷　収日本大学教授（東大名誉教授）が会長（1996〜1998年）になられ，組織，会則の見直しを始め，大改革の端緒が開かれた．第14回記念世界会議（2000年，筑波大，組織委員長・木谷　収，実行委員長・橋本　康）で，時代の要請であるIT関連技術を扱う第7技術部会が発足した．

現在の主な活動

全分野の研究発表や役員人事等の調整は世界会議で行われ，それ以外にも7技術部会が開催する国際シンポジウムが随時，世界の各地で開催されている．

情報化時代に則して電子ジャーナルが登場し，農業工学技術の世界スタンダードを目指したCIGRハンドブック全5巻が木谷編集主幹の下に刊行されている．

新たな話題

IT関連を中心とするCIGRハンドブック－Vol.6 がムーナック現会長（ドイツ・FAL所長）のもとで進行中であり，筆者はSPAと精密農業との関連を担当している．1994年から第2技術部会長を務め，卒業したが，新設の第7部会長のシグリム・アテネ農大教授に乞われ，その名誉会長を務めている．両氏はIFAC-TCで活動した仲間であり，CIGRのためにも多少の協力はやむを得ないと理解する．

データマイニング

鈴木英之進

[知識発見，KDDプロセス，ストリームデータからのマイニング，コストを考慮する学習，構造データからのマイニング]

背景と現状

近年，データの取得，保存，および処理において，ハードウェアの高性能化と低価格化が進み，大規模データを解析することが一般的となってきている．データマイニングは，大量データからの有用知識の発見を表し，知的な解析を指す．

データマイニングは通常，図1に示すKDD（Knowledge Discovery in Databases）プロセスにしたがって行われる．KDDプロセスではまず，元データから目標データを選択し，データクリーニングやデータ縮退から構成される前処理を行う．次に前処理されたデータを扱い易い形式に変換し，パターンを抽出する．最後に，パターンを可視化などにより評価・解釈し，実行可能性，信頼性，および説明可能性などを考慮して有用な知識を得る．プロセスの各段階は，他の段階で得られる結果に応じて繰り返され，この判断は人間が行うことが多い．

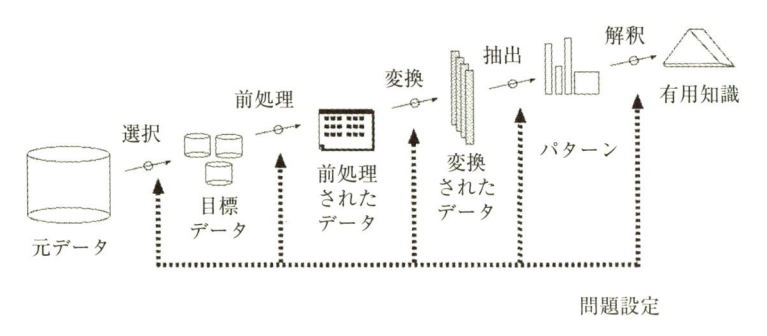

図1　KDDプロセス

量質形の課題

データマイニングには，量，質，形の難しさが存在し，主要な課題となっている．計算機が10×10^{-9}秒/処理でも問題サイズが$n = 10^9$の場合，$n\log_2 n$処理は約5分で済むが，n^2処理は約320年もかかってしまう．さらに，データが大規模であれば，様々なノイズに汚染された質が悪いものや，画像や音声など種々の形式で表されたものが混ざってくる．量質形の課題には種々の研究テーマが存在す

るが，ここでは近年研究が進みこの傾向が今後も続くと思われる話題を紹介する．

　量の課題に関しては，ネットワーク上を流れるデータなどのストリームデータからのマイニング[2]が関心を集めている．例えば計算機ネットワークや電話通信などの管理においては，連続的して計測されるデータを解析し，実時間で適切な判断を行いたい要望があり，これを支援する知識発見は有用であると考えられる．この研究テーマでは，データの実時間オンライン処理，バッファの管理，および情報源の変化などをデータマイニングの文脈で考慮する必要がある．

　質の問題に関しては，データの取得から発見知識に基づく判断に至るまでの，コストを考慮する学習[1]が注目に値する．例えばデータから分類モデルを構築する際に，健康診断では病人を見逃すコストが大きく，不正検知では犯罪を空振りするコストが大きいことを考慮すべきであり，コストを適切に判断する知識発見は現実的であると考えられる．この研究テーマでは，データの質，不確実性への対処，および結果の評価などをデータマイニングに即して考慮する必要がある．

　形の問題に関しては，グラフデータや時系列データなどの構造データからのマイニング[3]が重要である．例えば生化学では三次元グラフ構造，医療検査では多次元時系列データなどの構造が用いられる場合が多く，これらの構造を直接扱える知識発見は有望であると考えられる．この研究テーマでは，構造の知識表現，構造間の類似度，および構造の高速処理などをデータマイニングに関して考慮する必要がある．　長期的な視野に立てば，量質形の課題を同時に解決する研究が出現すると考えられる．もっともこのような試みは，現時点では特殊な問題に限定されていると考えられる．データマイニングがどのような方向に発展するにせよ，解析に値するデータを用意し，KDD プロセスを繰り返し，対象問題を適切に設定することが重要であることは不変である．

参考文献

1) O. Boz (2001) Cost-sensitive Learning Bibliography, http://home.ptd.net/~olcay/cost-sensitive.html.
2) V. Ganti, J. Gehrke, and R. Ramakrishnan (2002) Mining Data Streams under Block Evolution, SIGKDD Explorations, 3 : 1-10.
3) Y. Yamada, E. Suzuki, H. Yokoi, and K. Takabayashi (submitted for publication) Decision-tree Induction from Time-series Data Based on a Standard-example Split Test.

Ⓡ ⟨学術著作権協会へ複写権委託⟩		
2004	2004年8月20日 第1版発行	
─ 新農業情報工学 ─		
編者との申し合せにより検印省略	編 集 者	農業情報学会編
ⓒ著作権所有	発 行 者	株式会社 養賢堂 代表者 及川 清
定価 4830 円 (本体 4600 円) (税 5%)	印 刷 者	新日本印刷株式会社 責任者 望月節男
発 行 所	株式会社 養賢堂 〒113-0033 東京都文京区本郷5丁目30番15号 TEL 東京(03)3814-0911 振替00120 FAX 東京(03)3812-2615 7-25700 URL http://www.yokendo.com/	
	ISBN4-8425-0364-5 C3061	
PRINTED IN JAPAN	製本所 板倉製本印刷株式会社	

本書の無断複写は、著作権法上での例外を除き、禁じられています。
本書からの複写承諾は、学術著作権協会(〒107-0052東京都港区赤坂9-6-41乃木坂ビル、電話03-3475-5618、FAX03-3475-5619)から得て下さい。